GROUPS

군

송영권 지음

KM 경문사

머리말

이 책을 집필하게 된 동기는 학생들이 현대대수학의 큰 비중을 차지하고 있는 개념인 군에 대한 기본적인 개념들인 군의 정의, 부분군, 순환군, 치환군, Lagrange 정리, 정규부분군, 잉여군, 군 준동형사상, 군 동형사상, 군의 직접적, 유한 아벨군, Sylow 정리 등의 내용을 좀 더 쉽게 체계적으로 이해할 수 있도록 도와주기 위해서입니다.

다양한 예제를 활용함으로써 학생들이 정의 및 정리를 이해하고 적용할 수 있는 능력을 갖출 수 있도록 하였고 반드시 이해할 필요가 있다고 생각되는 개념들에 대한 문제들로 연습문제를 구성하였습니다. 또한 문제 풀이에 도움을 주기 위해서 학생들 입장에서 연습문제 풀이를 첨가하였습니다.

전반적으로 학생들이 이해하기 힘들어 하는 개념 및 정리의 증명을 학생들의 관점에서 가독성을 높이기 위하여 기술하도록 최대한 배려하였습니다.

이 책으로 군에 대한 이론을 학습하는 학생들이 이 책을 보관하고 싶은 마음이 들기를 바랍니다.

이 책이 출판되기까지 세심하게 신경 써주신 경문사 직원분들께 진심으로 감사드립니다.

2021년 3월 1일

저자

수학을 공부하지 않은

대부분의 사람들에게는

믿기지 않게 보이는 일들이 있다.

– 아르키메데스–

차 례

수집합 기호

이 책에서는 수 집합과 관련해서 다음과 같은 기호를 사용하기로 한다.

$\mathbb{N}$: 모든 자연수들의 집합,
$\mathbb{Z}$: 모든 정수들의 집합,
$\mathbb{Q}$: 모든 유리수들의 집합,
$\mathbb{R}$: 모든 실수들의 집합,
$\mathbb{C}$: 모든 복소수들의 집합

$\mathbb{Z}^* = \mathbb{Z} - \{0\}$, $\mathbb{Q}^* = \mathbb{Q} - \{0\}$,
$\mathbb{R}^* = \mathbb{R} - \{0\}$, $\mathbb{C}^* = \mathbb{C} - \{0\}$
$\mathbb{Z}^+ = \{a \in \mathbb{Z} \mid a > 0\}$, $\mathbb{Q}^+ = \{a \in \mathbb{Q} \mid a > 0\}$,
$\mathbb{R}^+ = \{a \in \mathbb{R} \mid a > 0\}$

CHAPTER 1

군(Groups)

이 장에서는 군을 정의하고 군의 기본적인 성질에 대하여 살펴본다.

정의 1

집합 G에 대하여 함수

$$f : G\times G \to G, \quad f(a,b)=a \circ b$$

를 집합 G에서 정의된 **이항연산**(binary operation)이라고 한다.

참고 1. 집합 G에서 정의된 이항연산을 " $\circ : G\times G \to G$ "으로 나타내기도 한다.

2. 집합 G에서 정의된 이항연산이 " $\circ$ "일 때 집합 G는 이항연산 " $\circ$ "에 대하여 닫혀있다고 표현하기도 한다.

예제 1 집합 $\mathbb{Z}$에 주어진 덧셈연산은 $\mathbb{Z}$에서 정의된 이항연산이다.

예제 2 집합 $\mathbb{R}^n = \{(a_1, a_2, \cdots, a_n) \mid a_i \in \mathbb{R}, i=1,2,\cdots,n\}$에 주어진 덧셈연산

$$(a_1, a_2, \cdots, a_n)+(b_1, b_2, \cdots, b_n)=(a_1+b_1, a_2+b_2, \cdots, a_n+b_n)$$

은 $\mathbb{R}^n$에서 정의된 이항연산이다.

예제 3 체 F에 속하는 원소를 성분으로 갖는 $m\times n$행렬들의 집합 $M_{m\times n}(F)$에 주어진 행렬의 덧셈연산은 $M_{m\times n}(F)$에서 정의된 이항연산이다.

예제 4 집합 $\mathbb{Z}_n=\{0,1,2,\cdots,n-1\}$에 다음과 같이 주어진 연산은 $\mathbb{Z}_n$에서 정의된 이항연산이다.

$$a+b=r, \qquad a+b=nq+r \ \ (0 \le r < n)$$

정의 2

집합 G에서 정의된 연산에 대하여 다음 조건 (1), (2), (3)을 모두 만족시키면 집합 G를 **군**(Group)이라고 한다.

(1) (**결합법칙**) 모든 원소 $a, b, c \in G$에 대하여

$$a \circ (b \circ c) = (a \circ b) \circ c$$

(2) (**항등원의 존재**) 적당한 원소 $x \in G$가 존재하여 모든 원소 $a \in G$에 대하여

$$a \circ x = a = x \circ a$$

이때 원소 x를 **항등원**(identity)이라고 하고 e 또는 e_G로 표시한다.

(3) (**역원의 존재**) 모든 원소 $a \in G$에 대하여

$$a \circ y = e = y \circ a$$

를 만족하는 원소 $y \in G$가 존재한다. 이때 y를 a의 **역원**(inverse)이라고 하고 a^{-1}로 표시한다.

또한 군 G에 속하는 모든 원소 a, b에 대하여

$$a \circ b = b \circ a$$

이면 G를 **아벨군**(Abelian group) 또는 **가환군**(commutative group)이라고 한다.

참고 1. 군 G를 표현할 때 $(G, \circ)$로 표현하기도 한다.
2. 군을 표현할 때는 일반적으로 영문자 대문자 G, H, K 등을 사용한다.
3. 군 G에 속하는 모든 원소 a, b에 대하여 $a \circ b$로 나타내는 대신에 원소 사이에 연산기호 " $\circ$ "를 생략하고 ab로 나타내기도 한다.
4. n이 자연수일 때 a^n은 a를 n번 연산한 원소를 나타낸다. 만일 n이 음의 정수이면 a^n은 a^{-1}를 $|n|$번 연산한 원소를 나타낸다. 또한 $a^0 = e$으로 정의한다.
5. 군에 주어진 연산이 덧셈연산일 때 군 G를 덧셈군이라 하고 두 원소 a와 b의 연산을 ab가 아닌 $a+b$로 나타낸다. 또한 a^n 대신에 na로 나타낸다.

❙ 예제 5 집합 $\mathbb{Z}$, $\mathbb{Q}$, $\mathbb{R}$, $\mathbb{C}$는 모두 덧셈연산에 대하여 아벨군이다. 이때 항등원은 0이고 원소 a의 역원은 $-a$이다.

❙ 예제 6 집합 $\mathbb{Z}$, $\mathbb{Q}$, $\mathbb{R}$, $\mathbb{C}$는 원소 0의 곱셈연산에 대한 역원이 존재하지 않기 때문에 모두 곱셈연산에 대하여 군이 아니다.

❙ 예제 7 집합 $\mathbb{Q}^* = \mathbb{Q} - \{0\}$와 $\mathbb{R}^* = \mathbb{R} - \{0\}$는 모두 곱셈연산에 대하여 아벨군이다. 이때 항등원은 1이고 원소 a의 곱셈연산에 대한 역원은 $\dfrac{1}{a}$이다. 그렇지만 $\mathbb{Z}^* = \mathbb{Z} - \{0\}$는 1과 -1을 제외한 정수 n의 역원이 존재하지 않으므로 곱셈연산에 대하여 군이 될 수 없다.

❙ 예제 8 집합 $\mathbb{Q}^+ = \{a \in \mathbb{Q} \mid a > 0\}$와 $\mathbb{R}^+ = \{a \in \mathbb{R} \mid a > 0\}$는 모두 곱셈연산에 대하여 아벨군이다. 이때 항등원은 1이고 원소 a의 곱셈연산에 대한 역원은 $\dfrac{1}{a}$이다.

❙ 예제 9 집합 $G = \{2^m 3^n \mid m, n \in \mathbb{Z}\}$는 곱셈연산에 대하여 아벨군이다. 이때 항등원은 $2^0 3^0 = 1$이고 원소 $2^m 3^n$의 역원은 $2^{-m} 3^{-n}$이다.

❙ 예제 10 $\mathbb{R}^n = \{(a_1, a_2, \cdots, a_n) \mid a_i \in \mathbb{R}, i = 1, 2, \cdots, n\}$는 덧셈연산에 대하여 아벨군이다. 이때 항등원은 $(0, 0, \cdots, 0)$이고 원소 $(a_1, a_2, \cdots, a_n)$의 역원은 $(-a_1, -a_2, \cdots, -a_n)$이다.

❙ 예제 11 체 F에 속하는 원소를 성분으로 갖는 $m \times n$행렬들의 집합 $M_{m \times n}(F)$는 행렬의 덧셈연산에 대하여 아벨군이다. 이때 항등원은 영행렬 $O_{m \times n}$이고 행렬 $A = (a_{ij})_{m \times n} \in M_{m \times n}(F)$의 역원은 $-A = (-a_{ij})_{m \times n}$이다.

❙ 예제 12 체 F에 속하는 원소를 성분으로 갖는 $n \times n$행렬들의 집합 $M_{n \times n}(F)$는 행렬의 곱셈연산에 대하여 군이 아니다. 예를 들면 $\begin{pmatrix} 1 & 0 \\ 0 & 0 \end{pmatrix} \in M_{2 \times 2}(\mathbb{R})$의 역원은 존재하지

않는다.

| 예제 13 체 F에 대하여 집합 $GL_n(F)=\{A\in M_{n\times n}(F) \mid \det(A)\neq 0\}$는 행렬의 덧셈연산에 대하여 닫혀있지 않으므로 덧셈연산에 대해서는 군이 될 수 없다.

| 예제 14 체 F에 대하여 집합 $GL_n(F)=\{A\in M_{n\times n}(F) \mid \det(A)\neq 0\}$는 행렬의 곱셈연산에 대하여 군이다. 이때 항등원은 항등행렬 I_n이고 행렬 $A\in GL_n(F)$의 역원은 A의 역행렬 A^{-1}이다. 특히 $GL_n(F)$를 **일반선형군**(general linear group)이라고 한다. (이때 군 $GL_n(F)$를 $GL(n, F)$로 나타내기도 한다.)

한편 $GL_n(F)$는 행렬의 곱에 대하여 교환법칙이 성립하지 않으므로 $GL_n(F)$는 행렬의 곱셈연산에 대하여 아벨군이 될 수 없다.

| 예제 15 체 F에 대하여 집합 $SL_n(F)=\{A\in M_{n\times n}(F) \mid \det(A)=1\}$는 행렬의 덧셈연산에 대하여 닫혀있지 않으므로 덧셈연산에 대해서는 군이 될 수 없다.

| 예제 16 체 F에 대하여 집합 $SL_n(F)=\{A\in M_{n\times n}(F) \mid \det(A)=1\}$는 행렬의 곱셈연산에 대하여 군이다. 이때 항등원은 항등행렬 I_n이고 행렬 $A\in SL_n(F)$의 역원은 A의 역행렬 A^{-1}이다. 특히 $SL_n(F)$를 **특수선형군**(special linear group)이라고 한다. (이때 군 $SL_n(F)$를 $SL(n, F)$로 나타내기도 한다.)

한편 $SL_n(F)$는 행렬의 곱에 대하여 교환법칙이 성립하지 않으므로 $SL_n(F)$는 행렬의 곱셈연산에 대하여 아벨군이 될 수 없다.

| 예제 17 집합 $\mathbb{Z}_n=\{0, 1, 2, \cdots, n-1\}$은 n을 법으로 하는 덧셈연산에 대하여 아벨군이다. 이때 항등원은 0이고 원소 $m\in\mathbb{Z}_n$의 역원은 $n-m$이다.

| 예제 18 자연수 n에 대하여 집합 $U(n)$을

$$U(n)=\{m\in\mathbb{Z} \mid 1\leq m<n \text{ 이고 } (n, m)=1\}$$

로 놓으면 $U(n)$은 n을 법으로 하는 곱셈연산에 대하여 아벨군이다.
이때 항등원은 1이다. 한편 임의의 원소 $m \in U(n)$에 대하여 $(n, m) = 1$이므로 적당한 정수 s와 t가 존재하여 $ns + mt = 1$이다. 그런데 연산이 n을 법으로 하는 곱셈연산이므로 $t \equiv t_1 \pmod n$인 적당한 $t_1 \in U(n)$이 존재하여 $mt_1 \equiv 1 \pmod n$이 성립한다. 따라서 m의 역원은 $m^{-1} = t_1$으로 존재한다.

예제 19 p가 소수일 때 $\mathbb{Z}_p - \{0\} = \{1, 2, \cdots, p-1\} = U(p)$이므로 $\mathbb{Z}_p - \{0\}$은 p를 법으로 하는 곱셈연산에 대하여 아벨군이다.
이때 항등원은 1이다. 또한 원소 $m \in \mathbb{Z}_p - \{0\}$에 대하여 $(p, m) = 1$이므로 적당한 정수 s와 t가 존재하여 $ps + mt = 1$이다. 그러므로 $t \equiv t_1 \pmod p$인 적당한 $t_1 \in \mathbb{Z}_p - \{0\}$이 존재하여 $mt_1 \equiv 1 \pmod p$이 성립한다. 따라서 m의 역원은 $m^{-1} = t_1$이다.

예제 20 집합 $G = \{f \mid f : \mathbb{R} \to \mathbb{R}$ 는 연속함수이다$\}$는 함수의 덧셈연산에 대하여 아벨군이다.
이때 항등원은 영함수이고 원소 $f \in G$의 역원은 $-f$이다.

예제 21 집합 $G = \{f \mid f : \mathbb{R} \to \mathbb{R}$ 는 미분가능한 함수이다$\}$는 함수의 덧셈연산에 대하여 아벨군이다.
이때 항등원은 영함수이고 원소 $f \in G$의 역원은 $-f$이다.

정리 3

군 $G_1, G_2, \cdots, G_n$에 대하여 집합

$$G = \{(a_1, a_2, \cdots, a_n) \mid a_i \in G_i, i = 1, 2, \cdots, n\}$$

는 다음에 주어진 연산에 대하여 군이다.

$$(a_1, a_2, \cdots, a_n)(b_1, b_2, \cdots, b_n) = (a_1b_1, a_2b_2, \cdots, a_nb_n),$$
$$a_i, b_i \in G_i, \ i = 1, 2, \cdots, n$$

참고 원소 $a_i, b_i \in G_i$에 대하여 연산 a_ib_i는 G_i에서 정의된 연산이다.

증명 (1) 모든 군 G_i에 속하는 원소들 사이에 결합법칙이 성립하므로 임의의 원소 $(a_1, a_2, \cdots, a_n), (b_1, b_2, \cdots, b_n), (c_1, c_2, \cdots, c_n) \in G$에 대하여 다음이 성립한다.

$$\begin{aligned}
&(a_1, a_2, \cdots, a_n)\{(b_1, b_2, \cdots, b_n)(c_1, c_2, \cdots, c_n)\} \\
&\quad = (a_1, a_2, \cdots, a_n)(b_1c_1, b_2c_2, \cdots, b_nc_n) \\
&\quad = (a_1(b_1c_1), a_2(b_2c_2), \cdots, a_n(b_nc_n)) \\
&\quad = ((a_1b_1)c_1, (a_2b_2)c_2, \cdots, (a_nb_n)c_n) \\
&\quad = (a_1b_1, a_2b_2, \cdots, a_nb_n)(c_1, c_2, \cdots, c_n) \\
&\quad = \{(a_1, a_2, \cdots, a_n)(b_1, b_2, \cdots, b_n)\}(c_1, c_2, \cdots, c_n)
\end{aligned}$$

따라서 집합 G에 속한 원소들의 결합법칙이 성립한다.

(2) 임의의 원소 $(a_1, a_2, \cdots, a_n) \in G$에 대하여 원소 $(e_1, e_2, \cdots, e_n) \in G$가 존재하여 다음이 성립한다. 여기서 e_i는 군 G_i의 항등원이다.

$$\begin{aligned}
(a_1, a_2, \cdots, a_n)(e_1, e_2, \cdots, e_n) &= (a_1e_1, a_2e_2, \cdots, a_ne_n) \\
&= (a_1, a_2, \cdots, a_n) \\
(e_1, e_2, \cdots, e_n)(a_1, a_2, \cdots, a_n) &= (e_1a_1, e_2a_2, \cdots, e_na_n) \\
&= (a_1, a_2, \cdots, a_n)
\end{aligned}$$

이다. 따라서 원소 $(e_1, e_2, \cdots, e_n)$는 G의 항등원이다.

(3) 임의의 원소 $(a_1, a_2, \cdots, a_n) \in G$에 대하여 모든 $a_i^{-1} \in G_i$가 존재한다. 따라서 원소 $(a_1^{-1}, a_2^{-1}, \cdots, a_n^{-1}) \in G$가 존재하여 다음이 성립한다.

$$\begin{aligned}
(a_1, a_2, \cdots, a_n)(a_1^{-1}, a_2^{-1}, \cdots, a_n^{-1}) &= (a_1a_1^{-1}, a_2a_2^{-1}, \cdots, a_na_n^{-1}) \\
&= (e_1, e_2, \cdots, e_n) \\
(a_1^{-1}, a_2^{-1}, \cdots, a_n^{-1})(a_1, a_2, \cdots, a_n) &= (a_1^{-1}a_1, a_2^{-1}a_2, \cdots, a_n^{-1}a_n) \\
&= (e_1, e_2, \cdots, e_n)
\end{aligned}$$

그러므로 $(a_1^{-1}, a_2^{-1}, \cdots, a_n^{-1}) \in G$는 원소 $(a_1, a_2, \cdots, a_n) \in G$의 역원이다. 즉,

$$(a_1, a_2, \cdots, a_n)^{-1} = (a_1^{-1}, a_2^{-1}, \cdots, a_n^{-1})$$

이다. 결과적으로 G는 주어진 연산에 대하여 군을 이룬다. ▣

정의 4

군 $G_1, G_2, \cdots, G_n$으로 정의되는 군

$$G = \{(a_1, a_2, \cdots, a_n) \mid a_i \in G_i, i = 1, 2, \cdots, n\}$$

를 $G_1, G_2, \cdots, G_n$의 **외적인 직접곱**(external direct product)이라고 하고

$$G = G_1 \times G_2 \times \cdots \times G_n = \prod_{i=1}^{n} G_i$$

으로 나타낸다.

참고 1. $G_1, G_2, \cdots, G_n$의 외적인 직접곱을 $G = G_1 \oplus G_2 \oplus \cdots \oplus G_n$으로 나타내기도 한다.

2. $G_1 = G_2 = \cdots = G_n$이면 $G = G_1 \times G_2 \times \cdots \times G_n = G_1^n$으로 나타내기도 한다.

예제 22 군 $\mathbb{Z}_2$와 $\mathbb{Z}_2$의 외적인 직접곱은

$$\mathbb{Z}_2 \times \mathbb{Z}_2 = \{(0, 0), (1, 0), (0, 1), (1, 1)\}$$

이다. 이때 항등원은 $(0, 0)$이다.

예제 23 군 $\mathbb{Z}_2$와 $U(4)$의 외적인 직접곱은

$$\mathbb{Z}_2 \times U(4) = \{(0, 1), (0, 3), (1, 1), (1, 3)\}$$

이다. 이때 항등원은 $(0, 1)$이다.

예제 24 군 $\mathbb{Z}_2$와 $\mathbb{Z}_3$의 외적인 직접곱은

$$\mathbb{Z}_2 \times \mathbb{Z}_3 = \{(0, 0), (0, 1), (0, 2), (1, 0), (1, 1), (1, 2)\}$$

이다. 이때 항등원은 $(0,0)$이다.

예제 25 군 $\mathbb{Z}_m$과 $\mathbb{Z}_n$의 외적인 직접곱은 $\mathbb{Z}_m \times \mathbb{Z}_n$이고 항등원은 $(0,0)$이다. 또한 원소 (a,b)의 역원은 $(m-a, n-b)$이다.

예제 26 군 $\mathbb{Z}_3$와 $M_{2\times 2}(\mathbb{Z}_2)$의 외적인 직접곱은 $\mathbb{Z}_3 \times M_{2\times 2}(\mathbb{Z}_2)$이고 항등원은 $\left(0, \begin{pmatrix} 0 & 0 \\ 0 & 0 \end{pmatrix}\right)$이다.

예제 27 군 $\mathbb{Z}_2$와 $\mathbb{Z}_2$와 $\mathbb{Z}_3$의 외적인 직접곱은

$$\begin{aligned}\mathbb{Z}_2 \times \mathbb{Z}_2 \times \mathbb{Z}_3 = \{&(0,0,0), (0,0,1), (0,0,2), (1,0,0), (1,0,1), (1,0,2),\\ &(0,1,0), (0,1,1), (0,1,2), (1,1,0), (1,1,1), (1,1,2)\}\end{aligned}$$

이고 항등원은 $(0,0,0)$이다.

정리 5

군 $G_1, G_2, \cdots, G_n$이 모두 아벨군이면 $G_1, G_2, \cdots, G_n$의 외적인 직접곱 $G = G_1 \times G_2 \times \cdots \times G_n$은 아벨군이다.

증명 군 $G_1, G_2, \cdots, G_n$가 모두 아벨군이라고 가정하면 모든 i와 임의의 원소 $a_i, b_i \in G_i$에 대하여 $a_i b_i = b_i a_i$이다. 따라서 임의의 원소 $(a_1, a_2, \cdots, a_n), (b_1, b_2, \cdots, b_n) \in G$에 대하여

$$\begin{aligned}(a_1, a_2, \cdots, a_n)(b_1, b_2, \cdots, b_n) &= (a_1 b_1, a_2 b_2, \cdots, a_n b_n)\\ &= (b_1 a_1, b_2 a_2, \cdots, b_n a_n)\\ &= (b_1, b_2, \cdots, b_n)(a_1, a_2, \cdots, a_n)\end{aligned}$$

이므로 $G_1, G_2, \cdots, G_n$의 외적인 직접곱 $G = G_1 \times G_2 \times \cdots \times G_n$은 아벨군이다. 역으로 $G_1, G_2, \cdots, G_n$의 외적인 직접곱 $G = G_1 \times G_2 \times \cdots \times G_n$이 아벨군이라고

가정하면 임의의 원소 $(a_1, a_2, \cdots, a_n), (b_1, b_2, \cdots, b_n) \in G$에 대하여

$$(a_1, a_2, \cdots, a_n)(b_1, b_2, \cdots, b_n) = (b_1, b_2, \cdots, b_n)(a_1, a_2, \cdots, a_n)$$

이다. 그러므로

$$(a_1b_1, a_2b_2, \cdots, a_nb_n) = (b_1a_1, b_2a_2, \cdots, b_na_n)$$

이다. 즉, 모든 i와 임의의 원소 $a_i, b_i \in G_i$에 대하여 $a_ib_i = b_ia_i$이다. 따라서 군 $G_1, G_2, \cdots, G_n$은 모두 아벨군이다. ▣

예제 28 군 $\mathbb{Z}_5$와 군 $U(5)$는 모두 아벨군이므로 외적인 직접곱 $\mathbb{Z}_4 \times U(5)$는 아벨군이다.

예제 29 군 $GL(n, \mathbb{R})$은 아벨군이 아니므로 $GL(n, \mathbb{R})$와 $M_{2\times2}(\mathbb{Z}_2)$의 외적인 직접곱 $GL(n, \mathbb{R}) \times M_{2\times2}(\mathbb{Z}_2)$는 아벨군이 될 수 없다.

정리 6

군 G에 속하는 임의의 원소 a, b에 대하여 다음이 성립한다.

(1) $(a^{-1})^{-1} = a$

(2) $(ab)^{-1} = b^{-1}a^{-1}$

참고 군 G가 덧셈군이면 원소 $a, b \in G$에 대하여 다음이 성립한다.

(1) $-(-a) = a$

(2) $-(a+b) = (-b) + (-a)$

증명 (1) $aa^{-1} = a^{-1}a = e$이므로 $(a^{-1})^{-1} = a$이다.

(2) $ab(b^{-1}a^{-1}) = a(bb^{-1})a^{-1} = aea^{-1} = aa^{-1} = e$이고

$(b^{-1}a^{-1})ab = b^{-1}(a^{-1}a)b = b^{-1}eb = b^{-1}b = e$이므로

$(ab)^{-1} = b^{-1}a^{-1}$이다. ▣

예제 30 곱셈군 $G=\{2^m 3^n \mid m, n \in \mathbb{Z}\}$에 속하는 원소 $2^2 3^3$과 $2^3 3^5$에 대하여

$$((2^2 3^3)^{-1})^{-1} = 2^2 3^3$$

$$((2^2 3^3)(2^3 3^5))^{-1} = (2^3 3^5)^{-1}(2^2 3^3)^{-1}$$

예제 31 군 $\mathbb{Z}_2$와 $\mathbb{Z}_2$의 외적인 직접곱 $\mathbb{Z}_2 \times \mathbb{Z}_2$에 속하는 원소 $(1,0)$과 $(0,1)$에 대하여

$$-(-(1,0)) = (1,0)$$

$$-((1,0)+(0,1)) = -(0,1)+(-(1,0))$$

정리 7

군 G에 대하여 G의 항등원은 유일하게 존재한다.

증명 만일 e_1과 e_2를 G의 항등원이라고 가정하면

$$e_1 = e_1 e_2 = e_2$$

이므로 $e_1 = e_2$이다. 즉, G의 항등원은 유일하게 존재한다. ▣

예제 32 군 $\mathbb{Z}_5$에 속하는 원소 0은 $\mathbb{Z}_5$의 항등원이다. 만일 $a \neq 0 \in \mathbb{Z}_5$가 항등원이라면

$$a+0=0, \qquad a+0=a$$

이므로 $a=0$이다. 이는 모순이므로 $a \neq 0 \in \mathbb{Z}_5$는 군 $\mathbb{Z}_5$의 항등원이 될 수 없다. 즉, 군 $\mathbb{Z}_5$의 항등원은 0으로 유일하게 존재한다.

예제 33 군 $\mathbb{Z}_2$와 $U(4)$의 외적인 직접곱

$$\mathbb{Z}_2 \times U(4) = \{(0,1), (0,3), (1,1), (1,3)\}$$

에 속하는 원소 $(0,1)$은 항등원이다. 만일 (a,b)가 항등원이라면

$$(0,1)(a,b)=(0,1), \qquad (0,1)(a,b)=(a,b)$$

이다. 즉,

$$(0,b)=(0,1), \qquad (0,b)=(a,b)$$

이다. 따라서 $a=0$이고 $b=1$이므로 $(a,b)=(0,1)$이다.

정리 8

군 G에 대하여 임의의 원소 $a\in G$의 역원은 유일하게 존재한다.

증명 군 G의 항등원을 e라고 놓고 b와 c를 a의 역원이라고 가정하자. 그러면

$$ab=e=ba, \quad ac=e=ca$$

이므로

$$b=be=b(ac)=(ba)c=ec=c$$

이다. 따라서 $b=c$이므로 원소 $a\in G$의 역원은 유일하게 존재한다. ▣

예제 34 군 $\mathbb{Z}_5$에 속하는 원소 2에 대하여 $-2=3$이다.
만일 원소 $a\in\mathbb{Z}_5$가 2의 역원이라면

$$2+a=0$$

이므로 $a=3$이다. 즉, 원소 2의 역원은 3으로 유일하게 존재한다.

예제 35 군 $\mathbb{Z}_2$와 $U(4)$의 외적인 직접곱 $\mathbb{Z}_2\times U(4)$에 속하는 원소 $(1,3)$에 대하여 $(1,3)^{-1}=(1,3)$이다.

만일 (a,b)가 $(1,3)$의 역원이라면 $(1,3)(a,b)=(0,1)$이다. 그런데

$$(1,3)(a,b)=(1+a,3b)$$

이므로 $(1+a, 3b)=(0,1)$이다. 즉, $1+a=0$이고 $3b=1$이다. 따라서 $a=1$이고 $b=3$이므로 $(a,b)=(1,3)$이다. 결과적으로 $(1,3)$의 역원은 $(1,3)$으로 유일하게 존재한다.

정의 9

군 G에 속하는 원소의 개수를 군 G의 **위수**(order)라고 하고 $|G|$로 나타낸다. 만일, 적당한 자연수 n에 대하여 $|G|=n$이면 G를 위수가 n인 **유한군**(finite group)이라고 하고 G의 원소의 개수가 무한개이면 군 G를 **무한군**(infinite group)이라고 한다.

참고 무한군 G의 위수를 표현할 때 $|G|=\infty$로 표현하기도 한다.

예제 36 군 $\mathbb{Z}_n=\{0,1,2,\cdots,n-1\}$은 n을 법으로 하는 덧셈연산에 대하여 유한군이다. 또한 $\mathbb{Z}_n$의 위수는 n이다.

예제 37 소수 p에 대하여 군 $\mathbb{Z}_p-\{0\}=\{1,2,\cdots,p-1\}$는 p를 법으로 하는 곱셈연산에 대하여 유한군이다. 또한 $\mathbb{Z}_p$의 위수는 p이다.

예제 38 덧셈군 $\mathbb{Z}$, $\mathbb{Q}$, $\mathbb{R}$, $\mathbb{C}$는 모두 무한군이다.

예제 39 곱셈군 $\mathbb{Q}^*$, $\mathbb{R}^*$, $\mathbb{C}^*$는 모두 무한군이다.

예제 40 곱셈군 $\mathbb{Q}^+$와 $\mathbb{R}^+$는 모두 무한군이다.

예제 41 덧셈군 $\mathbb{R}^n=\{(a_1,a_2,\cdots,a_n)\,|\,a_i\in\mathbb{R}, i=1,2,\cdots,n\}$은 무한군이다.

예제 42 실수체 $\mathbb{R}$에 속하는 원소를 성분으로 갖는 $m\times n$행렬들의 집합 $M_{m\times n}(\mathbb{R})$는 행렬의 덧셈연산에 대하여 무한군이다.

예제 43 덧셈군 $M_{2\times 2}(\mathbb{Z}_5)$은 위수가 5^4인 유한군이다.

예제 44 실수체 $\mathbb{R}$에 대하여 곱셈군 $GL_n(\mathbb{R})$은 무한군이다.

예제 45 실수체 $\mathbb{R}$에 대하여 곱셈군 $SL_n(\mathbb{R})$은 무한군이다.

예제 46 덧셈군 $G=\{f \mid f:\mathbb{R}\rightarrow\mathbb{R}$ 는 연속함수이다$\}$는 모든 상수함수를 포함하므로 무한군이다.

예제 47 덧셈군 $G=\{f \mid f:\mathbb{R}\rightarrow\mathbb{R}$ 는 미분가능한 함수이다$\}$는 모든 상수함수를 포함하므로 무한군이다.

예제 48 위수가 각각 $|G|=n$이고 $|H|=m$인 두 개의 유한군 G와 H의 외적인 직접곱

$$G\times H=\{(a,b) \mid a\in G, b\in H\}$$

는 위수가 nm인 유한군이다.

예제 49 군 $\mathbb{Z}_2$와 $\mathbb{R}$에 대하여 외적인 직접곱

$$\mathbb{Z}_2\times\mathbb{R}$$

는 무한군이다.

예제 50 군 $\mathbb{Z}_2$와 $U(4)$의 외적인 직접곱

$$\mathbb{Z}_2\times U(4)=\{(0,1),(0,3),(1,1),(1,3)\}$$

는 위수가 4인 유한군이다.

| 예제 51 군 $\mathbb{Z}_2$와 $\mathbb{Z}_3$의 외적인 직접곱

$$\mathbb{Z}_2 \times \mathbb{Z}_3 = \{(0,0), (0,1), (0,2), (1,0), (1,1), (1,2)\}$$

는 위수가 6인 유한군이다.

| 예제 52 군 $\mathbb{Z}_m$과 $\mathbb{Z}_n$의 외적인 직접곱

$$\mathbb{Z}_m \times \mathbb{Z}_n = \{(a, b) \mid a \in \mathbb{Z}_m, b \in \mathbb{Z}_n\}$$

은 위수가 mn인 유한군이다.

| 예제 53 군 $\mathbb{Z}_3$와 $M_{2\times 2}(\mathbb{Z}_2)$의 외적인 직접곱

$$\mathbb{Z}_3 \times M_{2\times 2}(\mathbb{Z}_2) = \{(a, A) \mid a \in \mathbb{Z}_3, A \in M_{2\times 2}(\mathbb{Z}_2)\}$$

는 위수가 48인 유한군이다.

정의 10

군 G의 원소 a에 대하여 $m = \min\{t \in \mathrm{N} \mid a^t = e\}$일 때 m을 원소 a의 **위수**(order)라고 하고 $|a| = m$으로 나타낸다.

만일, $a^t = e$인 자연수 t가 존재하지 않으면 a의 위수는 무한이라 한다.

참고 1. 덧셈군 G에 대하여 $|a| = \min\{t \in \mathrm{N} \mid ta = e\}$이다.
2. a의 위수가 무한인 경우 $|a| = \infty$로 나타내기도 한다.

| 예제 54 군 $\mathbb{Z}_n$에 속하는 원소 1에 대하여 $n \times 1 = 0$이고 $t < n$인 자연수 t에 대하여 $t \times 1$은 n의 배수가 아니다. 즉, $t < n$인 자연수 t에 대하여 $t \times 1 = t \neq 0$이다. 따라서

$$|1| = \min\{t \in \mathrm{N} \mid t \times 1 = 0\} = n$$

이다. 그러므로 원소 1의 위수는 n이다.

| 예제 55 군 $\mathbb{Z}_7$에 속하는 원소 2에 대하여 $7\times 2=0$이고 $t<7$인 자연수 t에 대하여 $t\times 2$는 7의 배수가 아니다. 즉, $t<7$인 자연수 t에 대하여 $t\times 2=2t\neq 0$이다. 따라서

$$|2|=\min\{t\in\mathbb{N}\mid t\times 2=0\}=7$$

이다. 그러므로 원소 $2\in\mathbb{Z}_7$의 위수는 7이다.

| 예제 56 곱셈군 $U(5)=\{m\in\mathbb{Z}\mid 1\leq m<5$이고 $(5,m)=1\}$에 속하는 원소 2에 대하여 $2^4=1$이고 $t<4$인 자연수 t에 대하여 $2^t\neq 1$이다. 따라서

$$|2|=\min\{t\in\mathbb{N}\mid 2^t=1\}=4$$

이다. 즉, 원소 $2\in U(5)$의 위수는 4이다.

| 예제 57 군 $\mathbb{Z}$에 속하는 원소 15의 위수를 적당한 자연수 t라고 가정하면 $t\times 15=0$이다. 그런데 $t\times 15\neq 0$이므로 모순을 얻는다. 즉, $t\times 15=0$인 자연수 t는 존재하지 않으므로 원소 $15\in\mathbb{Z}$의 위수는 무한이다.

| 예제 58 군 $\mathbb{R}^3$에 속하는 원소 $(2,0,-3)$의 위수를 적당한 자연수 t라고 가정하자. 그러면 $t\times(2,0,-3)=(2t,0,-3t)=(0,0,0)$이므로 $2t=0$이고 $-3t=0$이 성립하여야 하는데 이는 모순이다. 그러므로 $t\times(2,0,-3)=(0,0,0)$인 자연수 t가 존재하지 않으므로 원소 $(2,0,-3)\in\mathbb{R}^3$의 위수는 무한이다.

| 예제 59 군 $M_{2\times 3}(\mathbb{R})$에 속하는 원소 $\begin{pmatrix}2&3&0\\0&-7&1\end{pmatrix}$의 위수를 적당한 자연수 t라고 가정하자. 그러면 $t\times\begin{pmatrix}2&3&0\\0&-7&1\end{pmatrix}=\begin{pmatrix}0&0&0\\0&0&0\end{pmatrix}$이므로 $2t=0$, $3t=0$, $-7t=0$, $t=0$이다. 그런데 이는 모순이므로 $t\times\begin{pmatrix}2&3&0\\0&-7&1\end{pmatrix}=\begin{pmatrix}0&0&0\\0&0&0\end{pmatrix}$인 자연수 t가 존재하지 않는다. 즉, 원

소 $\begin{pmatrix} 2 & 3 & 0 \\ 0 & -7 & 1 \end{pmatrix}$의 위수는 무한이다.

| 예제 60 군 $G=\{f \mid f:\mathbb{R}\to\mathbb{R}$ 는 연속함수이다$\}$에 속하는 함수 $f:\mathbb{R}\to\mathbb{R}$, $f(x)=2x$와 자연수 t에 대하여 $t\times f$가 영함수라면 $t\times f(1)=0$이므로 $t\times 2=0$이다. 그런데 이는 모순이므로 $t\times f$가 영함수인 자연수 t는 존재하지 않는다. 따라서 함수 $f\in G$의 위수는 무한이다.

| 예제 61 군 $\mathbb{Z}_5\times\mathbb{Z}_3$의 원소 $(1,2)$에 대하여 $15\times(1,2)=(0,0)$이고 $t<15$인 자연수 t에 대하여 $t\times(1,2)\neq(0,0)$이다. 따라서

$$|(1,2)|=\min\{t\in\mathrm{N} \mid t\times(1,2)=(0,0)\}=15$$

이므로 원소 $(1,2)$의 위수는 15이다.

| 예제 62 군 $\mathbb{Z}_2\times\mathbb{Z}_3=\{(0,0),(0,1),(0,2),(1,0),(1,1),(1,2)\}$에 속하는 각 원소의 위수는 다음과 같다.

원소 $(1,0)$의 위수는 2,
원소 $(0,1),(0,2)$의 위수는 3,
원소 $(1,1),(1,2)$의 위수는 6

이다.

연습문제

1. 다음에 주어진 집합이 군이 되도록 연산을 정의하고 위수를 구하시오.

(1) $\mathbb{Z}_5$ (2) $\mathbb{Z}_{10}$

(3) $\mathbb{Z}_3 \times \mathbb{Z}_3$ (4) $M_{m\times n}(\mathbb{Z}_3)$

2. 다음에 주어진 집합 G가 함수의 덧셈연산에 대하여 군임을 증명하고 군 G의 위수를 구하시오.

(1) $G = \{f \mid f : [1, 5] \to \mathbb{R}$ 는 연속함수$\}$

(2) $G = \{f \mid f : \mathbb{R} \to [-5, 5]$ 는 미분가능한 함수$\}$

3. 집합 $G = \left\{ \begin{pmatrix} a & a \\ a & a \end{pmatrix} \mid a \in \mathbb{C}, a \neq 0 \right\}$가 덧셈연산과 곱셈연산에 대하여 각각 군이 되는지를 판정하고 이를 증명하시오.

4. 군 $\mathbb{Z}_{14} = \{0, 1, 2, \cdots, 13\}$에 속하는 원소 6의 위수를 구하시오.

5. 군 $\mathbb{Z}_5 \times \mathbb{Z}_3$에 속하는 원소 $(3, 2)$의 위수를 구하시오.

6. 군 G에 속한 두 원소 a와 b에 대한 다음 명제의 참 또는 거짓을 판정하고 이를 증명하시오.

"a와 b의 위수가 각각 m과 n일 때 ab의 위수가 mn이다."

7. 군 G에 속하는 원소 a의 위수가 n일 때 a^{-1}의 위수를 구하시오.

8. 군 G에 속하는 원소 $a_1, a_2, \cdots, a_n$에 대하여 $(a_1 a_2 \cdots a_n)^{-1}$를 구하시오.

9. 군 G에 속하는 임의의 원소 a, b에 대하여 $(ab)^2 = a^2b^2$일 때 G가 아벨군이 되는지 판정하고 이를 증명하시오.

CHAPTER 2

부분군(Subgroups)

이 장에서는 군의 부분집합으로서 군의 구조를 갖고 있는 집합의 대수학적인 성질에 대하여 살펴본다.

정의 1

군 G의 부분집합 H가 군 G에 주어진 연산에 대하여 군이 되면 H를 G의 **부분군**(subgroup)이라 한다.

참고 H가 군 G의 부분군일 때 $H \leq G$로 표현하기도 한다.

예제 1 군 G에 대하여 $H = G$와 $H = \{e\}$는 모두 G의 부분군이다.

예제 2 군 $\mathbb{Z}_5$에서 정의된 연산은 군 $\mathbb{Z}$에서 정의된 연산과 다르기 때문에 $\mathbb{Z}_5$는 군 $\mathbb{Z}$의 부분군이 아니다.

예제 3 군 $\mathbb{Z}_n$에서 정의된 연산은 군 $\mathbb{Z}$에서 정의된 연산과 다르기 때문에 $\mathbb{Z}_n$은 군 $\mathbb{Z}$의 부분군이 아니다.

예제 4 군 $\mathbb{Z}_2 = \{0, 1\}$에서 정의된 연산은 군 $\mathbb{Z}_5 = \{0, 1, 2, 3, 4\}$에서 정의된 연산과 다르기 때문에 $\mathbb{Z}_2$는 군 $\mathbb{Z}_5$의 부분군이 아니다.

예제 5 모든 짝수들의 집합 $2\mathbb{Z} = \{2n \mid n \in \mathbb{Z}\}$은 덧셈연산에 대하여 군 $\mathbb{Z}$의 부분군이다. 그런데 모든 홀수들의 집합 $G = \{2n+1 \mid n \in \mathbb{Z}\}$는 덧셈연산에 대하여 닫혀있지 않으므로 군의 조건을 만족하지 않는다. 따라서 군 $\mathbb{Z}$의 부분군이 될 수 없다.

예제 6 군 $\mathbb{Q}^*$는 곱셈연산에 대하여 군 $\mathbb{R}^*$의 부분군이다.

예제 7 $\mathbb{R}^+$는 곱셈연산에 대하여 $\mathbb{R}^*$의 부분군이다.

예제 8 군 $\mathbb{R}^2$는 $\mathbb{R}^n = \{(a_1, a_2, \cdots, a_n) \mid a_i \in \mathbb{R}, i = 1, 2, \cdots, n\}$ $(n > 2)$의 부분집합이 아니고 연산 또한 서로 다르므로 군 $\mathbb{R}^2$는 군 $\mathbb{R}^n$ $(n > 2)$의 부분군이 아니다.

예제 9 $M_{m\times n}(\mathbb{Z})$는 행렬의 덧셈연산에 대하여 $M_{m\times n}(\mathbb{R})$의 부분군이다.

예제 10 행렬식이 1인 $n\times n$ 정칙행렬들로 이루어진 특수선형군 $SL_n(\mathbb{R})$은 행렬의 곱셈연산에 대하여 일반선형군 $GL_n(\mathbb{R})$의 부분군이다.

예제 11 군 $G = \left\{\begin{pmatrix} 1 & n \\ 0 & 1 \end{pmatrix} \mid n \in \mathbb{Z}\right\}$는 곱셈군 $GL_n(\mathbb{R})$의 부분군이다. 마찬가지 이유로 G는 $SL_n(\mathbb{R})$의 부분군이다.

예제 12 군 $H = \{f \mid f : \mathbb{R} \to \mathbb{R}$ 는 미분가능한 함수$\}$는 함수의 덧셈연산에 대하여 군 $G = \{f \mid f : \mathbb{R} \to \mathbb{R}$ 는 연속함수$\}$의 부분군이다.

예제 13 군 H_1과 H_2를 각각 군 G_1과 G_2의 부분군이라고 할 때

$$H_1 \times H_2 = \{(a, b) \mid a \in H_1, b \in H_2\}$$

는 $G_1 \times G_2$의 부분군이다.

예제 14 군 $\{0\}\times\{0\}$, $\mathbb{Z}_2\times\{0\}$, $\{0\}\times\mathbb{Z}_2$, $\mathbb{Z}_2\times\mathbb{Z}_2$는 모두 군 $\mathbb{Z}_2\times\mathbb{Z}_2$의 부분군이다.

정리 2

군 G의 부분집합 H가 G의 부분군이기 위한 필요충분조건은 다음 조건이 성립하는 것이다.

"임의의 원소 $a, b \in H$에 대하여 $ab^{-1} \in H$"

참고 G가 덧셈군일 때 위 조건은 "임의의 원소 $a, b \in H$에 대하여 $a-b \in H$"이다.

증명 $(\Rightarrow)$ H가 G의 부분군이라 가정하면 임의의 원소 $a, b \in H$에 대하여 $b^{-1} \in H$ 이므로 $ab^{-1} \in H$이다.

$(\Leftarrow)$ (1) (결합법칙) H가 군 G의 부분집합이므로 H내에서 결합법칙이 성립함은 명백하다.

(2) (항등원) 임의의 원소 $a \in H$에 대하여 조건에 의하여 $aa^{-1} \in H$이고 $aa^{-1} = e$이므로 $e \in H$이다.

(3) (역원) $a \in H$에 대하여 $ea^{-1} \in H$이고 $ea^{-1} = a^{-1}$이므로 $a^{-1} \in H$이다.

이제 H가 연산에 대하여 닫혀있음을 증명하면 H는 G의 부분군이 된다. 임의의 원소 $a, b \in H$에 대하여 $b^{-1} \in H$이므로 $a(b^{-1})^{-1} \in H$이다. 그런데 $a(b^{-1})^{-1} = ab$이므로 $ab \in H$이다. 결과적으로 H는 G의 부분군이다. ▣

예제 15 $\mathbb{Z} \subset \mathbb{R}$이고 임의의 원소 $a, b \in \mathbb{Z}$에 대하여 $a-b \in \mathbb{Z}$이므로 $\mathbb{Z}$는 덧셈연산에 대하여 군 $\mathbb{R}$의 부분군이다.

예제 16 $2\mathbb{Z} = \{2n \mid n \in \mathbb{Z}\}$는 덧셈연산에 대하여 군 $\mathbb{Z}$의 부분군임을 다음과 같이 보일 수 있다.

$2\mathbb{Z} \subset \mathbb{Z}$이고 임의의 원소 $a, b \in 2\mathbb{Z}$에 대하여 $a = 2n, b = 2m$인 $n, m \in \mathbb{Z}$이 존재한다. 따라서 $a-b = 2(n-m)$이므로 $a-b \in 2\mathbb{Z}$이다. 즉, $2\mathbb{Z}$는 군 $\mathbb{Z}$의 부분군이다.

예제 17 $\mathbb{Q}^* \subset \mathbb{R}^*$이고 임의의 원소 $a, b \in \mathbb{Q}^*$에 대하여 $ab^{-1} \in \mathbb{Q}^*$이므로 $\mathbb{Q}^*$는 군 $\mathbb{R}^*$의 부분군이다.

예제 18 $\mathbb{Q}^+ \subset \mathbb{R}^*$이고 임의의 원소 $a, b \in \mathbb{Q}^+$에 대하여 $ab^{-1} \in \mathbb{Q}^+$이므로 $\mathbb{Q}^+$는 군 $\mathbb{R}^*$의 부분군이다.

예제 19 군 $G = \{f \mid f : \mathbb{R} \to \mathbb{R}$ 는 연속함수$\}$에 대하여 G의 부분집합 H를

$$H = \{f \mid f : \mathbb{R} \to \mathbb{R} \text{ 는 미분가능한 함수}\}$$

로 놓으면 임의의 원소 $f, g \in H$에 대하여 $(f-g)' = f' - g'$이므로 $f - g \in H$이다. 즉, H는 군 G의 부분군이다.

예제 19 군 $GL_n(\mathbb{R})$의 부분집합 H를

$$H = \{A \in GL_n(\mathbb{R}) \mid \det(A) \text{는 유리수}\}$$

로 놓으면 임의의 원소 $A, B \in H$에 대하여 $\det(AB^{-1}) = \det(A)\det(B)^{-1}$이고 $\det(A)$와 $\det(B)$는 모두 0이 아닌 유리수이므로 $\det(AB^{-1})$는 0이 아닌 유리수이다. 따라서 $AB^{-1} \in H$이므로 H는 $GL_n(\mathbb{R})$의 부분군이다.

정리 3

군 G_1과 군 G_2에 대하여 $H_1 \subset G_1$이고 $H_2 \subset G_2$일 때 H_1과 H_2가 각각 G_1과 G_2의 부분군이기 위한 필요충분조건은 $H_1 \times H_2$는 $G_1 \times G_2$의 부분군이다.

증명 $(\Rightarrow)$ H_1과 H_2가 각각 G_1과 G_2의 부분군이므로 $H_1 \times H_2$는 $G_1 \times G_2$의 부분집합이다. 또한 임의의 원소 $(a, b), (c, d) \in H_1 \times H_2$에 대하여 $ac^{-1} \in H_1$이고 $bd^{-1} \in H_2$이다. 그런데 $(a, b)(c, d)^{-1} = (ac^{-1}, bd^{-1})$이므로

$$(a, b)(c, d)^{-1} \in H_1 \times H_2$$

이다. 따라서 $H_1 \times H_2$는 $G_1 \times G_2$의 부분군이다.

($\Leftarrow$) $H_1 \times H_2$가 $G_1 \times G_2$의 부분군이므로 임의의 원소 $a, b \in H_1$과 $c, d \in H_2$에 대하여 $(a, c)(b, d)^{-1} \in H_1 \times H_2$이다. 그런데

$$(a, c)(b, d)^{-1} = (a, c)(b^{-1}, d^{-1}) = (ab^{-1}, cd^{-1}) \in H_1 \times H_2$$

이다. 따라서 $ab^{-1} \in H_1$이고 $cd^{-1} \in H_2$이다. 그러므로 H_1과 H_2는 각각 군 G_1과 G_2의 부분군이다. ▣

| 예제 20 $H_1 \times H_2$가 군 $\mathbb{Z}_2 \times \mathbb{Z}_2$의 부분군이라면 H_1은 $\mathbb{Z}_2$의 부분군이므로 $H_1 = \{0\}$ 또는 $H_1 = \mathbb{Z}_2$이다. 마찬가지로 H_2는 $\mathbb{Z}_2$의 부분군이므로 $H_2 = \{0\}$ 또는 $H_2 = \mathbb{Z}_2$이다. 그러므로 $H_1 \times H_2$는 다음과 같다.

$$H_1 \times H_2 = \{0\} \times \{0\}, \qquad H_1 \times H_2 = \mathbb{Z}_2 \times \{0\},$$
$$H_1 \times H_2 = \{0\} \times \mathbb{Z}_2, \qquad H_1 \times H_2 = \mathbb{Z}_2 \times \mathbb{Z}_2$$

따라서 군 $\mathbb{Z}_2 \times \mathbb{Z}_2$의 부분군은 $\{0\} \times \{0\}$, $\mathbb{Z}_2 \times \{0\}$, $\{0\} \times \mathbb{Z}_2$, $\mathbb{Z}_2 \times \mathbb{Z}_2$ 등 모두 4개 존재한다.

| 예제 21 $H_1 \times H_2$가 군 $\mathbb{Z}_4 \times U(5)$의 부분군이라면 H_1은 $\mathbb{Z}_4$의 부분군이므로 $H_1 = \{0\}$ 또는 $H_1 = \{0, 2\}$ 또는 $H_1 = \mathbb{Z}_4$이다. 마찬가지로 H_2는 $U(5)$의 부분군이므로 $H_2 = \{1\}$ 또는 $H_2 = U(5)$이다. 그러므로 $H_1 \times H_2$는 다음과 같다.

$$H_1 \times H_2 = \{0\} \times \{1\}, \qquad H_1 \times H_2 = \{0\} \times U(5),$$
$$H_1 \times H_2 = \{0, 2\} \times \{1\}, \qquad H_1 \times H_2 = \{0, 2\} \times U(5),$$
$$H_1 \times H_2 = \mathbb{Z}_4 \times \{1\}, \qquad H_1 \times H_2 = \mathbb{Z}_4 \times U(5)$$

따라서 군 $\mathbb{Z}_4 \times U(5)$의 부분군은 모두 6개 존재한다.

군 G가 유한군인 경우에는 G의 부분집합 H가 G의 부분군이 되기 위하여 H가 연산에 대하여 닫혀있다는 조건이면 충분하다는 것을 다음과 같이 보일 수 있다.

정리 4

군 G가 유한군일 때 부분집합 H가 G의 부분군이기 위한 필요충분조건은 다음 조건이 성립하는 것이다.

"임의의 원소 $a, b \in H$에 대하여 $ab \in H$"

참고 G가 덧셈군이면 위 조건은 "임의의 원소 $a, b \in H$에 대하여 $a + b \in H$"이다.

증명 ($\Rightarrow$) H가 G의 부분군이므로 임의의 원소 $a, b \in H$에 대하여 $ab \in H$이다.

($\Leftarrow$) (i) $H = \{e\}$이면 H가 G의 부분군이다.

(ii) $H \neq \{e\}$일 때 원소 $a \neq e \in H$를 택하자. 서로 다른 자연수 $n \neq m$에 대하여 $a^n \neq a^m$이면 G가 유한군이라는 가정에 모순이므로 $n \neq m$인 적당한 자연수 n과 m이 존재하여 $a^n = a^m$이다. 만일 $n > m$이라면 $a^{n-m} = e$이고 $a \neq e$이므로 $n - m > 1$이다. 그런데

$$a^{n-m-1}a = a^{n-m} = e$$

이므로 $a^{-1} = a^{n-m-1} \in H$이다. 그러므로 주어진 가정에 의하여 임의의 원소 $a, b \in H$에 대하여 $ab^{-1} \in H$이 성립한다. 따라서 H는 G의 부분군이다. ▣

정리 5

H가 군 G의 부분군이고 K가 H의 부분군이면 K는 G의 부분군이다.

증명 K가 H의 부분군이므로 K는 G의 부분집합이다. 또한 임의의 원소 $a, b \in K$에 대하여 $ab^{-1} \in K$이다. 즉, K는 G의 부분군이다. ▣

| 예제 22 군 $\mathbb{Z}$는 덧셈연산에 대하여 $\mathbb{Q}$의 부분군이고 $\mathbb{Q}$는 $\mathbb{R}$의 부분군이므로 $\mathbb{Z}$는 $\mathbb{R}$의 부분군이다.

| 예제 23 군 $2\mathbb{Z} = \{2n \mid n \in \mathbb{Z}\}$은 덧셈연산에 대하여 군 $\mathbb{Z}$의 부분군이고 $\mathbb{Z}$는 $\mathbb{R}$의 부분군이므로 $2\mathbb{Z}$는 $\mathbb{R}$의 부분군이다.

| 예제 24 군 $\mathbb{Q}^*$는 곱셈연산에 대하여 군 $\mathbb{R}^*$의 부분군이고 $\mathbb{R}^*$는 $\mathbb{C}^*$의 부분군이므로 $\mathbb{Q}^*$는 $\mathbb{C}^*$의 부분군이다.

| 예제 25 곱셈군 $G = \left\{ \begin{pmatrix} 1 & n \\ 0 & 1 \end{pmatrix} \mid n \in \mathbb{Z} \right\}$는 특수선형군 $SL_n(\mathbb{R})$의 부분군이고 $SL_n(\mathbb{R})$은 일반선형군 $GL_n(\mathbb{R})$의 부분군이므로 G는 $GL_n(\mathbb{R})$의 부분군이다.

정리 6

군 G에 대하여

$$Z(G) = \{a \in G \mid \text{모든 원소 } c \in G\text{에 대하여 } ac = ca\}$$

는 G의 부분군이다.

증명 임의의 원소 $a, b \in Z(G)$와 임의의 원소 $c \in G$에 대하여 $ac = ca$이고 $bc = cb$이다. 따라서 $ac = ca$이고 $b^{-1}c = cb^{-1}$이다. 그러므로,

$$(ab^{-1})c = a(b^{-1}c) = a(cb^{-1}) = (ac)b^{-1} = (ca)b^{-1} = c(ab^{-1})$$

이다. 즉 $ab^{-1} \in Z(G)$이므로 $Z(G)$는 G의 부분군이다. ▣

| 예제 26 군 $2\mathbb{Z}$에 대하여 $Z(2\mathbb{Z}) = 2\mathbb{Z}$는 군 $2\mathbb{Z}$의 부분군이다.

예제 27 군 $\mathbb{Z}_n$에 대하여 $Z(\mathbb{Z}_n) = \mathbb{Z}_n$는 군 $\mathbb{Z}_n$의 부분군이다.

예제 28 군 $\mathbb{R}^n$에 대하여 $Z(\mathbb{R}^n) = \mathbb{R}^n$는 $\mathbb{R}^n$의 부분군이다.

예제 29 군 $M_{m\times n}(\mathbb{Z})$에 대하여 $Z(M_{m\times n}(\mathbb{Z})) = M_{m\times n}(\mathbb{Z})$는 $M_{m\times n}(\mathbb{Z})$의 부분군이다.

예제 30 곱셈군 $G = \left\{\begin{pmatrix} 1 & n \\ 0 & 1 \end{pmatrix} \mid n \in \mathbb{Z}\right\}$에 대하여 $Z(G) = G$는 G의 부분군이다.

예제 31 군 $G = \{f \mid f : \mathbb{R} \to \mathbb{R}$ 는 연속함수$\}$에 대하여 $Z(G) = G$는 군 G의 부분군이다.

예제 32 군 G_1과 G_2에 대하여 $Z(G_1 \times G_2) = Z(G_1) \times Z(G_2)$는 $G_1 \times G_2$의 부분군이다.

정의 7

군 G의 부분군 $Z(G)$를 G의 **중심**(center)이라고 한다.

정리 8

군 G가 가환군일 때 G의 중심은 $Z(G) = G$이다.

증명 군 G가 가환군이므로 임의의 원소 $a, b \in G$에 대하여 $ab = ba$이다. 그러므로

$$Z(G) = \{a \in G \mid \text{모든 원소 } c \in G\text{에 대하여 } ac = ca\} = G$$ ▣

예제 33 군 $\mathbb{Z}$ 는 가환군이므로 $Z(\mathbb{Z}) = \mathbb{Z}$ 이다.

예제 34 군 $\mathbb{Z}_5$는 가환군이므로 $Z(\mathbb{Z}_5) = \mathbb{Z}_5$이다.

예제 35 군 $G = \{f \mid f : \mathbb{R} \to \mathbb{R}$ 는 연속함수$\}$는 가환군이므로 $Z(G) = G$이다.

예제 36 군 $\mathbb{Z} \times \mathbb{Z}_5$는 가환군이므로 $Z(\mathbb{Z} \times \mathbb{Z}_5) = \mathbb{Z} \times \mathbb{Z}_5$이다.

정리 9

군 G에 속하는 임의의 원소 $a \in G$에 대하여

$$C(a) = \{b \in G \mid ab = ba\}$$

는 G의 부분군이다.

증명 임의의 원소 $b, c \in C(a)$에 대하여 $ab = ba$이고 $ac = ca$이다. 따라서 $ab = ba$이고 $c^{-1}a = ac^{-1}$이다. 그러므로,

$$(bc^{-1})a = b(c^{-1}a) = b(ac^{-1}) = (ba)c^{-1} = (ab)c^{-1} = a(bc^{-1})$$

이다. 즉, $bc^{-1} \in C(a)$이므로 $C(a)$는 G의 부분군이다. ▣

정의 10

군 G에 속하는 원소 $a \in G$에 대하여 G의 부분군 $C(a)$를 a의 **중심화**(centralizer)라고 한다.

예제 37 군 $2\mathbb{Z}$ 에 속하는 원소 4에 대하여 $C(4) = 2\mathbb{Z}$ 이다.

예제 38 군 $\mathbb{Z}_n$ $(n>3)$에 속하는 원소 2에 대하여 $C(2)=\mathbb{Z}_n$이다.

예제 39 군 $\mathbb{R}^n$에 속하는 원소 $(1,1,\cdots,1)$에 대하여 $C((1,1,\cdots,1))=\mathbb{R}^n$이다.

예제 40 군 $M_n(\mathbb{Z})$에 속하는 항등행렬 I_n에 대하여 $C(I_n)=M_n(\mathbb{Z})$이다.

예제 41 곱셈군 $G=\left\{\begin{pmatrix}1 & n\\0 & 1\end{pmatrix} \mid n\in\mathbb{Z}\right\}$에 속하는 원소 $A=\begin{pmatrix}1 & 5\\0 & 1\end{pmatrix}$에 대하여 $C(A)=G$이다.

예제 42 군 $G=\{f \mid f:\mathbb{R}\to\mathbb{R}$ 는 연속함수$\}$에 속하는 원소 $g:\mathbb{R}\to\mathbb{R}$, $g(x)=2x+1$에 대하여 $C(g)=G$이다.

예제 43 군 $\mathbb{R}\times\mathbb{Z}_7$에 속하는 원소 $(1,6)$에 대하여 $C((1,6))=\mathbb{R}\times\mathbb{Z}_7$이다.

정리 11

군 G가 가환군일 때 원소 $a\in G$에 대하여 a의 중심화는 $C(a)=G$이다.

증명 군 G가 가환군이므로 임의의 원소 $a,b\in G$에 대하여 $ab=ba$이다. 그러므로

$$C(a)=\{b\in G \mid ab=ba\}=G$$

이다. ▣

예제 44 군 $\mathbb{Z}$는 가환군이므로 임의의 원소 $n\in\mathbb{Z}$에 대하여 $C(n)=\mathbb{Z}$이다.

예제 45 군 $\mathbb{Z}_5$는 가환군이므로 임의의 원소 $a\in\mathbb{Z}_5$에 대하여 $C(a)=\mathbb{Z}_5$이다.

예제 46 군 $\mathbb{Q}^*$는 가환군이므로 임의의 원소 $a \in \mathbb{Q}^*$에 대하여 $C(a) = \mathbb{Q}^*$이다.

예제 47 군 $\mathbb{R}^2$는 가환군이므로 $\mathbb{R}^2$에 속하는 임의의 원소 (a, b)에 대하여 $C((a, b)) = \mathbb{R}^2$이다.

예제 48 군 $M_{m \times n}(\mathbb{R})$는 가환군이므로 임의의 원소 $A \in M_{m \times n}(\mathbb{R})$에 대하여 $C(A) = M_{m \times n}(\mathbb{R})$이다.

예제 49 덧셈군 $G = \{f \mid f : \mathbb{R} \to \mathbb{R}$ 는 연속함수$\}$는 가환군이므로 임의의 원소 $f \in G$에 대하여 $C(f) = G$이다.

군 G의 중심 $Z(G)$와 G의 원소 a의 중심화 $C(a)$사이에는 다음과 같은 관계가 성립한다.

정리 12

군 G에 대하여 $Z(G) = \bigcap_{a \in G} C(a)$이다.

증명 $b \in Z(G)$이면 임의의 원소 $a \in G$에 대하여 $ab = ba$이다. 따라서 임의의 원소 $a \in G$에 대하여 $b \in C(a)$이므로 $b \in \bigcap_{a \in G} C(a)$이다. 그러므로

$$Z(G) \subset \bigcap_{a \in G} C(a)$$

이다. 한편 $c \in \bigcap_{a \in G} C(a)$이라면 임의의 원소 $a \in G$에 대하여 $c \in C(a)$이다. 그러므로 임의의 원소 $a \in G$에 대하여 $ac = ca$이다. 따라서 $c \in Z(G)$이므로

$$\bigcap_{a \in G} C(a) \subset Z(G)$$

이다. 결과적으로 $Z(G) = \bigcap_{a \in G} C(a)$이 성립한다. ▣

정리 13

집합 H가 군 G의 부분군일 때

$$C(H) = \{b \in G \mid \text{모든 원소 } a \in H\text{에 대하여 } ab = ba\}$$

는 G의 부분군이다.

증명 임의의 원소 $b, c \in C(H)$와 $a \in H$에 대하여 $ab = ba$이고 $ac = ca$이다. 따라서 $ab = ba$이고 $c^{-1}a = ac^{-1}$이다. 그러므로

$$(bc^{-1})a = b(c^{-1}a) = b(ac^{-1}) = (ba)c^{-1} = (ab)c^{-1} = a(bc^{-1})$$

이고 $bc^{-1} \in C(H)$이다. 즉, $C(H)$는 G의 부분군이다. ▣

정의 14

군 G의 부분군 H에 대하여 G의 부분군 $C(H)$를 H의 **중심화**(centralizer)라고 한다.

정리 15

군 G가 가환군이면 G의 부분군 H에 대하여 H의 중심화는 $C(H) = G$이다.

증명 군 G가 가환군이므로 임의의 원소 $a, b \in G$에 대하여 $ab = ba$이다. 그러므로

$$C(H) = \{b \in G \mid \text{모든 } a \in H\text{에 대하여 } ab = ba\} = G$$

이다. ▣

예제 50 덧셈군 $\mathbb{Z}$와 부분군 $3\mathbb{Z}$에 대하여 $C(3\mathbb{Z}) = \mathbb{Z}$이다.

| 예제 51 군 $\mathbb{Z}_{12}$와 부분군 $H=\{0,4,8\}$에 대하여 $C(H)=\mathbb{Z}_{12}$이다.

| 예제 52 군 $\mathbb{R}^*$과 부분군 $\mathbb{Q}^*$에 대하여 $C(\mathbb{Q}^*)=\mathbb{R}$ 이다.

| 예제 53 군 $G=M_{m\times n}(\mathbb{R})$와 부분군 $H=M_{m\times n}(\mathbb{Q})$에 대하여 $C(H)=G$이다.

| 예제 54 함수의 덧셈연산에 대한 군 $G=\{f \mid f:\mathbb{R}\to\mathbb{R}$ 는 연속함수$\}$와 부분군 $H=\{f \mid f:\mathbb{R}\to\mathbb{R}$ 는 미분가능한 함수$\}$에 대하여 $C(H)=G$이다.

| 예제 55 $H_1\times H_2$가 군 $\mathbb{Z}_2\times\mathbb{Z}$ 의 부분군이라면 $C(H_1\times H_2)=\mathbb{Z}_2\times\mathbb{Z}$ 이다.

연습문제

1. 다음에 주어진 군의 부분군을 모두 구하시오.

(1) $\mathbb{Z}_{10}$

(2) $\mathbb{Z}_p$ (p는 소수)

(3) $\mathbb{Z}_{10} \times \mathbb{Z}_p$ (p는 소수)

2. 군 $6\mathbb{Z} = \{6n \mid n \in \mathbb{Z}\}$는 덧셈연산에 대하여 군 $2\mathbb{Z}$의 부분군이 되는지 판정하고 이를 증명하시오.

3. 정수 m에 대하여 $m\mathbb{Z}$는 덧셈연산에 대하여 군 $\mathbb{Z}$의 부분군이 되는지 판정하고 이를 증명하시오.

4. $H = \{f \mid f : (2, 7) \to \mathbb{R}$ 는 미분가능한 함수$\}$는 함수의 덧셈연산에 대하여 군 $G = \{f \mid f : \mathbb{R} \to \mathbb{R}$ 는 연속함수$\}$의 부분군이 되는지 판정하고 이를 증명하시오.

5. H_1이 군 G_1의 부분군이라 할 때 군 G_2에 대하여 $H_1 \times G_2$는 $G_1 \times G_2$의 부분군이 되는지 판정하고 이를 증명하시오.

6. $M_{m \times n}(12\mathbb{Z})$는 행렬의 덧셈연산에 대하여 $M_{m \times n}(\mathbb{R})$의 부분군이 되는지 판정하고 이를 증명하시오.

7. $H = \left\{ \begin{pmatrix} a & 0 \\ b & c \end{pmatrix} \mid a, b, c \in \mathbb{Q} \right\}$는 행렬의 덧셈연산에 대하여 $M_{2 \times 2}(\mathbb{R})$의 부분군이 되는지 판정하고 이를 증명하시오.

8. 다음에 주어진 군 G에 대하여 $Z(G)$를 구하시오.

(1) $G = \mathbb{R} \times \mathbb{Z}$

(2) $G = \mathbb{Z}_2 \times \mathbb{Z}_3$

(3) $G = GL_2(\mathbb{R})$

9. 군 $G = \mathbb{Z}_{21} \times \mathbb{Z}_{12}$와 원소 $(1, 2) \in G$에 대하여 $C((1, 2))$를 구하시오.

10. 군 G에 속하는 임의의 원소 a에 대하여 $C(a) = C(a^{-1})$가 성립하는지 판정하고 이를 증명하시오.

11. 군 $G = \mathbb{Z}_7 \times \mathbb{Z}_{14}$과 G의 부분군 $H = \mathbb{Z}_7 \times \{0\}$에 대하여 $C(H)$를 구하시오.

CHAPTER 3

순환군(Cyclic groups)

이 절에서는 군에 속하는 적당한 원소에 의하여 다른 원소들이 표현되는 특별한 성질을 갖는 순환군에 대한 정의 및 기본적인 성질들에 대하여 살펴본다.

정리 1

군 G에 속하는 임의의 원소 a에 대하여 집합

$$H=\{a^n \mid n\in \mathbb{Z}\}$$

는 G의 부분군이다.

증명 H는 G의 부분집합이고 임의의 두 원소 $a^n, a^m \in H$에 대하여

$$a^n(a^m)^{-1}=a^n a^{-m}=a^{n-m}$$

이므로 $a^n(a^m)^{-1}\in H$이다. 따라서 H는 G의 부분군이다. ▣

정의 2

군 G에 속하는 임의의 원소 a에 대하여 G의 부분군

$$H=\{a^n \mid n\in \mathbb{Z}\}$$

를 $\langle a\rangle$로 나타낸다. 이때 $\langle a\rangle$를 **a에 의하여 생성된 군 G의 순환부분군**(cyclic subgroup of G generated by a)라고 한다.

참고 G가 덧셈군일 때 $\langle a\rangle=\{na \mid n\in \mathbb{Z}\}$이다.

예제 1 군 $\mathbb{Z}$에 속하는 원소 3에 의하여 생성된 군 $\mathbb{Z}$의 순환부분군은

$$\langle 3\rangle=\{3n \mid n\in \mathbb{Z}\}=3\mathbb{Z}$$

예제 2 군 $\mathbb{R}$에 속하는 원소 1에 의하여 생성된 군 $\mathbb{R}$의 순환부분군은

$$\langle 1 \rangle = \{n \mid n \in \mathbb{Z}\} = \mathbb{Z}$$

예제 3 군 $\mathbb{Z}_{10}$에 속하는 원소 4에 의하여 생성된 군 $\mathbb{Z}_{10}$의 순환부분군은

$$\langle 4 \rangle = \{4n \mid n \in \mathbb{Z}\} = \{0, 2, 4, 6, 8\}$$

예제 4 군 $\mathbb{Z}_5 \times \mathbb{Z}_5$에 속하는 원소 $(1, 2)$에 의하여 생성된 군 $\mathbb{Z}_5 \times \mathbb{Z}_5$의 순환부분군은

$$\langle (1, 2) \rangle = \{n(1, 2) \mid n \in \mathbb{Z}\} = \{(1, 2), (2, 4), (3, 1), (4, 3), (0, 0)\}$$

정의 3

군 G에 속하는 적당한 원소 a가 존재하여 $G = \langle a \rangle$이면 G를 **a에 의하여 생성된 순환군**(cyclic group generated by a)이라고 한다. 이때 a를 군 G의 **생성원**(generator)이라고 한다.

예제 5 군 $\mathbb{Z}$에 대하여

$$\langle 1 \rangle = \{n1 \mid n \in \mathbb{Z}\} = \mathbb{Z}$$

이므로 1은 $\mathbb{Z}$의 생성원이고 $\mathbb{Z}$는 1에 의하여 생성된 순환군이다. 마찬가지로

$$\langle -1 \rangle = \{n(-1) \mid n \in \mathbb{Z}\} = \mathbb{Z}$$

이므로 -1은 $\mathbb{Z}$의 생성원이고 $\mathbb{Z}$는 -1에 의하여 생성된 순환군이다.

예제 6 군 $\mathbb{Q}^+$가 순환군이라고 가정하면 적당한 원소 $a \in \mathbb{Q}^+$가 존재하여 $\mathbb{Q}^+ = \langle a \rangle$이다. 그러면 $\frac{1}{2}a \in \mathbb{Q}^+$이므로 $\frac{1}{2}a = na$인 정수 n이 존재한다. 따라서 $n = \frac{1}{2}$이 되어 모순을 얻는다. 결과적으로 군 $\mathbb{Q}^+$는 순환군이 될 수 없다.

▌예제 7 군 $\mathbb{Z}_5$에 대하여

$$\mathbb{Z}_5 = \langle 1 \rangle = \langle 2 \rangle = \langle 3 \rangle = \langle 4 \rangle$$

이므로 $1, 2, 3, 4$은 모두 $\mathbb{Z}_5$의 생성원이고 $\mathbb{Z}_5$는 1 (또는 2 또는 3 또는 4)에 의하여 생성된 순환군이다.

▌예제 8 군 $\mathbb{Z}_n$에 대하여

$$\mathbb{Z}_n = \langle 1 \rangle = \langle 2 \rangle = \cdots = \langle n-1 \rangle$$

이므로 $\mathbb{Z}_n$는 순환군이다. 또한 $1, 2, \cdots, n-1$은 모두 $\mathbb{Z}_n$의 생성원이다.

▌예제 9 곱셈군 $G = \left\{ \begin{pmatrix} 1 & n \\ 0 & 1 \end{pmatrix} \mid n \in \mathbb{Z} \right\}$에 대하여 $G = \left\langle \begin{pmatrix} 1 & 1 \\ 0 & 1 \end{pmatrix} \right\rangle$이므로 G는 $\begin{pmatrix} 1 & 1 \\ 0 & 1 \end{pmatrix}$에 의하여 생성된 순환군이고 $\begin{pmatrix} 1 & 1 \\ 0 & 1 \end{pmatrix}$은 G의 생성원이다.

▌예제 10 군 $\mathbb{Z}_3 \times \mathbb{Z}_3$은 순환군이 아니다.
만일 $\mathbb{Z}_3 \times \mathbb{Z}_3$가 순환군이라면 적당한 생성원 $(a, b) \neq (0, 0)$가 존재하여

$$\mathbb{Z}_3 \times \mathbb{Z}_3 = \langle (a, b) \rangle$$

이다. 따라서 $(1, 0) = n(a, b)$이고 $(0, 1) = m(a.b)$인 정수 n, m이 존재하므로

$$na = 1,\ nb = 0, \quad ma = 0, \quad mb = 1$$

이다. 그런데 $(a, b) \neq (0, 0)$이므로 $a \neq 0$ 또는 $b \neq 0$이고 각각의 경우를 살펴보면 다음과 같다.

(i) $a \neq 0$이면 $ma = 0$으로부터 $m = 3s$인 정수 s가 존재한다. 그런데 $mb = 1$이므로

$$1 = mb = 3sb = 0$$

이 되어 모순이다.

(ii) $b \neq 0$이면 $nb = 0$으로부터 $n = 3t$인 정수 t가 존재한다. 그런데 $na = 1$이므로

$$1 = na = 3ta = 0$$

이 되어 모순이다.

결과적으로 $\mathbb{Z}_3 \times \mathbb{Z}_3$는 순환군이 될 수 없다.

| 예제 11 $\mathbb{R}$은 순환군이 아니다.

만일 $\mathbb{R}$가 순환군이라면 적당한 생성원 $a \neq 0$가 존재하여 $\mathbb{R} = \langle a \rangle$이다. 그런데 $\sqrt{2}a \in \mathbb{R}$ 이므로

$$\sqrt{2}a = na$$

를 만족시키는 정수 n이 존재하여야 한다. 그런데 이는 모순이다. 그러므로 $\mathbb{R}$은 순환군이 아니다.

| 예제 12 군 $\mathbb{Z}_2$에 대하여

$$\mathbb{Z}_2 \times \mathbb{Z}_2 = \{(0,0), (1,0), (0,1), (1,1)\}$$

는 위수가 4인 군이다. 그런데

$$\begin{aligned}
&\langle(0,0)\rangle = \{(0,0)\} \neq \mathbb{Z}_2 \times \mathbb{Z}_2, \\
&\langle(1,0)\rangle = \{(0,0), (1,0)\} \neq \mathbb{Z}_2 \times \mathbb{Z}_2, \\
&\langle(0,1)\rangle = \{(0,0), (0,1)\} \neq \mathbb{Z}_2 \times \mathbb{Z}_2, \\
&\langle(1,1)\rangle = \{(0,0), (1,1)\} \neq \mathbb{Z}_2 \times \mathbb{Z}_2
\end{aligned}$$

이므로 $\mathbb{Z}_2 \times \mathbb{Z}_2$에 속하는 모든 원소는 $\mathbb{Z}_2 \times \mathbb{Z}_2$의 생성원이 아니다. 따라서 $\mathbb{Z}_2 \times \mathbb{Z}_2$는 순환군이 아니다.

| 예제 13 군 $\mathbb{Z}_2$와 $U(4)$에 대하여

$$\mathbb{Z}_2 \times U(4) = \{(0,1), (0,3), (1,1), (1,3)\}$$

는 위수가 4인 군이다. 그런데

$$\langle(0,1)\rangle=\{(0,1)\}\neq \mathbb{Z}_2\times U(4),$$
$$\langle(0,3)\rangle=\{(0,1),(0,3)\}\neq \mathbb{Z}_2\times U(4),$$
$$\langle(1,1)\rangle=\{(0,1),(1,1)\}\neq \mathbb{Z}_2\times U(4),$$
$$\langle(1,3)\rangle=\{(0,1),(1,3)\}\neq \mathbb{Z}_2\times U(4)$$

이므로 $\mathbb{Z}_2\times U(4)$에 속하는 모든 원소는 $\mathbb{Z}_2\times U(4)$의 생성원이 아니다. 따라서 $\mathbb{Z}_2\times U(4)$는 순환군이 아니다.

❙ 예제 14 군 $\mathbb{Z}_2$와 $\mathbb{Z}_3$에 대하여

$$\mathbb{Z}_2\times \mathbb{Z}_3=\{(0,0),(0,1),(0,2),(1,0),(1,1),(1,2)\}$$

는 위수가 6인 군이다. 그런데

$$\langle(1,1)\rangle=\{(0,0),(1,0),(0,1),(1,1),(0,2),(1,2)\}=\mathbb{Z}_2\times \mathbb{Z}_3$$

이므로 원소 $(1,1)$는 $\mathbb{Z}_2\times \mathbb{Z}_3$의 생성원이다. 그러므로 군 $\mathbb{Z}_2\times \mathbb{Z}_3$는 원소 $(1,1)$로 생성되는 순환군이다. 마찬가지로

$$\langle(1,2)\rangle=\{(0,0),(1,0),(0,1),(1,1),(0,2),(1,2)\}=\mathbb{Z}_2\times \mathbb{Z}_3,$$

이므로 원소 $(1,2)$는 군 $\mathbb{Z}_2\times \mathbb{Z}_3$의 생성원이다. 그러므로 군 $\mathbb{Z}_2\times \mathbb{Z}_3$는 $(1,2)$로 생성되는 순환군이다.

❙ 예제 15 군 $\mathbb{Z}\times\mathbb{Z}$는 순환군이 아니다.

만일 $\mathbb{Z}\times\mathbb{Z}$가 순환군이면 적당한 원소 (m,n)이 존재하여 $\mathbb{Z}\times\mathbb{Z}=\langle(m,n)\rangle$이다. 따라서 $(m+1,n)\in\langle(m,n)\rangle$이므로

$$(m+1,n)=(km,kn)$$

인 정수 k가 존재한다. 즉, $m+1=km$이고 $n=kn$인 정수 k가 존재한다. 그런데 이는 모순이다. 그러므로 $\mathbb{Z}\times\mathbb{Z}$는 순환군이 아니다.

정리 4

군 G에 속하는 적당한 원소 a에 대하여 $|a|=n$이면

(1) $\langle a \rangle = \{e, a, a^2, \cdots, a^{n-1}\}$

(2) $a^i = a^j$이기 위한 필요충분조건은 n이 $i-j$의 약수이다.

참고 G가 덧셈군이면 (1)과 (2)는 각각 다음과 같다.

(1) $\langle a \rangle = \{e, a, 2a, \cdots, (n-1)a\}$

(2) $ia = ja$이기 위한 필요충분조건은 n이 $i-j$의 약수이다.

증명 (1) $|a|=n$이므로 $a^n = e$이다. 따라서 $\langle a \rangle = \{e, a, a^2, \cdots, a^{n-1}\}$이다.

(2) 우선 $a^i = a^j$라고 가정하자. 나눗셈 정리에 의하여

$$i-j = nq+r,\ 0 \le r < n$$

인 정수 q, r이 존재한다. 따라서

$$a^{i-j} = a^{nq+r} = a^{nq}a^r = ea^r = a^r$$

이다. 그런데 $a^{i-j} = e$이므로 $a^r = e$이다. 가정에 의하여 $|a|=n$이므로 $r=0$이고 $i-j=nq$이므로 n은 $i-j$의 약수이다.

역으로 n이 $i-j$의 약수라고 가정하면 $i-j=nt$인 정수 t가 존재하고 $a^n = e$이므로

$$a^{i-j} = a^{nt} = (a^n)^t = e$$

이다. 따라서 $a^i = a^j$이다. ▣

예제 16 군 $\mathbb{Z}_7$에 속하는 원소 2에 대하여

(1) $\langle 2 \rangle = \{0, 2, 4, 6, 1, 3, 5\} = \mathbb{Z}_7$

(2) $i2 = j2$이기 위한 필요충분조건은 7이 $i-j$의 약수이다.

정리 5

군 G에 속하는 적당한 원소 a에 대하여 $|a|=n$이면 $a^t=e$이기 위한 필요충분조건은 n이 t의 약수이다.

증명 만일 $a^t=e$라고 가정하면 $a^t=e=a^0$이므로 n은 $t-0=t$의 약수이다.

역으로 n이 t의 약수라고 가정하면 $t=ns$인 정수 s가 존재하고 $a^n=e$이므로

$$a^t=a^{ns}=(a^n)^s=e$$

이다. 따라서 $a^t=e$이다. ▣

| 예제 17 군 $\mathbb{Z}_7$에 속하는 원소 2에 대하여 $|2|=7$이므로 $t2=0$이기 위한 필요충분조건은 7이 t의 약수이다.

정리 6

군 G에 속하는 적당한 원소 a의 위수가 무한이면 $a^i=a^j$이기 위한 필요충분조건은 $i=j$이다.

증명 $a^i=a^j$라고 가정하면 $a^{i-j}=e$이다. 만일 $i-j\neq 0$이면 $|a|\leq i-j$이다. 그런데 a의 위수는 무한이므로 $i-j=0$이다. 따라서 $i=j$이다.

역으로 $i=j$이면 명백히 $a^i=a^j$이다. ▣

| 예제 18 군 $\mathbb{Z}$의 원소 5의 위수는 무한이므로 $i5=j5$이기 위한 필요충분조건은 $i=j$이다.

정리 7

군 G가 순환군이면 G의 부분군 H는 순환군이다.

증명 G가 순환군이므로 $G=\langle a\rangle$인 원소 $a\in G$가 존재한다. G의 부분군 H가 순환군임을 다음과 같이 두 가지 경우로 나누어서 증명한다.

(1) $H=\{e\}$이면 $H=\langle e\rangle$이므로 H는 순환군이다.

(2) $H\neq\{e\}$이면 $b\neq e$인 원소 $b\in H$가 존재한다. $G=\langle a\rangle$이므로 적당한 정수 n이 존재하여 $b=a^n$이다. 그런데 H가 부분군이므로 $a^{-n}\in H$이다. 그러므로 $a^m\in H$인 양의 정수 m이 존재한다. 이제

$$t=\min\{m\in\mathbb{N}\mid a^m\in H\}$$

이라 놓고 $H=\langle a^t\rangle$임을 보이자. 우선 $a^t\in H$이고 H는 부분군이므로 $\langle a^t\rangle\subset H$이다. 만일 $c\in H$이면 적당한 정수 s가 존재하여 $c=a^s$이고 나눗셈 정리에 의하여

$$s=tq+r,\qquad 0\leq r<t$$

인 정수 q, r이 존재한다. 따라서 $a^r=a^s a^{-tq}\in H$이므로 t의 정의에 의하여 $r=0$이다. 즉, $s=tq$이고

$$c=a^s=a^{tq}\in\langle a^t\rangle$$

이므로 $H\subset\langle a^t\rangle$이다. 결과적으로 $H=\langle a^t\rangle$이므로 H는 순환군이다. ▣

| 예제 19 순환군 $\mathbb{Z}=\langle 1\rangle$의 부분군 $7\mathbb{Z}$는 순환군이고 $7\mathbb{Z}=\langle 7\rangle$이다.

| 예제 20 순환군 $\mathbb{Z}_{12}=\langle 1\rangle$의 부분군 $H=\{0,3,6,9\}$는 순환군이고 $H=\langle 3\rangle$이다.

| 예제 21 순환군 $\mathbb{Z}_2\times\mathbb{Z}_3=\langle(1,1)\rangle$의 부분군 $H=\mathbb{Z}_2\times\{0\}$은 순환군이고 $H=\langle(1,0)\rangle$이다.

| 예제 22 순환군 $G=\left\{\begin{pmatrix}1 & n\\0 & 1\end{pmatrix}\mid n\in\mathbb{Z}\right\}=\left\langle\begin{pmatrix}1 & 1\\0 & 1\end{pmatrix}\right\rangle$의 부분군 $H=\left\{\begin{pmatrix}1 & m\\0 & 1\end{pmatrix}\mid m\in 2\mathbb{Z}\right\}$은 순환군이고 $H=\left\langle\begin{pmatrix}1 & 2\\0 & 1\end{pmatrix}\right\rangle$이다.

정리 8

군 G에 속하는 적당한 원소 a에 대하여 $|a|=n$이면 양의 정수 t에 대하여

(1) $\langle a^t \rangle = \langle a^d \rangle$

(2) $|a^t| = \dfrac{n}{d}$ (단, $d=\gcd(n,t)$이다.)

참고 G가 덧셈군이면 정리의 결과는 다음과 같다.

(1) $\langle ta \rangle = \langle da \rangle$

(2) $|ta| = \dfrac{n}{d}$ (단, $d=\gcd(n,t)$이다.)

증명 (1) $d=\gcd(n,t)$이므로 $d=nm+ts$인 정수 m, s가 존재한다. 또한 $t=dk$인 정수 k가 존재한다. 이제 $b \in \langle a^t \rangle$라면 $b=a^{tt_1}$인 정수 t_1이 존재하므로 $b=a^{dkt_1}$이다. 즉, $b \in \langle a^d \rangle$이므로 $\langle a^t \rangle \subset \langle a^d \rangle$이다.

한편, $c \in \langle a^d \rangle$라면 $c=a^{dd_1}$인 정수 d_1이 존재하므로

$$c=a^{(nm+ts)d_1}=a^{nmd_1}a^{tsd_1}=ea^{tsd_1}=a^{tsd_1}$$

이다. 따라서 $c \in \langle a^t \rangle$이므로 $\langle a^d \rangle \subset \langle a^t \rangle$이다.

그러므로 결과적으로 $\langle a^t \rangle = \langle a^d \rangle$이다.

(2) 우선 $(a^d)^{\frac{n}{d}} = a^n = e$이므로 $|a^d| \le \dfrac{n}{d}$이다. 또한 $|a|=n$이므로 $j \le \dfrac{n}{d}$인 정수 j에 대하여 $(a^d)^j \neq e$이다. 따라서 $|a^d| = \dfrac{n}{d}$이다. 그런데 (1)에 의하여 $|a^t|=|a^d|$이므로 $|a^t| = \dfrac{n}{d}$이다. ▣

| 예제 23 군 $\mathbb{Z}_7$에 속하는 원소 1에 대하여 $|1|=7$이고 $\mathbb{Z}_7$에 속하는 원소 2에 대하여 $2=2\times 1$이므로 $|2| = \dfrac{7}{\gcd(7,2)} = 7$이다.

| 예제 24 군 $\mathbb{Z}_{12}$에 속하는 원소 1에 대하여 $|1|=12$이고 $\mathbb{Z}_{12}$에 속하는 원소 5에

대하여 $5=5\times 1$이므로 $|5|=\dfrac{12}{\gcd(12,5)}=12$이다.

| 예제 25 p가 소수일 때 군 $\mathbb{Z}_p$에 속하는 원소 1에 대하여 $|1|=p$이고 $\mathbb{Z}_p$에 속하는 원소 $p-1$에 대하여 $p-1=(p-1)\times 1$이므로 $|p-1|=\dfrac{p}{\gcd(p,p-1)}=p$이다.

| 예제 26 군 $\mathbb{Z}_2\times\mathbb{Z}_3$에 속하는 원소 $(1,1)$에 대하여 $|(1,1)|=6$이고 $\mathbb{Z}_2\times\mathbb{Z}_3$에 속하는 원소 $(0,2)$에 대하여 $(0,2)=2\cdot(1,1)$이므로 $|(0,2)|=\dfrac{6}{\gcd(6,2)}=3$이다.

정리 9

군 G에 속하는 원소 a에 대하여 $|a|=n$이면 양의 정수 t,s에 대하여 $\langle a^t\rangle=\langle a^s\rangle$이기 위한 필요충분조건은 $\gcd(n,t)=\gcd(n,s)$이다.

참고 G가 덧셈군이면 다음과 같이 나타낼 수 있다.

$$\langle ta\rangle=\langle sa\rangle\text{이기 위한 필요충분조건은 }\gcd(n,t)=\gcd(n,s)$$

증명 $d_1=\gcd(n,t)$, $d_2=\gcd(n,s)$라 하자. 만일 $\langle a^t\rangle=\langle a^s\rangle$이라고 가정하면 $|a^t|=|a^s|$이다. 그런데 $|a^t|=\dfrac{n}{d_1}$이고 $|a^s|=\dfrac{n}{d_2}$이므로 $\dfrac{n}{d_1}=\dfrac{n}{d_2}$이다. 그러므로 $d_1=d_2$이다.

역으로 $d_1=d_2$이라고 가정하면 $\langle a^{d_1}\rangle=\langle a^{d_2}\rangle$이다. 그런데 $\langle a^{d_1}\rangle=\langle a^t\rangle$이고 $\langle a^{d_2}\rangle=\langle a^s\rangle$이므로 $\langle a^t\rangle=\langle a^s\rangle$이다. ▣

| 예제 27 군 $\mathbb{Z}_7$에 속하는 원소 2에 대하여 $|2|=7$이고 $\gcd(7,2)=\gcd(7,5)$이므로 $\langle 2\times 2\rangle=\langle 5\times 2\rangle$이다.

정리 10

군 G에 속하는 적당한 원소 a에 대하여 $|a|=n$이면 양의 정수 t에 대하여 $\langle a^t \rangle = \langle a \rangle$이기 위한 필요충분조건은 $\gcd(n, t)=1$이다.

참고 G가 덧셈군이면 정리는 $\langle ta \rangle = \langle a \rangle$이기 위한 필요충분조건은 $\gcd(n, t)=1$이다.

증명 $|a|=n$이므로 $\langle a^t \rangle = \langle a \rangle$이기 위한 필요충분조건은 $\gcd(n, t)=\gcd(n, 1)$이다. 그런데 $\gcd(n, 1)=1$이므로 $\langle a^t \rangle = \langle a \rangle$이기 위한 필요충분조건은 $\gcd(n, t)=1$이다. ▣

예제 28 군 $\mathbb{Z}_{24}=\langle 1 \rangle$에 대하여 $\gcd(24, 5)=1$이므로 $\langle 5 \rangle = \langle 1 \rangle = \mathbb{Z}_{24}$이다. 따라서 5는 군 $\mathbb{Z}_{24}$의 생성원이다. 이와 같은 방법으로 군 $\mathbb{Z}_{24}$의 생성원을 모두 구하면 다음과 같다.

$$1, 5, 7, 11, 13, 15, 17, 19, 23$$

정리 11

군 G가 순환군이고 적당한 원소 $a \in G$에 대하여 $G=\langle a \rangle$일 때 $|a|=n$이면 G의 원소 b의 위수를 m이라 할 때 m은 n의 약수이다.

증명 $b \in G=\langle a \rangle$이므로 적당한 정수 t가 존재하여 $b=a^t$이다. 그러므로 b의 위수는

$$m=|b|=|a^t|=\frac{n}{\gcd(n, t)}$$

이다. 따라서 $m=\dfrac{n}{\gcd(n, t)}$이므로 m은 n의 약수이다. ▣

예제 29 순환군 $\mathbb{Z}_{24}=\langle 1 \rangle$에 대하여 $|1|=24$이고 원소 $12 \in \mathbb{Z}_{24}$의 위수는 2이

다. 이때 2는 24의 약수이다.

정리 12

군 G가 순환군이고 적당한 원소 $a \in G$에 대하여 $G = \langle a \rangle$일 때 $|a| = n$이면 G의 부분군 H의 위수 m은 n의 약수이다.

증명 H가 순환군 $G = \langle a \rangle$의 부분군이므로 H는 순환군이다. 그러므로 적당한 정수 t가 존재하여 $H = \langle a^t \rangle$이다. 따라서

$$m = |H| = |a^t| = \frac{n}{\gcd(n, t)}$$

이므로 m은 n의 약수이다. ▣

예제 30 순환군 $\mathbb{Z}_{15} = \langle 1 \rangle$에 대하여 $|1| = 15$이고 G의 부분군 $H = \langle 3 \rangle$의 위수는 5이다. 이때 5는 15의 약수이다.

정리 13

군 G가 순환군이고 적당한 원소 $a \in G$에 대하여 $G = \langle a \rangle$일 때 $|a| = n$이면 n의 약수 m에 대하여 위수가 m인 G의 부분군 H가 유일하게 존재한다. 이때 H는 다음과 같다.

$$H = \langle b \rangle, \qquad b = a^{\frac{n}{m}}$$

증명 우선 위수가 m인 G의 부분군 H가 존재한다는 것을 보이기 위하여

$$H = \langle b \rangle, \qquad b = a^{\frac{n}{m}}$$

으로 놓으면

$$|H| = \frac{n}{\gcd(n, n/m)} = m$$

이므로 H는 위수가 m인 G의 부분군이다.

유일성을 보이기 위하여 K를 위수가 m인 G의 부분군이라 놓으면 적당한 정수 t가 존재하여 $K = \langle a^t \rangle$이다. 이때 t를 $a^t \in K$인 가장 작은 양의 정수라고 놓을 수 있다. 한편 $n = tq + r,\ 0 \le r < t$인 정수 q와 r이 존재하므로

$$a^r = a^n a^{-tq} = a^{-tq} \in K$$

이다. 따라서 $r = 0$이므로 $n = tq$이다. 즉, t는 n의 약수이다. 그러므로

$$m = |\langle a^t \rangle| = \frac{n}{\gcd(n, t)} = \frac{n}{t}$$

이고 $t = \dfrac{n}{m}$이다. 결과적으로

$$K = \langle b \rangle, \qquad b = a^{\frac{n}{m}}$$

이므로 $K = H$이다. ▣

| 예제 31 순환군 $\mathbb{Z}_{15} = \langle 1 \rangle$의 부분군을 다음과 같이 모두 구할 수 있다.
15의 약수는 $1, 3, 5, 15$이므로 G의 부분군은 모두 4개이고 이를 각각 H_1, H_3, H_5, H_{15}이라 하면 다음과 같다.

$$H_1 = \langle 0 \rangle, \qquad H_3 = \langle 5 \rangle, \qquad H_5 = \langle 3 \rangle, \qquad H_{15} = \langle 1 \rangle$$

정리 14

군 G와 H가 모두 순환군이고 $|G| = n,\ |H| = m$이면 군 $G \times H$가 순환군이 되기 위한 필요충분조건은 $\gcd(n, m) = 1$이다.

증명 우선 군 $G \times H$가 순환군이라고 가정하자. 그러면 $G \times H$의 위수는 nm이고 적당한 원소 $(a, b) \in G \times H$가 존재하여 $G \times H = \langle (a, b) \rangle$이다. 그러면 $a^n = e_G$이고

$b^m = e_H$이므로

$$\begin{aligned}(a,b)^{\frac{nm}{\gcd(n,m)}} &= \left((a^n)^{\frac{m}{\gcd(n,m)}},\ (b^m)^{\frac{n}{\gcd(n,m)}}\right)\\ &= (e_G,\ e_H)\end{aligned}$$

이다. 그런데 $G\times H$의 위수는 nm이므로

$$nm \le \frac{nm}{\gcd(n,m)}$$

이다. 그러므로 $\gcd(n,m)=1$이다.

역으로 $\gcd(n,m)=1$ 라고 가정하자. 가정에 의하여 $|G|=n$이고 $|H|=m$이므로 적당한 원소 $c\in G$와 $d\in H$가 존재하여 $G=\langle c\rangle$이고 $H=\langle d\rangle$이다. 만일 $(c,d)\in G\times H$의 위수가 nm임을 보이면 $G\times H=\langle (c,d)\rangle$이 되므로 $G\times H$는 순환군이 된다. 이제 원소 $(c,d)\in G\times H$의 위수를 t라고 하면 $(c,d)^t=(e_G,e_H)$이다. 따라서 $(c^t,d^t)=(e_G,e_H)$이므로 t는 n과 m의 공배수이고 $\gcd(n,m)=1$이므로 $nm=\text{lcm}(n,m)\le t$이다. 또한

$$(c,d)^{nm}=(c^{nm},d^{nm})=(e_G,e_H)$$

이므로 $t\le nm$이다. 따라서 $t=mn$이므로 원소 $(c,d)\in G\times H$의 위수는 군 $G\times H$의 위수와 같다. 결과적으로 $G\times H=\langle (c,d)\rangle$이므로 $G\times H$는 순환군이 됨을 알 수 있다. ▣

| 예제 32 순환군 $\mathbb{Z}_5$와 $\mathbb{Z}_{12}$에 대하여 $|\mathbb{Z}_5|=5$이고 $|\mathbb{Z}_{12}|=12$이다. 그런데 $\gcd(5,12)=1$이므로 $\mathbb{Z}_5\times\mathbb{Z}_{12}$는 순환군이다. 또한 $\mathbb{Z}_5=\langle 1\rangle$이고 $\mathbb{Z}_{12}=\langle 1\rangle$이므로 $\mathbb{Z}_5\times\mathbb{Z}_{12}=\langle (1,1)\rangle$이다. 마찬가지로 $\mathbb{Z}_5=\langle 3\rangle$이고 $\mathbb{Z}_{12}=\langle 5\rangle$이므로

$\mathbb{Z}_5\times\mathbb{Z}_{12}=\langle (3,5)\rangle$이다.

| 예제 33 순환군 $\mathbb{Z}_m$과 $\mathbb{Z}_n$에 대하여 $|\mathbb{Z}_m|=m$이고 $|\mathbb{Z}_n|=n$이다. 만일 $\gcd(m,n)=1$이면 $\mathbb{Z}_m\times\mathbb{Z}_n$는 순환군이다. 또한 $\mathbb{Z}_m=\langle 1\rangle$이고 $\mathbb{Z}_n=\langle 1\rangle$이므로 $\mathbb{Z}_m\times\mathbb{Z}_n=\langle (1,1)\rangle$이다.

예제 34 순환군 $\mathbb{Z}_5$와 $\mathbb{Z}_{15}$에 대하여 $\gcd(5, 15) = 5 \neq 1$이므로 $\mathbb{Z}_5 \times \mathbb{Z}_{12}$는 순환군이 될 수 없다.

예제 35 순환군 $\mathbb{Z}_5$와 $U(5)$에 대하여 $|\mathbb{Z}_5| = 5$이고 $|U(5)| = 4$이다. 그런데 $\gcd(5, 4) = 1$이므로 $\mathbb{Z}_5 \times U(5)$는 순환군이다. 또한 $\mathbb{Z}_5 = \langle 1 \rangle$이고 $U(5) = \langle 2 \rangle$이므로 $\mathbb{Z}_5 \times U(5) = \langle (1, 2) \rangle$이다.

정리 15

군 $G_1, G_2, \cdots, G_m$과 원소 $a_i \in G$, $i = 1, 2, \cdots, m$에 대하여 $|a_i| = n_i$이고 원소 $(a_1, a_2, \cdots, a_m) \in \prod_{i=1}^{m} G_i$의 위수가 t이면 $t = \operatorname{lcm}(n_1, n_2, \cdots, n_m)$이다.

증명 가정에 의하여 원소 $(a_1, a_2, \cdots, a_m) \in \prod_{i=1}^{m} G_i$의 위수가 t이므로

$$(a_1, a_2, \cdots, a_m)^t = (e_{G_1}, e_{G_2}, \cdots, e_{G_m})$$

이다. 따라서 $(a_1^t, a_2^t, \cdots, a_m^t) = (e_{G_1}, e_{G_2}, \cdots, e_{G_m})$이므로 t는 $n_1, n_2, \cdots, n_m$의 공배수이고

$$\operatorname{lcm}(n_1, n_2, \cdots, n_m) \leq t$$

이다. 또한 모든 i에 대하여 $a_i^{\operatorname{lcm}(n_1, n_2, \cdots, n_m)} = e_{G_i}$이므로

$$(a_1, a_2, \cdots, a_m)^{\operatorname{lcm}(n_1, n_2, \cdots, n_m)} = (e_{G_1}, e_{G_2}, \cdots, e_{G_m})$$

이다. 따라서

$$t \leq \operatorname{lcm}(n_1, n_2, \cdots, n_m)$$

이므로 결과적으로 $t = \operatorname{lcm}(n_1, n_2, \cdots, n_m)$이다. ▣

예제 36 군 $\mathbb{Z}_5 \times \mathbb{Z}_{12}$에 속하는 원소 $(1,3)$의 위수를 t라고 놓으면 1의 위수가 5이고 3의 위수가 4이므로 $t = \text{lcm}(5,4) = 20$이다.

예제 37 군 $\mathbb{Z}_{81} \times \mathbb{Z}_{25} \times \mathbb{Z}_{12}$에 속하는 원소 $(9,5,3)$의 위수를 t라고 놓으면 9의 위수가 9이고 5의 위수가 5이고 3의 위수가 4이므로 $t = \text{lcm}(9,5,4) = 180$이다.

예제 38 군 $\mathbb{Z}_5 \times \mathbb{Z}_{12}$에 대하여 위수가 5인 원소를 다음과 같은 방법으로 모두 구할 수 있다.

만일 $\mathbb{Z}_5 \times \mathbb{Z}_{12}$에 위수가 5인 원소 (a,b)가 존재하면 $\text{lcm}(|a|,|b|) = 5$이다. 한편 $\mathbb{Z}_5$가 순환군이므로 $|a| = |\langle a \rangle|$는 $\mathbb{Z}_5$의 위수의 약수이다. 따라서 $|a| = 1$ 또는 $|a| = 5$이고 각각의 경우를 나누어 보면

(i) $|a| = 1$이고 $|b| = 5$인 경우: 순환군 $\mathbb{Z}_{12}$의 위수는 12이므로 $|b|$는 12의 약수이어야 하는데 $|b| = 5$는 모순이다. 즉, 이 경우를 만족시키는 원소는 존재하지 않는다.

(ii) $|a| = 5$이고 $|b| = 1$인 경우: $a = 1$, $a = 2$, $a = 3$, $a = 4$은 모두 $\mathbb{Z}_5$에 속하는 위수가 5인 원소이고 $b = 0$이다. 따라서 원소 $(1,0), (2,0), (3,0), (4,0)$는 모두 위수가 5인 원소이다.

(iii) $|a| = 5$이고 $|b| = 5$인 경우: $\mathbb{Z}_{12}$의 위수는 12이므로 $|b|$는 12의 약수이어야 하는데 $|b| = 5$는 모순이다. 즉, 이 경우를 만족시키는 원소는 존재하지 않는다.

결과적으로 $\mathbb{Z}_5 \times \mathbb{Z}_{12}$에 속하는 위수가 5인 원소는 모두 다음과 같이 4개다.

$$(1,0), (2,0), (3,0), (4,0)$$

정리 16

군 $G_1, G_2, \cdots, G_m$이 모두 순환군이고 $|G_i| = n_i$, $i = 1, 2, \cdots, m$일 때 군 $\prod_{i=1}^{m} G_i$이 순환군이 되기 위한 필요충분조건은 $\gcd(n_1, n_2, \cdots, n_m) = 1$이다.

증명 우선 군 $\prod_{i=1}^{m} G_i$가 순환군이라고 가정하고 $\gcd(n_1, n_2, \cdots, n_m) = d$라고 놓자. 그러면 $\prod_{i=1}^{m} G_i$에 속하는 적당한 원소 $(a_1, a_2, \cdots, a_m)$가 존재하여

$$\prod_{i=1}^{m} G_i = \langle (a_1, a_2, \cdots, a_m) \rangle$$

이다. 한편 모든 i에 대하여 $|G_i| = n_i$이므로 $a_i^{n_i} = e_{G_i}$이고

$$\begin{aligned}(a_1, a_2, \cdots, a_m)^{\frac{n_1 n_2 \cdots n_m}{d}} &= \left((a_1^{n_1})^{\frac{n_2 n_3 \cdots n_m}{d}}, \cdots, (a^{n_m})^{\frac{n_1 n_2 \cdots n_{m-1}}{d}}\right) \\ &= (e_{G_1}, \cdots, e_{G_m})\end{aligned}$$

이다. 그런데 $\prod_{i=1}^{m} G_i$의 위수는 $n_1 n_2 \cdots n_m$이므로

$$n_1 n_2 \cdots n_m \le \frac{n_1 n_2 \cdots n_m}{d}$$

이다. 그러므로

$$\gcd(n_1, n_2, \cdots, n_m) = d = 1$$

이다.

역으로 $\gcd(n_1, n_2, \cdots, n_m) = 1$라고 가정하자. 모든 i에 대하여 G_i가 순환군이므로 적당한 원소 $b_i \in G_i$가 존재하여 $G_i = \langle b_i \rangle$이다. 그러면 $\prod_{i=1}^{m} G_i$의 원소 $(b_1, b_2, \cdots, b_m)$의 위수가 $n_1 n_2 \cdots n_m$임을 다음과 같이 보일 수 있다. 원소 $(b_1, b_2, \cdots, b_m) \in \prod_{i=1}^{m} G_i$의 위수를 t라고 놓으면

$$(b_1, b_2, \cdots, b_m)^t = (e_{G_1}, e_{G_2}, \cdots, e_{G_m})$$

이다. 따라서 $(b_1^t, b_2^t, \cdots, b_m^t) = (e_{G_1}, e_{G_2}, \cdots, e_{G_m})$이므로 t는 $n_1, n_2, \cdots, n_m$의 공배수이고 $\gcd(n_1, n_2, \cdots, n_m) = 1$이므로

$$n_1 n_2 \cdots n_m = \operatorname{lcm}(n_1, n_2, \cdots, n_m) \le t$$

이다. 또한

$$(b_1, b_2, \cdots, b_m)^{n_1 n_2 \cdots n_m} = (e_{G_1}, e_{G_2}, \cdots, e_{G_m})$$

이므로

$$t \le n_1 n_2 \cdots n_m$$

이다. 결과적으로 $t = n_1 n_2 \cdots n_m$이므로 원소 $(b_1, b_2, \cdots, b_m)$의 위수는 $n_1 n_2 \cdots n_m$이다. 즉, 원소 $(b_1, b_2, \cdots, b_m)$의 위수는 군 $\prod_{i=1}^{m} G_i$의 위수와 같다. 따라서

$$\prod_{i=1}^{m} G_i = \langle (b_1, b_2, \cdots, b_m) \rangle$$

이므로 $\prod_{i=1}^{m} G_i$는 순환군이다. ▣

| 예제 39 군 $\mathbb{Z}_4$와 $\mathbb{Z}_7$은 모두 순환군이고 위수는 각각 $|\mathbb{Z}_4| = 4$이고 $|\mathbb{Z}_7| = 7$이다. 또한 $\gcd(4, 7) = 1$이므로 군 $\mathbb{Z}_4 \times \mathbb{Z}_7$은 순환군이다.

| 예제 40 군 $\mathbb{Z}_m$과 $\mathbb{Z}_n$이 모두 순환군이므로 군 $\mathbb{Z}_m \times \mathbb{Z}_n$이 순환군이기 위한 필요충분조건은 $\gcd(m, n) = 1$이다.

| 예제 41 서로 다른 소수 p_1, p_2, p_3에 대하여 군 $\mathbb{Z}_{p_1}$, $\mathbb{Z}_{p_2}$, $\mathbb{Z}_{p_3}$는 모두 순환군이고 위수는 각각 $|\mathbb{Z}_{p_1}| = p_1$, $|\mathbb{Z}_{p_2}| = p_2$, $|\mathbb{Z}_{p_3}| = p_3$이다. 또한 $\gcd(p_1, p_2, p_3) = 1$이므로 $\mathbb{Z}_{p_1} \times \mathbb{Z}_{p_2} \times \mathbb{Z}_{p_3}$는 순환군이다. 구체적으로 $\mathbb{Z}_{p_1} \times \mathbb{Z}_{p_2} \times \mathbb{Z}_{p_3} = \langle (1, 1, 1) \rangle$이다.

연습문제

1. 다음에 주어진 군이 순환군이 되는지 판정하고 이를 증명하시오.

(1) $\mathbb{Q}$　　(2) $7\mathbb{Z}$

(3) $\mathbb{Z}_{22}$　　(4) $\mathbb{Z}_5 \times \mathbb{Z}_{10}$

(5) $\mathbb{Z}_5 \times \mathbb{Z}_{11}$

2. 다음에 주어진 순환군의 생성원을 모두 구하시오.

(1) $12\mathbb{Z}$　　(2) $\mathbb{Z}_8$

(3) $\mathbb{Z}_2 \times \mathbb{Z}_5$　　(4) $\mathbb{Z}_2 \times \mathbb{Z}_4 \times \mathbb{Z}_9$

3. 다음에 주어진 순환군에 속하는 원소 a의 위수를 구하시오.

(1) $24\mathbb{Z}$, $a = 48$　　(2) $\mathbb{Z}_{24}$, $a = 4$

(3) $\mathbb{Z}_2 \times \mathbb{Z}_{11}$, $a = (1, 3)$

4. 군 G가 순환군이고 $G = \langle a \rangle$일 때 $G = \langle a^{-1} \rangle$인지 판정하고 이를 증명하시오.

5. 다음에 주어진 순환군의 부분군을 모두 구하시오.

(1) $\mathbb{Z}_8$　　(2) $\mathbb{Z}_{27}$

(3) $\mathbb{Z}_7 \times \mathbb{Z}_8$

6. H와 K가 순환군 G의 부분군이면 $H \cap K$가 순환군이 되는지 판정하고 이를 증명하시오.

7. 소수 p에 대하여 군 $\mathbb{Z}_p$의 부분군을 모두 구하시오.

8. 소수 p와 q에 대하여 군 $\mathbb{Z}_{pq}$의 부분군을 모두 구하시오.

9. 군 G에 속하는 원소 a와 b에 대하여 $|a|=5$이고 $|b|=12$이라고 할 때 G의 부분군 $H=\langle a\rangle\cap\langle b\rangle$를 구하시오.

10. 군 G에 속하는 원소 a, b, c에 대하여 $|a|=7$, $|b|=36$, $|c|=25$일 때 G의 부분군 $H=\langle a\rangle\cap\langle b\rangle\cap\langle c\rangle$를 구하시오.

11. 군 G에 속하는 원소 a에 대하여 $|a^7|=28$일 때 a의 위수를 구하시오.

12. 군 $\mathbb{Z}\times\mathbb{R}$가 순환군인지 판정하고 이를 증명하시오.

CHAPTER 4

치환군 (Permutation groups)

유한집합 X가 주어졌을 때 X에서 X로의 함수 중에서 일대일 대응만으로 이루어진 집합은 군의 구조를 갖는다. 이 절에서는 군의 특별한 형태인 치환군의 정의 및 기본적인 성질을 살펴본다.

정의 1

집합 X에서 집합 X로의 일대일 대응을 집합 X의 **치환**(permutation)이라고 한다.

예제 1 집합 $X=\{1,2,3\}$에 대하여 다음과 같이 정의된 치환이 존재한다.

$$f_1(1)=1,\ f_1(2)=2,\ f_1(3)=3$$
$$f_2(1)=1,\ f_2(2)=3,\ f_2(3)=2$$
$$f_3(1)=2,\ f_3(2)=1,\ f_3(3)=3$$
$$f_4(1)=2,\ f_4(2)=3,\ f_4(3)=1$$
$$f_5(1)=3,\ f_5(2)=1,\ f_5(3)=2$$
$$f_6(1)=3,\ f_6(2)=2,\ f_6(3)=1$$

예제 2 집합 $X=\{1,2,\cdots,n\}$에 대하여

$$f:X\to X,\qquad f(i)=i+1,\ (1\le i\le n-1),\qquad f(n)=1$$

는 X의 치환이다.

예제 3 집합 $X=\{a_1,a_2,\cdots,a_m\}$의 치환은 모두 $m!$개 존재한다.

정리 2

집합 X에 대하여 집합 $G=\{f\mid f$ 는 X의 치환$\}$는 함수의 합성연산에 대하여 군이다.

증명 임의의 원소 $f, g, h \in G$에 대하여 다음이 성립한다.

(i) $f \circ g \in G$이므로 연산에 대하여 닫혀있다.

(ii) $(f \circ g) \circ h = f \circ (g \circ h)$이므로 결합법칙이 성립한다.

(iii) 1_X가 X에서 정의된 항등사상이라면 $1_X \in G$이고 $f \circ 1_X = 1_X \circ f = f$이므로 항등원 $1_X \in G$가 존재한다.

(iv) f^{-1}는 일대일 대응이므로 X의 치환이다. 따라서 $f^{-1} \in G$이므로 f의 역원이 존재한다.

결과적으로 G는 군이 됨을 알 수 있다. ▣

정의 3

집합 X에 대하여 $G = \{f \mid f$ 는 X의 치환$\}$를 집합 X의 **치환군**(permutation group)이라고 한다.

예제 4 집합 $X = \{1, 2, 3\}$의 치환군의 위수는 $3! = 6$이다.

예제 5 집합 $X = \mathbb{Z}_2 \times \mathbb{Z}_3$의 치환군의 위수는 $6!$이다.

예제 6 집합 $X = \{1, 2, \cdots, n\}$의 치환군의 위수는 $n!$이다.

예제 7 집합 $X = \{a_1, a_2, \cdots, a_m\}$의 치환군의 위수는 $m!$이다.

정의 4

집합 $X = \{1, 2, \cdots, n\}$의 치환군을 **n차의 대칭군**(symmetric group of degree n)이라고 하고 S_n으로 나타낸다.

예제 8 3차의 대칭군 S_3의 위수는 6이다. S_3에 속하는 위수가 6인 원소가 존재하지 않기 때문에 S_3는 순환군은 아니다.

예제 9 군 $\mathbb{Z}_2$와 4차의 대칭군 S_4에 대하여 $\mathbb{Z}_2 \times S_4$는 위수가 48인 군이다.

예제 10 3차의 대칭군 S_3와 4차의 대칭군 S_4에 대하여 $S_3 \times S_4$는 위수가 144인 군이다.

정의 5

집합 $X = \{a_1, a_2, \cdots, a_n\}$의 치환군에 속하는 치환 f가 X에 속하는 m개의 적당한 원소 $b_1, b_2, \cdots, b_m \in X$에 대하여 다음 두 조건을 모두 만족시킬 때 $f = (b_1 b_2 \cdots \ b_m)$ 또는 $f = (b_1, b_2, \cdots, b_m)$으로 나타낸다.

(1) $f(b_i) = b_{i+1} \ (1 \le i \le m-1),\ f(b_m) = b_1$

(2) 모든 원소 $a_i \in X - \{b_1, b_2, \cdots, b_m\}$에 대하여 $f(a_i) = a_i$

이때 f를 **길이가 m인 cycle** 또는 **m − cycle**이라고 한다.

예제 11 3차의 대칭군 S_3에 속하는 치환 $f = (2\,3\,1)$은 길이가 3인 cycle이다. 또한 $f(1) = 2,\ f(2) = 3,\ f(3) = 1$이다.

예제 12 10차의 대칭군 S_{10}에 속하는 치환 $f = (2\,1\,4\,5\,8\,6\,7)$는 길이가 7인 cycle이다. 또한 $f(5) = 8$이고 $f(3) = 3$이다.

예제 13 f와 g가 집합 $X = \{a_1, a_2, \cdots, a_m\}$의 치환군에 속하는 cycle이라고 하자. $f = (b_1 b_2 \cdots \ b_s)$이고 $g = (c_1 c_2 \cdots \ c_t)$이라면 $fg = (b_1 b_2 \cdots \ b_s)(c_1 c_2 \cdots \ c_t)$는 두 함수의 합성이다. 이때 $s + t \ge m$일 수 있다. 또한 두 개의 cycle의 연산 fg가 반드시 하나의

cycle가 되는 것은 아니다.

예를 들어 5차의 대칭군 S_5에 속하는 두 개의 치환 $f=(2\,4\,1\,5)$와 $g=(3\,1\,5\,2\,4)$에 대하여 $fg=(2\,4\,1\,5)(3\,1\,5\,2\,4)$이고 정의역에 속하는 원소 $1, 2, 3, 4, 5$에 대한 fg의 상을 각각 구하면

$$\begin{aligned}(fg)(1)&=f(g(1))=f(5)=2,\\(fg)(2)&=f(g(2))=f(4)=1,\\(fg)(3)&=f(g(3))=f(1)=5,\\(fg)(4)&=f(g(4))=f(3)=3,\\(fg)(5)&=f(g(5))=f(2)=4\end{aligned}$$

이다. 따라서 fg는 $(1\,2)$와 $(3\,5\,4)$를 이용하여 나타낼 수 있고 $fg=(1\,2)(3\,5\,4)$이다. 이때 $fg=(3\,5\,4)(1\,2)$로 나타낼 수도 있다.

예제 14 치환 $f=(3\,1\,4\,2)\in S_4$에 대하여 $f=g^2$를 만족시키는 치환 $g\in S_4$가 존재하지 않는 이유를 다음과 같이 설명할 수 있다.

$f=g^2$를 만족시키는 치환 $g\in S_4$가 존재한다고 가정하자. g가 다음과 같은 경우일 때 각각 증명한다.

(i) 적당한 $a_i\in\{1, 2, 3, 4\}$에 대하여 $g=(a_1a_2a_3a_4)$일 때:

$$g(a_1)=a_2,\ \ g(a_2)=a_3,\ \ g(a_3)=a_4,\ \ g(a_4)=a_1$$

이고

$$g^2(a_1)=a_3,\ \ g^2(a_2)=a_4,\ \ g^2(a_3)=a_1,\ \ g^2(a_4)=a_2$$

이므로 $g^2=(a_1a_3)(a_2a_4)$이다. 가정에 의하여 $f=g^2$이므로

$$(3\,1\,4\,2)=(a_1a_3)(a_2a_4)$$

이다. 그런데 이는 모순이다.

(ii) 적당한 $a_i\in\{1, 2, 3, 4\}$에 대하여 $g=(a_1a_2)(a_3a_4)$일 때:

$$g(a_1)=a_2,\ \ g(a_2)=a_1,\ \ g(a_3)=a_4,\ \ g(a_4)=a_3$$

이고

$$g^2(a_1)=a_1,\ \ g^2(a_2)=a_2,\ \ g^2(a_3)=a_3,\ \ g^2(a_4)=a_4$$

이므로 g^2는 항등사상이다. 따라서 $f \neq g^2$이므로 모순을 얻는다.

(iii) 적당한 $a_i \in \{1, 2, 3, 4\}$에 대하여 $g=(a_1 a_2 a_3)$일 때:

$$g(a_1)=a_2,\ \ g(a_2)=a_3,\ \ g(a_3)=a_1,\ \ g(a_4)=a_4$$

이고

$$g^2(a_1)=a_3,\ \ g^2(a_2)=a_1,\ \ g^2(a_3)=a_2,\ \ g^2(a_4)=a_4$$

이므로 $g^2=(a_1 a_3 a_2)$이다. 따라서 $f \neq g^2$이므로 모순을 얻는다.

(iv) 적당한 $a_i \in \{1, 2, 3, 4\}$에 대하여 $g=(a_1 a_2)$일 때:

$$g(a_1)=a_2,\ \ g(a_2)=a_1,\ \ g(a_3)=a_3,\ \ g(a_4)=a_4$$

이고

$$g^2(a_1)=a_1,\ \ g^2(a_2)=a_2,\ \ g^2(a_3)=a_3,\ \ g^2(a_4)=a_4$$

이므로 g^2는 항등사상이다. 따라서 $f \neq g^2$이므로 모순을 얻는다.

(i), (ii), (iii), (iv)의 결과로부터 $f=g^2$를 만족시키는 치환 $g \in S_4$가 존재하지 않는다는 것을 알 수 있다.

정의 6

집합 $X=\{a_1, a_2, \cdots, a_n\}$의 치환군에 속하는 치환 f가 적당한 원소 $b_1, b_2 \in X$에 대하여 $f=(b_1 b_2)$일 때 f를 **호환**(transposition) 또는 **2 − cycle**이라고 한다.

참고 호환 $f=(b_1 b_2)$가 집합 $X=\{a_1, a_2, \cdots, a_n\}$의 치환이면 $a_i \in X-\{b_1, b_2\}$에 대하여 $f(a_i)=a_i$이다.

정리 7

집합 $X=\{a_1, a_2, \cdots, a_n\}$의 치환군에 속하는 치환 f에 대하여

$$f=f_1 f_2 \cdots f_t$$

를 만족시키는 적당한 cycle $f_1, f_2, \cdots, f_t$가 존재한다.

증명 (1) f가 cycle이면 명백히 정리가 성립한다.

(2) f가 cycle이 아니라고 가정하면, 즉, 임의의 원소 $b_1, b_2, \cdots, b_m \in X$에 대하여 $f \neq (b_1 b_2 \cdots b_m)$이라고 가정하면 $f(a_i) \neq a_i$를 만족시키는 원소 $a_i \in X-\{b_1, b_2, \cdots, b_m\}$가 존재한다. 즉, $f(a_i)=c_{i+1}$인 원소 $c_{i+1} \neq a_i \in X$가 존재하고

$$f(f(a_i))=f(c_{i+1})=c_{i+2}$$

인 원소 $c_{i+2} \in X$가 존재한다.

(i) $c_{i+2}=a_i$일 때:

만일 $f=(b_1 b_2 \cdots b_m)(a_i c_{i+1})$이면 $f_1=(b_1 b_2 \cdots b_m)$과 $f_2=(a_i c_{i+1})$에 대하여 $f=f_1 f_2$이므로 정리가 성립한다.

만일 $f \neq (b_1 b_2 \cdots b_m)(a_i c_{i+1})$이라고 가정하면 $f(a_j) \neq a_j$를 만족시키는 원소 $a_j \in X-\{b_1, b_2, \cdots, b_m, a_i, c_{i+1}\}$가 존재한다. 그러면 $f(a_j)=d_{j+1}$인 원소 $d_{j+1} \neq a_j \in X$가 존재한다. 따라서

$$f(f(a_j))=f(d_{j+1})=d_{j+2}$$

인 원소 $d_{j+2} \in X$가 존재하는데 만일 $d_{j+2}=a_j$이라고 가정할 때 $f=(b_1 b_2 \cdots b_m)(a_i c_{i+1})(a_j d_{j+1})$이면 정리가 성립한다.

$f \neq (b_1 b_2 \cdots b_m)(a_i c_{i+1})(a_j d_{j+1})$이면 $f(a_k)=e_{k+1}$인 원소 $e_{k+1} \neq a_k \in X$가 존재한다.

이와 같은 과정을 반복하면 집합 X가 유한집합이므로 치환 f는 적당한 cycle들의 곱으로 나타낼 수 있다.

(ii) $c_{i+2} \neq a_i$일 때:

이 경우에도 집합 X가 유한집합이므로 $c_{i+2} = a_i$일 때와 마찬가지 방법으로 치환 f를 적당한 cycle들의 곱으로 나타낼 수 있다. ▣

❙ 예제 15 집합 $X = \{1, 2, 3\}$에서 정의된 치환군의 원소는 모두 다음과 같다.

$$1_{S_3} = (1\,2)(1\,2),\ (1\,2),\ (1\,3),\ (2\,3),\ (1\,2\,3),\ (1\,3\,2)$$

❙ 예제 16 3차의 대칭군 S_3에 속하는 치환 $f = (3\,2\,1)$는 두 개의 2-cycle $(1\,2)$과 $(1\,3)$의 곱으로 $f = (1\,2)(1\,3)$와 같이 나타낼 수도 있다.

❙ 예제 17 10차의 대칭군 S_{10}에 속하는 cycle $f = (1\,2\,3\,4\,5\,6\,7)$는 2개의 cycle $(1\,5\,6\,7)$과 $(1\,2\,3\,4)$를 이용하여 $f = (1\,5\,6\,7)(1\,2\,3\,4)$와 같이 나타낼 수도 있다.

정리 8

집합 $X = \{a_1, a_2, \cdots, a_n\}$의 치환군에 속하는 치환 f가 m-cycle이면 적당한 2-cycle $f_1, f_2, \cdots, f_{m-1}$이 존재하여 $f = f_1 f_2 \cdots f_{m-1}$로 나타낼 수 있다.

증명 f가 m-cycle이면 적당한 $b_1, b_2, \cdots, b_m \in X$에 대하여 $f = (b_1\,b_2 \cdots b_m)$이고

$$f = (b_1\,b_2 \cdots b_m) = (b_1\,b_m)(b_1 b_{m-1}) \cdots (b_1\,b_2)$$

이다. 따라서

$$f_{m-i} = (b_1 b_{i+1}),\ i = 1, 2, \cdots, m-1$$

으로 놓으면

$$f = f_1 f_2 \cdots f_{m-1}$$

이다. 즉, f는 $m-1$개의 2-cycle f_i의 곱으로 나타낼 수 있다. ▣

| 예제 18 3차의 대칭군 S_3에 속하는 치환 $f=(3\,2\,1)$는 두 개의 cycle $(3\,1)$과 $(3\,2)$의 곱으로 $f=(3\,1)(3\,2)$와 같이 나타낼 수 있다.

| 예제 19 10차의 대칭군 S_{10}에 속하는 cycle $f=(1\,2\,3\,4\,5\,6\,7)$은 6개의 cycle을 이용하여 $f=(1\,7)(1\,6)(1\,5)(1\,4)(1\,3)(1\,2)$와 같이 나타낼 수 있다.

정의 9

$f=(b_1\,b_2\,\cdots\,b_s)$와 $g=(c_1\,c_2\,\cdots\,c_t)$가 집합 $X=\{a_1, a_2, \cdots, a_m\}$의 치환군에 속하는 cycle이고

$$\{b_1, b_2, \cdots, b_s\}\cap\{c_1, c_2, \cdots, c_t\}=\varnothing$$

이면 f와 g는 **서로소인** cycle(disjoint cycle)이라고 한다.

| 예제 20 3차의 대칭군 S_3에 속하는 두 개의 cycle $f=(3\,1)$과 $g=(2\,3)$에 대하여 $\{3, 1\}\cap\{2, 3\}\neq\varnothing$ 이므로 f와 g는 서로소인 cycle이 아니다.

| 예제 21 10차의 대칭군 S_{10}에 속하는 두 개의 cycle $f=(2\,1\,4\,5)$와 $g=(8\,3)$에 대하여 $\{2, 1, 4, 5\}\cap\{8, 3\}=\varnothing$ 이므로 f와 g는 서로소인 cycle이다.

| 예제 22 f와 g가 집합 $X=\{a_1, a_2, \cdots, a_m\}$의 치환군에 속하는 cycle이라고 하자. 만일 $f=(b_1\,b_2\,\cdots\,b_s)$와 $g=(c_1\,c_2\,\cdots\,c_t)$가 서로소인 cycle이라면 명백히 $s+t\leq m$이다.

정리 10

집합 $X=\{a_1, a_2, \cdots, a_n\}$의 치환군에 속하는 서로소인 cycle f,g에 대하여

$$fg = gf$$

증명 f와 g가 cycle이므로 $f = (b_1 b_2 \cdots b_m)$, $g = (c_1 c_2 \cdots c_t)$으로 놓자.

(i) $n > m + t$일 때: 치환 f와 g가 서로소인 cycle이므로

$$X = \{b_1, b_2, \cdots, b_m\} \cup \{c_1, c_2, \cdots, c_t\} \cup \{d_1, d_2, \cdots, d_{n-m-t}\}$$

인 원소 $d_i \in X$, $i = 1, 2, \cdots, n-m-t$가 존재한다. 그런데

$$f(g(b_j)) = f(b_j) = b_{j+1} \ (j = 1, 2, \cdots, m-1), \quad f(g(b_m)) = f(b_m) = b_1$$
$$f(g(c_k)) = f(c_{k+1}) = c_{k+1} \ (k = 1, 2, \cdots, t-1), \quad f(g(c_t)) = f(c_1) = c_1$$
$$f(g(d_s)) = f(d_s) = d_s \ (s = 1, 2, \cdots, n-m-t)$$

이고

$$g(f(b_j)) = g(b_{j+1}) = b_{j+1} \ (j = 1, 2, \cdots, m-1), \quad g(f(b_m)) = g(b_1) = b_1$$
$$g(f(c_k)) = g(c_k) = c_{k+1} \ (k = 1, 2, \cdots, t-1), \quad g(f(c_t)) = g(c_t) = c_1$$
$$g(f(d_s)) = g(d_s) = d_s \ (s = 1, 2, \cdots, n-m-t)$$

이므로 모든 원소 $a_i \in X$에 대하여

$$f(g(a_i)) = g(f(a_i))$$

이다. 그러므로 $fg = gf$이 성립한다.

(ii) $n = m + t$일 때: 치환 f와 g가 서로소인 cycle이므로

$$X = \{b_1, b_2, \cdots, b_m\} \cup \{c_1, c_2, \cdots, c_t\}$$

이다. 이 경우에도 (i)에서와 마찬가지 방법으로 모든 원소 $a_i \in X$에 대하여 등식

$$f(g(a_i)) = g(f(a_i))$$

가 성립하므로 $fg = gf$이다.

결론적으로 (i)과 (ii)에 의하여 $fg = gf$이 성립함을 알 수 있다. ▣

예제 23 4차의 대칭군 S_4에 속하는 두 개의 cycle $f=(32)$와 $g=(14)$는 서로소인 cycle이므로 $fg=gf$이다.

예제 24 10차의 대칭군 S_{10}에 속하는 두 개의 cycle $f=(2145)$와 $g=(83)$은 서로소인 cycle이므로 $fg=gf$이다.

예제 25 n차의 대칭군 S_n에 속하는 두 개의 cycle f와 g에 대하여 만일 $fg(1)\neq gf(1)$이면 f와 g는 서로소인 cycle이 될 수 없다.

정리 11

집합 $X=\{a_1, a_2, \cdots, a_n\}$의 치환군에 속하는 치환 $f=(b_1 b_2 \cdots b_m)$와 $g=(c_1 c_2 \cdots c_t)$가 서로소인 cycle이면 fg의 위수는 f의 위수와 g의 위수의 최소공배수이다. 즉, fg의 위수는 m과 t의 최소공배수 $\mathrm{lcm}(m, t)$이다.

증명 fg의 위수를 k라고 하면 $fg=gf$이므로 X에서의 항등사상을 1_X라고 할 때

$$1_X=(fg)^k=f^k g^k$$

이고 $f^k=g^{-k}$이다. 그런데 f와 g가 서로소이므로 f^k와 g^{-k}는 서로소인 cycle이다. 따라서 $f^k=g^{-k}$를 만족시키려면

$$f^k=g^{-k}=1_X$$

이다. 따라서 $m|k$이고 $t|k$이므로 m과 t의 최소공배수를 s라고 하면 $s|k$이다. 한편 $f^s=g^s=1_X$이고 $(fg)^s=f^s g^s=1_X$이므로 $k|s$이다. 그러므로 $k=s$이다. ▣

예제 26 4차의 대칭군 S_4에 속하는 두 개의 서로소인 cycle $f=(32)$와 $g=(14)$의 위수는 모두 2이므로 fg의 위수는 $\mathrm{lcm}(2, 2)=2$이다.

▎예제 27 10차의 대칭군 S_{10}에 속하는 두 개의 서로소인 cycle $f=(2\,1\,4\,5)$와 $g=(8\,3)$의 위수는 각각 4와 2이므로 fg의 위수는 $\mathrm{lcm}(4,2)=4$이다.

정리 12

집합 $X=\{a_1, a_2, \cdots, a_n\}$의 치환군에 속하는 치환 f에 대하여 적당한 2-cycle $f_1, f_2, \cdots, f_m$과 $g_1, g_2, \cdots, g_t$가 존재하여

$$f=f_1 f_2 \cdots f_m = g_1 g_2 \cdots g_t$$

이면 $m+t$는 짝수이다.

참고 치환 f는 짝수개의 2-cycle의 곱으로 표시되고 동시에 홀수개의 2-cycle의 곱으로 표시될 수 없다.

증명 $f=f_1 f_2 \cdots f_m = g_1 g_2 \cdots g_t$이므로

$$1_X = f_1 f_2 \cdots f_m g_t^{-1} g_{t-1}^{-1} \cdots g_1^{-1}$$

이다. 그런데 모든 i에 대하여 $g_i^{-1}=g_i$이므로

$$1_X = f_1 f_2 \cdots f_m g_t g_{t-1} \cdots g_1$$

이다. 따라서 항등치환 1_X가 $m+t$개의 2-cycle들의 곱으로 나타내어진다. 여기서 항등치환 1_X는 2-cycle이 아니므로 $m+t \neq 1$이다. 이제 $m+t$에 대한 수학적 귀납법을 이용하여 정리를 증명하기로 한다.

만일 $m+t=2$이면 정리가 성립한다.

이제 $m+t>2$이고 $m+t-2$가 짝수라고 가정하자. 만일 $g_1=(a\,b)$이라고 놓으면 g_2는 적당한 원소 $c, d \in X$에 대하여 다음과 같이 4가지 경우를 생각할 수 있다.

$$g_2=(a\,b) \text{ 또는 } g_2=(c\,d) \text{ 또는 } g_2=(a\,c) \text{ 또는 } g_2=(b\,c)$$

따라서 각각의 경우에 $g_2 g_1$는 다음과 같이 나타낼 수 있다.

(i) $(a\,b)(a\,b)$　　　　　　(ii) $(c\,d)(a\,b)$

(iii) $(a\,c)(a\,b)$　　　　　　(iv) $(b\,c)(a\,b)$

한편 각각의 경우에 $g_2 g_1$는 다음과 같은 방법으로 특별하게 나타낼 수 있다.

(i)의 경우: $g_2 g_1 = 1_X$이므로 1_X는 $m+t-2$개의 2-cycle의 곱으로 나타내어진다.

(ii)의 경우: $(c\,d)(a\,b) = (a\,b)(c\,d)$

(iii)의 경우: $(a\,c)(a\,b) = (a\,b)(b\,c)$

(iv)의 경우: $(b\,c)(a\,b) = (a\,c)(b\,c)$

여기서 (ii), (iii), (iv)의 경우를 보면 $m+t$번째 2-cycle에 놓여있던 a가 $m+t-1$번째 2-cycle에 놓여있는 것을 알 수 있다. 이와 같은 과정을 반복하면 $m+t$번째 2-cycle에 놓여있던 a를 첫 번째 2-cycle로 이동시킬 수 있다는 것을 알 수 있다. 그런데 만일 a를 이동시킨 후에 첫 번째 2-cycle에만 a가 포함되어있고 첫 번째 2-cycle과 두 번째 2-cycle이 서로 같지 않다면 항등치환 1_X에 의하여 a가 고정되지 않으므로 등식

$$1_X = f_1 f_2 \cdots f_m g_t g_{t-1} \cdots g_1$$

에 모순이다. 따라서 a를 첫 번째 2-cycle로 이동시킨 후에는 첫 번째 2-cycle과 두 번째 2-cycle은 서로 같아야 한다. 즉, f는 $m+t-2$개의 2-cycle의 곱으로 나타낼 수 있다. 수학적 귀납법의 가정에 의하여 $m+t-2$는 짝수이므로 결과적으로 $m+t$는 짝수이다. ▣

예제 28 5차의 대칭군 S_5에 속하는 치환 $f=(1\,2\,3)(2\,3\,4)$는 2-cycle의 곱으로 다음과 같이 나타낼 수 있다.

$$f=(1\,2\,3)(2\,3\,4)=(1\,3)(1\,2)(2\,4)(2\,3)=(1\,3)(1\,2)(1\,2)(1\,2)(2\,4)(2\,3)$$

이때 $4+6=10$은 짝수이다.

정의 13

집합 $X=\{a_1, a_2, \cdots, a_n\}$의 치환군에 속하는 치환 f가 짝수 개의 2-cycle의 곱으

로 표시되면 f를 **우치환**(even permutation)이라 하고 홀수 개의 2-cycle의 곱으로 표시되면 f를 **기치환**(odd permutation)이라고 한다.

| 예제 29 3차의 대칭군 S_3에 속하는 치환 $f=(3\,1\,2)$는 $f=(3\,2)(3\,1)$으로 2개의 2-cycle의 곱으로 나타내어지므로 우치환이다.

| 예제 30 5차의 대칭군 S_5에 속하는 치환 $f=(1\,2\,3)(3\,4)$는 3개의 2-cycle의 곱으로 $f=(1\,3)(1\,2)(3\,4)$와 같이 나타내어지므로 기치환이다.

정리 14

집합 $X=\{a_1, a_2, \cdots, a_n\}$의 치환군에 속하는 치환 f와 g에 대하여

(1) f와 g가 모두 우치환이면 fg는 우치환이다.

(2) f와 g가 모두 기치환이면 fg는 우치환이다.

증명 (1) f와 g가 모두 우치환이면 짝수 m과 짝수 t와 적당한 2-cycle $f_1, f_2, \cdots, f_m$과 $g_1, g_2, \cdots, g_t$가 존재하여

$$f=f_1 f_2 \cdots f_m, \qquad g=g_1 g_2 \cdots g_t$$

이다. 따라서 $fg=f_1 f_2 \cdots f_m g_1 g_2 \cdots g_t$이고 $m+t$는 짝수이므로 fg는 우치환이다.

(2) f와 g가 모두 기치환이면 홀수 m과 홀수 t와 적당한 2-cycle $f_1, f_2, \cdots, f_m$과 $g_1, g_2, \cdots, g_t$가 존재하여

$$f=f_1 f_2 \cdots f_m, \qquad g=g_1 g_2 \cdots g_t$$

이다. 따라서 $fg=f_1 f_2 \cdots f_m g_1 g_2 \cdots g_t$이고 $m+t$는 짝수이므로 fg는 우치환이다. ▣

예제 31 3차의 대칭군 S_3에 속하는 우치환 $f=(3\,1\,2)$와 $g=(2\,1\,3)$에 대하여

$$fg=(3\,1\,2)(2\,1\,3)=(3\,2)(3\,1)(2\,3)(2\,1)$$

이다. 따라서 fg는 4개의 2-cycle의 곱으로 표시되므로 우치환이다.

예제 32 5차의 대칭군 S_5에 속하는 기치환 $f=(2\,3)$과 $g=(2\,3\,4\,1)$에 대하여

$$fg=(2\,3)(2\,3\,4\,1)=(2\,3)(2\,1)(2\,4)(2\,3)$$

이다. 따라서 fg는 4개의 2-cycle의 곱으로 표시되므로 우치환이다.

정리 15

n차의 대칭군 S_n에 대하여 집합 $G=\{f\in S_n \mid f\text{는 우치환}\}$는 함수의 합성 연산에 대하여 S_n의 부분군이다.

증명 임의의 우치환 $f,g\in G$에 대하여 적당한 짝수개의 2-cycle $f_1, f_2, \cdots, f_m$이 존재하여 $f=f_1f_2\cdots f_m$으로 나타낼 수 있다. 마찬가지로 적당한 짝수개의 2-cycle $g_1, g_2, \cdots, g_t$가 존재하여 $g=g_1g_2\cdots g_t$로 나타낼 수 있다. 따라서

$$fg^{-1}=f_1f_2\cdots f_m(g_1g_2\cdots g_t)^{-1}=f_1f_2\cdots f_mg_tg_{t-1}\cdots g_1$$

이고 $m+t$는 짝수이므로 $fg^{-1}\in G$이다. 그러므로 G는 S_n의 부분군이다. ▣

예제 33 3차의 대칭군 S_3에 대하여

$$G=\{f\in S_3 \mid f\text{는 우치환}\}=\{1_{S_3}, (1\,2\,3), (1\,3\,2)\}$$

는 S_3의 부분군이다.

정의 16

n차의 대칭군 S_n의 부분군

$$G = \{f \in S_n \mid f\text{는 우치환}\}$$

를 **n차의 교대군**(alternating group of degree n)이라고 하고 A_n으로 나타낸다.

예제 34 3차의 대칭군 S_3의 부분군

$$A_3 = \{1_{S_3}, (1\,2\,3), (1\,3\,2)\}$$

는 3차의 교대군이다.

정리 17

n차의 대칭군 S_n의 부분군 A_n의 위수는 $\frac{n!}{2}$이다.

증명 집합 H를 $H = \{f \in S_n \mid f\text{는 기치환}\}$로 놓으면 모든 원소 $f \in A_n$에 대하여 $f(1\,2) \in H$이므로 함수 ϕ를 다음과 같이 정의하자.

$$\phi : A_n \to H, \qquad \phi(f) = f(1\,2)$$

그러면 ϕ가 일대일 대응이라는 것을 다음과 같이 보일 수 있다.
임의의 원소 $f, g \in A_n$에 대하여 $\phi(f) = \phi(g)$이라면 $f(1\,2) = g(1\,2)$이다. 따라서

$$f = f(1\,2)(1\,2)^{-1} = g(1\,2)(1\,2)^{-1} = g$$

이므로 $f = g$이다. 또한 임의의 원소 $h \in H$에 대하여 $h(1\,2) \in A_n$이고

$$\phi(h(1\,2)) = h(1\,2)(1\,2) = h$$

이다. 따라서 $\phi(A_n) = H$이므로 ϕ는 일대일 대응이다. 결과적으로 A_n과 H에 속하는 원소의 개수는 서로 같다. 한편

$$S_n = A_n \cup H, \qquad A_n \cap H = \varnothing$$

이다. 그런데 군 S_n의 위수는 $n!$이므로 A_n의 위수는 $\frac{n!}{2}$이다. ▣

예제 35 3차의 대칭군 S_3의 부분군 A_3의 위수는 $\frac{3!}{2}$이다.

예제 36 10차의 대칭군 S_{10}의 부분군 A_{10}의 위수는 $\frac{10!}{2}$이다.

정리 18

집합 $X = \{a_1, a_2, \cdots, a_n\}$의 치환군에 속하는 치환 f가 기치환이면 f^{-1}는 기치환이다.

증명 치환 f가 기치환이므로 홀수 m과 적당한 $2-$cycle $f_1, f_2, \cdots, f_m$이 존재하여 $f = f_1 f_2 \cdots f_m$이다. 그런데 $1 \le i \le m$인 모든 i에 대하여 $f_i^{-1} = f_i$이다. 따라서

$$f^{-1} = f_m^{-1} f_{m-1}^{-1} \cdots f_1^{-1} = f_m f_{m-1} \cdots f_1$$

이므로 f^{-1}는 홀수 m개의 $2-$cycle의 곱으로 표현된다. 그러므로 f^{-1}는 기치환이다. ▣

이제부터 도형의 이동에 의하여 정의되는 치환에 대하여 살펴보기로 한다. 정삼각형 $\triangle ABC$를 다음과 같이 이동한 후에 꼭지점들의 이동으로 만들어지는 치환 $\sigma, \tau_1, \tau_2, \tau_3$를 정의할 수 있다.

(1) σ: 시계반대방향으로 $\frac{2\pi}{3}$ 회전이동

(2) τ_1: 꼭지점 A와 선분 BC의 중심점을 지나는 직선을 중심으로 대칭이동

(3) τ_2: 꼭지점 B와 선분 AC의 중심점을 지나는 직선을 중심으로 대칭이동

(4) τ_3: 꼭지점 C와 선분 AB의 중심점을 지나는 직선을 중심으로 대칭이동

그러면 $\sigma, \tau_1, \tau_2, \tau_3$는 모두 집합 $X = \{A, B, C\}$에서 정의된 치환이고 각각을 다음과

같이 나타낼 수 있다.

$$\sigma = (ABC), \qquad \tau_1 = (BC), \qquad \tau_2 = (AC), \qquad \tau_3 = (AB)$$

따라서 치환 $\sigma, \tau_1, \tau_2, \tau_3 \in S_X$는 다음을 만족시킨다.

(1) σ^3을 시행하면 원래의 삼각형과 일치한다.

(2) τ_1^2을 시행하면 원래의 삼각형과 일치한다.

(3) τ_2^2을 시행하면 원래의 삼각형과 일치한다.

(4) τ_3^2을 시행하면 원래의 삼각형과 일치한다.

즉, 항등치환 1_X에 대하여 $\sigma^3 = 1_X, \tau_1^2 = 1_X, \tau_2^2 = 1_X, \tau_3^2 = 1_X$이다.

또한 치환 σ와 τ_1, τ_2, τ_3 사이에는 다음과 같은 관계가 성립한다.

$$\sigma\tau_1 = \tau_3, \qquad \sigma\tau_2 = \tau_1, \qquad \sigma\tau_3 = \tau_2$$
$$\tau_1\sigma = \tau_2, \qquad \tau_2\sigma = \tau_3, \qquad \tau_3\sigma = \tau_1$$

그러므로 합성연산에 대한 교환법칙은 성립하지 않는다는 사실을 알 수 있고 회전이동과 대칭이동의 연산은 모두 대칭이동이 됨을 알 수 있다.

또한 위 관계들로부터 다음과 같은 성질이 성립함을 증명할 수 있다.

$$(\sigma\tau_1)^2 = \tau_3^2 = 1_X, \qquad (\sigma\tau_2)^2 = \tau_1^2 = 1_X, \qquad (\sigma\tau_3)^2 = \tau_2^2 = 1_X$$
$$(\tau_1\sigma)^2 = \tau_2^2 = 1_X, \qquad (\tau_2\sigma)^2 = \tau_3^2 = 1_X, \qquad (\tau_3\sigma)^2 = \tau_1^2 = 1_X$$
$$\sigma\tau_1 = \tau_1\sigma^2, \qquad \sigma\tau_2 = \tau_2\sigma^2, \qquad \sigma\tau_3 = \tau_3\sigma^2$$

정리 19

집합 $G = \{1_X, \sigma, \sigma^2, \tau_1, \tau_2, \tau_3\} = \{1_X, \sigma, \sigma^2, \tau_1, \tau_1\sigma, \tau_1\sigma^2\}$는 함수의 합성연산에 대하여 군이다.

증명 집합 G는 합성연산에 대하여 닫혀있고 합성연산에 대하여 결합법칙이 성립한다. 또한 항등원은 1_X이고 각각의 원소에 대한 역원은 다음과 같다.

$$\sigma^{-1} = \sigma^2,\ \ (\sigma^2)^{-1} = \sigma$$

$$\tau_1^{-1} = \tau_1,\ \ \tau_2^{-1} = \tau_2,\ \ \tau_3^{-1} = \tau_3$$

그러므로 G는 함수의 합성연산에 대하여 군이 된다. ▣

정의 20

군 $D_3 = \{1_X, \sigma, \sigma^2, \tau_1, \tau_2, \tau_3\}$를 위수가 6인 **정이면체군**(dihedral group)이라고 하고 D_3로 나타낸다.

정리 21

위수가 6인 정이면체군 $D_3 = \{1_X, \sigma, \sigma^2, \tau_1, \tau_2, \tau_3\}$에 대하여

$$Z(D_3) = \{a \in D_3 \mid \text{모든 } b \in D_3 \text{ 에 대하여 } ab = ba\} = \{1_X\}$$

증명 D_3에 속하는 각각의 원소에 대하여 다음이 성립한다.

(i) $\tau_1\sigma\tau_1^{-1} = \sigma^2 \neq \sigma$이므로 $\sigma \notin Z(D_3)$이다.

(ii) $\tau_1\sigma^2\tau_1^{-1} = \sigma \neq \sigma^2$이므로 $\sigma^2 \notin Z(D_3)$이다.

(iii) $\sigma\tau_1\sigma^{-1} = \tau_1\sigma \neq \tau_1$이므로 $\tau_1 \notin Z(D_3)$이다.

(iv) $\sigma\tau_2\sigma^{-1} = \tau_2\sigma \neq \tau_2$이므로 $\tau_2 \notin Z(D_3)$이다.

(v) $\sigma\tau_3\sigma^{-1} = \tau_3\sigma \neq \tau_3$이므로 $\tau_3 \notin Z(D_3)$이다.

그러므로 결과적으로 $Z(D_3) = \{1_X\}$이 성립함을 알 수 있다. ▣

마찬가지로 정사각형 $ABCD$를 회전시키거나 대칭이동시킨 후에 꼭지점들의 이동으로 만들어지는 치환들을 생각할 수 있고 이들 치환으로 정의된 치환군을 생각할 수 있는데 이를 위수가 8인 정이면체군이라고 한다.

또한 이를 일반화시켜서 정n각형을 이용한 위수가 $2n$인 정이면체군 D_n을 정의할 수 있다.

연습문제

1. 치환 $(2\,3\,4\,1\,5) \in S_7$을 4개의 2-cycle의 곱으로 나타내시오.

2. 다음에 주어진 치환을 서로소인 치환의 곱으로 나타내고 위수를 구하시오.

(1) $(2\,3\,5\,1)(1\,3\,4) \in S_5$ (2) $(1\,8\,3\,6\,9\,2)(5\,1\,2\,4\,6) \in S_9$

3. 위수가 6인 정이면체군 D_3에 속하는 모든 원소들의 위수를 구하시오.

4. 위수가 6인 정이면체군 D_3에 속하는 부분군을 모두 구하시오.

5. 치환 $f = (1\,3\,5\,4\,2) \in S_5$와 $g \in S_5$에 대하여 $f = g^2$일 때 치환 g를 구하시오.

6. 치환 $f = (1\,2\,4\,3) \in S_4$에 대하여 $f = g^2$를 만족시키는 치환 $g \in S_4$가 존재하는지 판정하고 이를 증명하시오.

7. 집합 $X = \{a_1, a_2, \cdots, a_n\}$의 치환군에 속하는 치환 f에 대하여 다음 명제의 참, 거짓을 판정하고 이를 증명하시오.

"f가 $m-$cycle이면 f^2는 $m-$cycle이다."

8. 치환 $f = (a_1 a_2 \cdots a_n) \in S_n$에 대하여 f^{-1}를 구하시오.

9. 5차의 대칭군 S_5와 교대군 A_5의 위수를 구하시오.

10. 다음에 주어진 군이 순환군인지 판정하고 이를 증명하시오.

(1) A_3 (2) A_4

(3) $\mathbb{Z}_2 \times A_3$ (4) $\mathbb{Z}_2 \times S_3$

11. 대칭군 S_9에 위수가 10인 원소가 존재하는지 판정하고 이를 증명하시오.

12. 교대군 A_{10}에 속하는 두 개의 cycle f와 g에 대하여 다음 명제의 참 또는 거짓을 판정하고 이를 증명하시오.
"fg의 위수가 10인 서로소인 cycle f와 g가 존재한다."

13. 집합 $X = \{a_1, a_2, \cdots, a_n\}$의 치환군에 속하는 치환 f가 기치환이면 f^{-1}는 기치환인지 판정하고 이를 증명하시오.

14. 치환군 S_n에 대하여 집합 $G = \{f \in S_n \mid f\text{는 기치환}\}$가 함수의 합성 연산에 대하여 S_n의 부분군이 되는지 판정하고 이를 설명하시오.

CHAPTER 5

Lagrange 정리 (Lagrange theorem)

이 장에서는 주어진 군 G의 부분군 H에 대하여 잉여류를 정의하고 이에 대한 기본적인 성질을 살펴본다.

정의 1

군 G의 부분군 H와 원소 $a \in G$에 대하여 집합

$$aH = \{ah \mid h \in H\}$$

를 a를 포함하는 H의 **좌잉여류**(left coset)라고 하고 집합

$$Ha = \{ha \mid h \in H\}$$

를 a를 포함하는 H의 **우잉여류**(right coset)라고 한다.
또한 이때 원소 $a \in G$를 좌잉여류 aH (또는 우잉여류 Ha)의 **대표원**(representative)이라고 한다.

참고 G가 덧셈군일 때 원소 $a \in G$를 포함하는 H의 좌잉여류와 원소 $a \in G$를 포함하는 H의 우잉여류는 각각 다음과 같다.

$$a+H = \{a+h \mid h \in H\}, \qquad H+a = \{h+a \mid h \in H\}$$

예제 1 덧셈군 $\mathbb{R}$의 부분군 $\mathbb{Q}$와 원소 $3 \in \mathbb{R}$에 대하여 3을 포함하는 $\mathbb{Q}$의 좌잉여류는

$$3+\mathbb{Q} = \{3+t \mid t \in \mathbb{Q}\}$$

이고 3을 포함하는 $\mathbb{Q}$의 우잉여류는

$$\mathbb{Q}+3 = \{t+3 \mid t \in \mathbb{Q}\}$$

이다. 이때 $3+\mathbb{Q} = \mathbb{Q}+3$이다.

예제 2 덧셈군 $\mathbb{Z}$의 부분군 $2\mathbb{Z}$와 원소 $10 \in \mathbb{Z}$에 대하여 10을 포함하는 $2\mathbb{Z}$의

좌잉여류는

$$10+2\mathbb{Z} = \{10+2n \mid n \in \mathbb{Z}\}$$

이고 10을 포함하는 $2\mathbb{Z}$의 우잉여류는

$$2\mathbb{Z}+10 = \{2n+10 \mid n \in \mathbb{Z}\}$$

이다. 이때 $10+2\mathbb{Z} = 2\mathbb{Z}+10$이다.

예제 3 덧셈군 $\mathbb{Z}_5 = \{0, 1, 2, 3, 4\}$의 부분군 $\mathbb{Z}_5$와 원소 $2 \in \mathbb{Z}_5$에 대하여 2를 포함하는 $\mathbb{Z}_5$의 좌잉여류는

$$2+\mathbb{Z}_5 = \{2+a \mid a \in \mathbb{Z}_5\}$$

이고 2를 포함하는 $\mathbb{Z}_5$의 우잉여류는

$$\mathbb{Z}_5+2 = \{a+2 \mid a \in \mathbb{Z}_5\}$$

이다. 이때 $2+\mathbb{Z}_5 = \mathbb{Z}_5+2$이다.

예제 4 곱셈군 $\mathbb{Q}^*$의 부분군 $Z(\mathbb{Q}^*) = \mathbb{Q}^*$와 원소 $5 \in \mathbb{Q}^*$에 대하여 5를 포함하는 $Z(\mathbb{Q}^*)$의 좌잉여류와 우잉여류는 각각 다음과 같다.

$$5Z(\mathbb{Q}^*) = \mathbb{Q}^*, \qquad Z(\mathbb{Q}^*)5 = \mathbb{Q}^*$$

예제 5 곱셈군 $\mathbb{R}^*$의 부분군 $\mathbb{Q}^+$와 원소 $\frac{1}{2} \in \mathbb{R}^*$에 대하여 $\frac{1}{2}$을 포함하는 $\mathbb{Q}^+$의 좌잉여류와 우잉여류는 각각 다음과 같다.

$$\frac{1}{2}\mathbb{Q}^+ = \mathbb{Q}^+, \qquad \mathbb{Q}^+\frac{1}{2} = \mathbb{Q}^+$$

예제 6 곱셈군 $GL_n(\mathbb{R})$의 부분군 $H = \left\{\begin{pmatrix} 1 & n \\ 0 & 1 \end{pmatrix} \mid n \in \mathbb{Z}\right\}$와 원소 $\begin{pmatrix} 1 & 8 \\ 0 & 1 \end{pmatrix} \in GL_n(\mathbb{R})$

에 대하여 $\begin{pmatrix}1&8\\0&1\end{pmatrix}$를 포함하는 H의 좌잉여류는

$$\begin{pmatrix}1&8\\0&1\end{pmatrix}H=\left\{\begin{pmatrix}1&n+8\\0&1\end{pmatrix}\mid n\in\mathbb{Z}\right\}$$

이고 $\begin{pmatrix}1&8\\0&1\end{pmatrix}$를 포함하는 H의 우잉여류는

$$H\begin{pmatrix}1&8\\0&1\end{pmatrix}=\left\{\begin{pmatrix}1&n+8\\0&1\end{pmatrix}\mid n\in\mathbb{Z}\right\}$$

이다. 그리고 이 경우에는 $\begin{pmatrix}1&8\\0&1\end{pmatrix}H=H\begin{pmatrix}1&8\\0&1\end{pmatrix}$이다.

| 예제 7 덧셈군 $G=\{f\mid f:\mathbb{R}\to\mathbb{R}$ 는 연속함수$\}$의 부분군 $H=\{f\mid f:\mathbb{R}\to\mathbb{R}$ 는 미분가능한 함수$\}$와 원소 $f\in G$에 대하여 f를 포함하는 H의 좌잉여류는

$$f+H=\{f+h\mid h\in H\}$$

이고 f를 포함하는 H의 우잉여류는

$$H+f=\{h+f\mid h\in H\}$$

이다. 이때 $f+H=H+f$이다.

| 예제 8 대칭군 S_3의 부분군 $H=\{1_{S_3}, (1\,2)\}$에 대하여 원소 $(1\,2\,3)\in S_3$를 포함하는 H의 좌잉여류는

$$(1\,2\,3)H=\{(1\,2\,3)h\mid h\in H\}=\{(1\,2\,3),\ (1\,2\,3)(1\,2)\}$$

이고 원소 $(1\,2\,3)\in S_3$를 포함하는 H의 우잉여류는

$$H(1\,2\,3)=\{h(1\,2\,3)\mid h\in H\}=\{(1\,2\,3),\ (1\,2)(1\,2\,3)\}$$

이다. 그런데

$$(1\,2\,3)(1\,2)=(1\,3)\neq(2\,3)=(1\,2)(1\,2\,3)$$

이므로 $(123)H \neq H(123)$이다.

정리 2

군 G의 부분군 H와 원소 $a \in G$에 대하여 aH가 G의 부분군이기 위한 필요충분조건은 $a \in H$이다.

참고 G가 덧셈군이면 정리의 내용은 다음과 같다.

"$a+H$가 G의 부분군이기 위한 필요충분조건은 $a \in H$이다."

증명 aH가 G의 부분군이라고 가정하면 항등원 $e \in aH$가 존재하므로 $e = ah$인 원소 $h \in H$가 존재한다. 따라서 $a = eh^{-1} = h^{-1} \in H$이므로 $a \in H$이다.
역으로 $a \in H$라고 가정하자. 그러면 임의의 원소 $b \in H$에 대하여 $ab \in H$이므로 $aH \subset H$이다. 한편 임의의 원소 $c \in H$에 대하여 $a^{-1}c \in H$이므로 $c = a(a^{-1}c) \in aH$이다. 즉, $H \subset aH$이므로 결과적으로 $H = aH$이고 aH는 G의 부분군이다. ▣

| 예제 9 덧셈군 $\mathbb{Q}$의 부분군 $\mathbb{Z}$와 원소 $3 \in \mathbb{Q}$에 대하여 $3 \in \mathbb{Q}$을 포함하는 $\mathbb{Z}$의 좌잉여류는 $3+\mathbb{Z}$이고 $3 \in \mathbb{Z}$이므로 $3+\mathbb{Z}$는 $\mathbb{Q}$의 부분군이다. 한편 $\frac{1}{2} \in \mathbb{Q}$를 포함하는 $\mathbb{Z}$의 좌잉여류는 $\frac{1}{2}+\mathbb{Z}$이고 $\frac{1}{2} \notin \mathbb{Z}$이므로 $\frac{1}{2}+\mathbb{Z}$는 $\mathbb{Q}$의 부분군이 아니다.

| 예제 10 군 $\mathbb{Z}$의 부분군 $2\mathbb{Z}$와 원소 $10 \in \mathbb{Z}$에 대하여 $10 \in \mathbb{Z}$을 포함하는 $2\mathbb{Z}$의 좌잉여류는 $10+2\mathbb{Z} = \{10+2h \mid h \in \mathbb{Z}\}$이고 $10 \in 2\mathbb{Z}$이므로 $10+2\mathbb{Z}$는 $\mathbb{Z}$의 부분군이다. 한편 $5 \in \mathbb{Z}$를 포함하는 $2\mathbb{Z}$의 좌잉여류는 $5+2\mathbb{Z}$이고 $5 \notin 2\mathbb{Z}$이므로 $5+2\mathbb{Z}$는 $\mathbb{Z}$의 부분군이 아니다.

| 예제 11 군 $\mathbb{Z}_6$의 부분군 $H = \{0, 3\}$와 원소 $3 \in \mathbb{Z}_6$에 대하여 3을 포함하는 H의 좌잉여류는 $3+H$이고 $3 \in H$이므로 $3+H$는 $\mathbb{Z}_6$의 부분군이다. 한편 $2 \in \mathbb{Z}_6$를 포함하는

H의 좌잉여류는 $2+H$이고 $2 \notin H$이므로 $2+H$는 $\mathbb{Z}_6$의 부분군이 아니다. 실제로 $2+H=\{2,5\}$이므로 $2+H$는 연산에 대하여 닫혀있지 않고 항등원 또한 존재하지 않는다.

| 예제 12 군 $GL_n(\mathbb{R})$의 부분군 $H=\left\{\begin{pmatrix}1 & n\\0 & 1\end{pmatrix} \mid n\in\mathbb{Z}\right\}$와 원소 $\begin{pmatrix}1 & 8\\0 & 1\end{pmatrix}\in GL_n(\mathbb{R})$에 대하여 $\begin{pmatrix}1 & 8\\0 & 1\end{pmatrix}$를 포함하는 H의 좌잉여류는 $\begin{pmatrix}1 & 8\\0 & 1\end{pmatrix}H$이고 $\begin{pmatrix}1 & 8\\0 & 1\end{pmatrix}\in H$이므로 $\begin{pmatrix}1 & 8\\0 & 1\end{pmatrix}H$는 $GL_n(\mathbb{R})$의 부분군이다. 한편 원소 $\begin{pmatrix}1 & 2.3\\0 & 1\end{pmatrix}\in GL_n(\mathbb{R})$을 포함하는 H의 좌잉여류는 $\begin{pmatrix}1 & 2.3\\0 & 1\end{pmatrix}H$이고 $\begin{pmatrix}1 & 2.3\\0 & 1\end{pmatrix}\notin H$이므로 $\begin{pmatrix}1 & 2.3\\0 & 1\end{pmatrix}H$는 $GL_n(\mathbb{R})$의 부분군이 아니다.

| 예제 13 군 S_3의 부분군 $H=\{1_{S_3}, (1\,2)\}$에 대하여 원소 $(1\,2)\in S_3$를 포함하는 H의 좌잉여류는 $(1\,2)H=\{(1\,2)h \mid h\in H\}$이고 $(1\,2)\in H$이므로 $(1\,2)H$는 S_3의 부분군이다. 한편 $(1\,2\,3)$을 포함하는 H의 좌잉여류는 $(1\,2\,3)H$이고 $(1\,2\,3)\notin H$이므로 $(1\,2\,3)H$는 S_3의 부분군이 아니다. 실제로 $(1\,2\,3)H=\{(1\,2\,3),(1\,3)\}$이므로 $(1\,2\,3)H$는 연산에 대하여 닫혀있지 않고 항등원 또한 존재하지 않는다.

정리 3

군 G의 부분군 H와 원소 $a\in G$에 대하여 Ha가 G의 부분군이기 위한 필요충분조건은 $a\in H$이다.

참고 G가 덧셈군이면 정리의 내용은 다음과 같다.

"$H+a$가 G의 부분군이기 위한 필요충분조건은 $a\in H$이다."

증명 Ha가 G의 부분군이라 가정하면 항등원 $e\in Ha$가 존재하므로 $e=ha$인 원소 $h\in H$가 존재한다. 따라서 $a=h^{-1}e=h^{-1}\in H$이므로 $a\in H$이다.
역으로 $a\in H$라고 가정하자. 그러면 모든 $b\in H$에 대하여 $ba\in H$이므로 $Ha\subset H$이다. 한편 임의의 원소 $c\in H$에 대하여 $ca^{-1}\in H$이고 $c=(ca^{-1})a\in Ha$이므로

$H \subset Ha$이다. 결과적으로 $H = Ha$이므로 Ha는 G의 부분군이다. ▣

| 예제 14 덧셈군 $\mathbb{Q}$의 부분군 $\mathbb{Z}$와 원소 $3 \in \mathbb{Q}$에 대하여 3을 포함하는 $\mathbb{Z}$의 우잉여류는 $\mathbb{Z}+3$이고 $3 \in \mathbb{Z}$이므로 $\mathbb{Z}+3$는 $\mathbb{Q}$의 부분군이다. 한편 $\frac{1}{2}$를 포함하는 $\mathbb{Z}$의 우잉여류는 $\mathbb{Z}+\frac{1}{2}$이고 $\frac{1}{2} \notin \mathbb{Z}$이므로 $\mathbb{Z}+\frac{1}{2}$는 $\mathbb{Q}$의 부분군이 될 수 없다.

| 예제 15 군 $\mathbb{Z}$의 부분군 $2\mathbb{Z}$와 원소 $10 \in \mathbb{Z}$에 대하여 $10 \in \mathbb{Z}$을 포함하는 $2\mathbb{Z}$의 우잉여류는 $2\mathbb{Z}+10 = \{2h+10 \mid h \in \mathbb{Z}\}$이고 $10 \in 2\mathbb{Z}$이므로 $2\mathbb{Z}+10$는 $\mathbb{Z}$의 부분군이다. 한편 $5 \in \mathbb{Z}$를 포함하는 $2\mathbb{Z}$의 우잉여류는 $2\mathbb{Z}+5$이고 $5 \notin 2\mathbb{Z}$이므로 $2\mathbb{Z}+5$는 $\mathbb{Z}$의 부분군이 될 수 없다.

| 예제 16 군 $\mathbb{Z}_6$의 부분군 $H=\{0, 3\}$와 원소 $3 \in \mathbb{Z}_6$에 대하여 3을 포함하는 H의 우잉여류는 $H+3$이고 $3 \in H$이므로 $H+3$은 $\mathbb{Z}_6$의 부분군이다. 한편 원소 $2 \in \mathbb{Z}_6$를 포함하는 H의 우잉여류는 $H+2$이고 $2 \notin H$이므로 $H+2$는 $\mathbb{Z}_6$의 부분군이 아니다. 실제로 $H+2=\{2, 5\}$이므로 $H+2$는 연산에 대하여 닫혀있지 않고 항등원 또한 존재하지 않는다.

| 예제 17 군 $GL_n(\mathbb{R})$의 부분군 $H=\left\{\begin{pmatrix}1 & n\\ 0 & 1\end{pmatrix} \mid n \in \mathbb{Z}\right\}$와 원소 $\begin{pmatrix}1 & 8\\ 0 & 1\end{pmatrix} \in GL_n(\mathbb{R})$에 대하여 $\begin{pmatrix}1 & 8\\ 0 & 1\end{pmatrix}$를 포함하는 H의 우잉여류는 $H\begin{pmatrix}1 & 8\\ 0 & 1\end{pmatrix}$이고 $\begin{pmatrix}1 & 8\\ 0 & 1\end{pmatrix} \in H$이므로 $H\begin{pmatrix}1 & 8\\ 0 & 1\end{pmatrix}$는 $GL_n(\mathbb{R})$의 부분군이다. 한편 $\begin{pmatrix}1 & 2.3\\ 0 & 1\end{pmatrix} \in GL_n(\mathbb{R})$을 포함하는 H의 우잉여류는 $H\begin{pmatrix}1 & 2.3\\ 0 & 1\end{pmatrix}$이고 $\begin{pmatrix}1 & 2.3\\ 0 & 1\end{pmatrix} \notin H$이므로 $H\begin{pmatrix}1 & 2.3\\ 0 & 1\end{pmatrix}$는 $GL_n(\mathbb{R})$의 부분군이 아니다.

| 예제 18 대칭군 S_3의 부분군 $H=\{1_{S_3}, (1\,2)\}$에 대하여 원소 $(1\,2) \in S_3$을 포함하는 H의 우잉여류는 $H(1\,2)=\{h(1\,2) \mid h \in H\}$이고 $(1\,2) \in H$이므로 $H(1\,2)$는 S_3의 부분군이다. 한편 $(1\,2\,3)$을 포함하는 H의 우잉여류는 $H(1\,2\,3)$이고 $(1\,2\,3) \notin H$이므로 $H(1\,2\,3)$은 S_3의 부분군이 아니다. 실제로 $H(1\,2\,3)=\{(1\,2\,3), (2\,3)\}$이므로 $H(1\,2\,3)$은 연산에 대하

여 닫혀있지 않고 항등원 또한 존재하지 않는다.

정리 4

군 G의 부분군 H와 원소 $a, b \in G$에 대하여 좌잉여류 aH와 bH 그리고 우잉여류 Ha와 Hb 사이에 다음과 같은 관계가 성립한다.

(1) $aH \cap bH = \varnothing$ 또는 $aH = bH$

(2) $Ha \cap Hb = \varnothing$ 또는 $Ha = Hb$

증명 (1) $aH \cap bH \neq \varnothing$이라 가정하고 $aH = bH$임을 보이면 된다.

임의의 원소 $c \in aH \cap bH$에 대하여 $c \in aH$이고 $c \in bH$이다. 따라서 $c = ah_1$이고 $c = bh_2$인 적당한 원소 $h_1, h_2 \in H$가 존재하고 $a = ch_1^{-1}, b = ch_2^{-1}$이다. 그러므로

$$aH \subset (ch_1^{-1})H = (bh_2)h_1^{-1}H = b(h_2h_1^{-1})H$$

이다. 그런데 $h_2h_1^{-1} \in H$이므로 $b(h_2h_1^{-1})H \subset bH$이다. 즉, $aH \subset bH$이다.

또한

$$bH \subset (ch_2^{-1})H = (ah_1)h_2^{-1}H = a(h_1h_2^{-1})H$$

이다. 그런데 $h_1h_2^{-1} \in H$이므로 $a(h_1h_2^{-1})H \subset aH$이다. 즉, $bH \subset aH$이므로 결과적으로 $aH = bH$이다.

(2) $Ha \cap Hb \neq \varnothing$이라 가정하고 $Ha = Hb$임을 보이면 된다.

임의의 원소 $c \in Ha \cap Hb$에 대하여 $c \in Ha$이고 $c \in Hb$이다. 따라서 $c = h_1a$이고 $c = h_2b$인 적당한 원소 $h_1, h_2 \in H$가 존재하고 $a = h_1^{-1}c, b = h_2^{-1}c$이다. 그러므로

$$Ha \subset H(h_1^{-1}c) = Hh_1^{-1}(h_2b) = H(h_1^{-1}h_2)b$$

이다. 그런데 $h_1^{-1}h_2 \in H$이므로 $H(h_1^{-1}h_2)b \subset Hb$이다. 즉, $Ha \subset Hb$이다.

또한

$$Hb \subset H(h_2^{-1}c) = Hh_2^{-1}(h_1 a) = H(h_2^{-1}h_1)a$$

이다. 그런데 $h_2^{-1}h_1 \in H$이므로 $H(h_2^{-1}h_1)a \subset Ha$이다. 즉, $Hb \subset Ha$이므로 결과적으로 $Ha = Hb$이다. ▣

| 예제 19 곱셈군 $\mathbb{R}^*$의 부분군 $\mathbb{Q}^+$와 원소 $5, \frac{1}{2} \in \mathbb{R}^*$에 대하여 $5\mathbb{Q}^+ = \mathbb{Q}^+$이고 $\frac{1}{2}\mathbb{Q}^+ = \mathbb{Q}^+$이다. 따라서

$$5\mathbb{Q}^+ \cap \frac{1}{2}\mathbb{Q}^+ \neq \varnothing, \qquad 5\mathbb{Q}^+ = \frac{1}{2}\mathbb{Q}^+$$

이다. 한편 원소 $5, \sqrt{2} \in \mathbb{R}^*$에 대하여

$$5\mathbb{Q}^+ \cap \sqrt{2}\,\mathbb{Q}^+ = \varnothing, \qquad 5\mathbb{Q}^+ \neq \sqrt{2}\,\mathbb{Q}^+$$

이다.

| 예제 20 군 $\mathbb{Z}_6$의 부분군 $H = \{0, 3\}$와 원소 $2, 3 \in \mathbb{Z}_6$에 대하여 $2 + H = \{2, 5\}$이고 $3 + H = \{0, 3\}$이다. 그러므로 다음 관계가 성립한다.

$$(2+H) \cap (3+H) = \varnothing, \qquad 2+H \neq 3+H$$

한편 원소 $2, 5 \in \mathbb{Z}_6$에 대하여 $2 + H = \{2, 5\}$이고 $5 + H = \{2, 5\}$이다. 따라서 다음 관계가 성립한다.

$$(2+H) \cap (5+H) \neq \varnothing, \qquad 2+H = 5+H$$

| 예제 21 대칭군 S_3의 부분군 $H = \{1_{S_3}, (12)\}$에 대하여 원소 $(12) \in S_3$를 포함하는 H의 좌잉여류는 $(12)H = \{1_{S_3}, (12)\}$이고 $(13) \in S_3$을 포함하는 H의 좌잉여류는 $(13)H = \{(13), (123)\}$이다. 그러므로 다음 관계가 성립한다.

$$(12)H \cap (13)H = \varnothing, \qquad (12)H \neq (13)H$$

| 예제 22 대칭군 S_3의 부분군 $H=\{1_{S_3}, (12)\}$에 대하여 원소 $(12)\in S_3$를 포함하는 H의 우잉여류는 $H(12)=\{1_{S_3}, (12)\}$이고 $(13)\in S_3$을 포함하는 H의 우잉여류는 $H(13)=\{(13), (132)\}$이다. 그러므로 다음 관계가 성립한다.

$$H(12)\cap H(13)=\varnothing, \qquad H(12)\neq H(13)$$

정리 5

군 G의 부분군 H와 원소 $a, b\in G$에 대하여 다음이 성립한다.

(1) $aH=bH$이기위한 필요충분조건은 $a^{-1}b\in H$

(2) $Ha=Hb$이기위한 필요충분조건은 $ab^{-1}\in H$

참고 덧셈군 G의 부분군 H와 원소 $a, b\in G$에 대하여

(1) $a+H=b+H$이기위한 필요충분조건은 $(-a)+b\in H$이다.

(2) $H+a=H+b$이기위한 필요충분조건은 $a+(-b)\in H$이다.

증명 (1) $aH=bH$라고 가정하자. $a\in aH=bH$이므로 $a=bh$인 적당한 원소 $h\in H$가 존재한다. 따라서 $a^{-1}b=h^{-1}$이고 $h^{-1}\in H$이므로 $a^{-1}b\in H$이다.

역으로 $a^{-1}b\in H$라고 가정하면 $a^{-1}b=k$인 원소 $k\in H$가 존재하므로 $a=bk^{-1}$이고 $b=ak$이다. 그러므로

$$aH=(bk^{-1})H=b(k^{-1}H)$$

이다. 그런데 $k^{-1}H\subset H$이므로 $aH\subset bH$이다. 또한

$$bH=(ak)H=a(kH)$$

이다. 그런데 $kH\subset H$이므로 $bH\subset aH$이다. 따라서 $aH=bH$가 성립한다.

(2) $Ha=Hb$라고 가정하자. $a\in Ha=Hb$이므로 $a=hb$인 적당한 원소 $h\in H$가 존재한다. 따라서 $ab^{-1}=h$이므로 $ab^{-1}\in H$이다.

역으로 $ab^{-1}\in H$라고 가정하면 $ab^{-1}=k$인 원소 $k\in H$가 존재하고 $a=kb$이고 $b=k^{-1}a$이다. 그러므로

$$Ha = H(kb) = (Hk)b$$

이다. 그런데 $Hk \subset H$이므로 $Ha \subset Hb$이다. 한편,

$$Hb = H(k^{-1}a) = (Hk^{-1})a$$

이다. 그런데 $Hk^{-1} \subset H$이므로 $Hb \subset Ha$이다. 결과적으로 $aH = bH$가 성립한다. ▣

| 예제 23 군 $\mathbb{Z}_6$의 부분군 $H = \{0, 3\}$와 두 원소 $2, 3 \in \mathbb{Z}_6$에 대하여

$$(-2) + 3 = 4 + 3 = 1 \notin H$$

이므로 $2 + H \neq 3 + H$이다. 또한 두 원소 $2, 5 \in \mathbb{Z}_6$에 대하여

$$(-2) + 5 = 4 + 5 = 3 \in H$$

이므로 $2 + H = 5 + H$이다. 한편,

$$2 + (-3) = 2 + 3 = 5 \notin H$$

이므로 $H + 2 \neq H + 3$이다. 또한

$$2 + (-5) = 2 + 1 = 3 \in H$$

이므로 $H + 2 = H + 5$이다.

| 예제 24 곱셈군 $\mathbb{R}^*$의 부분군 $\mathbb{Q}^+$와 원소 $5, \frac{1}{2} \in \mathbb{R}^*$에 대하여 $(5^{-1})\frac{1}{2} \in \mathbb{Q}^+$이므로 $5\mathbb{Q}^+ = \frac{1}{2}\mathbb{Q}^+$이다. 한편, 원소 $5, \sqrt{2} \in \mathbb{R}^*$에 대하여 $(5^{-1})\sqrt{2} \notin \mathbb{Q}^+$이므로 $5\mathbb{Q}^+ \neq \sqrt{2}\,\mathbb{Q}^+$이다.

| 예제 25 대칭군 S_3의 부분군 $H = \{1_{S_3}, (1\,2)\}$와 원소 $(1\,2), (1\,3) \in S_3$에 대하여

$$(1\,2)^{-1}(1\,3) = (1\,3\,2) \notin H$$

이므로 $(1\,2)H \neq (1\,3)H$이다. 한편 두 원소 $(2\,3), (1\,3\,2) \in S_3$에 대하여

$$(2\,3)^{-1}(1\,3\,2) = (1\,2) \in H$$

이므로 $(2\,3)H = (1\,3\,2)H$이다.

정리 6

군 G의 부분군 H와 원소 $a, b \in G$에 대하여 다음이 성립한다.

(1) aH와 bH에 속하는 원소의 개수는 서로 같다.

(2) Ha와 Hb에 속하는 원소의 개수는 서로 같다.

참고 덧셈군 G의 부분군 H와 원소 $a, b \in G$에 대하여 다음이 성립한다.

(1) $a+H$와 $b+H$에 속하는 원소의 개수는 서로 같다.

(2) $H+a$와 $H+b$에 속하는 원소의 개수는 서로 같다.

증명 (1) 함수 $f : aH \to bH$를 다음과 같이 정의하자.

$$f(ah) = bh, \ \ h \in H$$

만일 원소 $h_1, h_2 \in H$에 대하여 $f(ah_1) = f(ah_2)$이라면 $bh_1 = bh_2$이므로 $b^{-1}(bh_1) = b^{-1}(bh_2)$이다. 즉, $h_1 = h_2$이다.

또한 임의의 원소 $c \in bH$를 택하면 적당한 원소 $k \in H$가 존재하여 $c = bk$이다. 그런데 $ak \in aH$이므로 $f(ak) = bk = c$이다. 즉, $f(aH) = bH$이다.

결과적으로 f는 일대일 대응이므로 두 개의 좌잉여류 aH와 bH에 속하는 원소의 개수는 서로 같다.

(2) 함수 $g : Ha \to Hb$를 다음과 같이 정의하자.

$$g(ha) = hb, \ \ h \in H$$

만일 원소 $h_1, h_2 \in H$에 대하여 $g(h_1a) = g(h_2a)$이라면 $h_1b = h_2b$이므로 $(h_1b)b^{-1} = (h_2b)b^{-1}$이다. 즉, $h_1 = h_2$이다.

또한 임의의 원소 $c \in Hb$를 택하면 적당한 원소 $k \in H$가 존재하여 $c = kb$이다. 그런데 $ka \in Ha$이므로 $g(ka) = kb = c$이다. 즉, $g(Ha) = Hb$이다.

결과적으로 g는 일대일 대응이므로 두 개의 우잉여류 Ha와 Hb에 속하는 원소의 개수는 서로 같음을 알 수 있다. ▣

| 예제 26 군 $\mathbb{Z}_8$의 부분군 $H=\{0,4\}$와 원소 $2,3\in\mathbb{Z}_8$에 대하여 $2+H=\{2,6\}$이고 $3+H=\{3,7\}$이다. 즉, $2+H$와 $3+H$에 속하는 원소의 개수는 2로 서로 같다. 한편, $H+2=\{2,6\}$이고 $H+3=\{3,7\}$이다. 즉, $H+2$와 $H+3$에 속하는 원소의 개수는 2로 서로 같다.

| 예제 27 곱셈군 $\mathbb{R}^*$의 부분군 $\mathbb{Q}^+$와 원소 $5, \frac{1}{2}\in\mathbb{R}^*$에 대하여 $5\mathbb{Q}^+$와 $\frac{1}{2}\mathbb{Q}^+$에 속하는 원소의 개수는 서로 같다.

| 예제 28 대칭군 S_3의 부분군 $H=\left\{1_{S_3}, (12)\right\}$에 대하여 원소 $(12)\in S_3$를 포함하는 H의 우잉여류는 $H(12)=\left\{1_{S_3}, (12)\right\}$이고 $(13)\in S_3$을 포함하는 H의 우잉여류는 $H(13)=\{(13), (132)\}$이므로 $H(12)$와 $H(13)$에 속하는 원소의 개수는 2로 서로 같다.

정의 7

군 G의 부분군 H에 대하여 G내에 있는 H의 서로 다른 좌잉여류의 개수를 G 내에 있는 H의 **지수**(index)라고 하고 $|G:H|$로 나타낸다.

| 예제 29 군 $\mathbb{Z}_6$의 부분군 $H=\{0,2,4\}$의 좌잉여류는 모두

$$0+H,\quad 1+H,\quad 2+H,\quad 3+H,\quad 4+H,\quad 5+H$$

이다. 그런데

$$0+H=2+H=4+H,\quad 1+H=3+H=5+H$$

이므로 $\mathbb{Z}_6$내에 있는 H의 서로 다른 좌잉여류의 개수는 2개이다. 그러므로 $|\mathbb{Z}_6:H|=2$이다.

예제 30 곱셈군 $\mathbb{R}^*$의 부분군 $\mathbb{R}^+$와 원소 $a, b \in \mathbb{R}^*$에 대하여 $a\mathbb{R}^+ = b\mathbb{R}^+$이기 위한 필요충분조건은 $a^{-1}b \in \mathbb{R}^+$이다. 또한 다음이 성립한다.

(1) $a \in \mathbb{R}^+$이고 $b \in \mathbb{R}^+$이면 $a^{-1}b \in \mathbb{R}^+$이다.

(2) $a \in \mathbb{R}^* - \mathbb{R}^+$이고 $b \in \mathbb{R}^* - \mathbb{R}^+$이면 $a^{-1}b \in \mathbb{R}^+$이다.

(3) $a \in \mathbb{R}^+$이고 $b \in \mathbb{R}^* - \mathbb{R}^+$이면 $a^{-1}b \notin \mathbb{R}^+$이다.

(4) $a \in \mathbb{R}^* - \mathbb{R}^+$이고 $b \in \mathbb{R}^+$이면 $a^{-1}b \notin \mathbb{R}^+$이다.

따라서 각각의 경우에 다음과 같다.

(1) $a \in \mathbb{R}^+$이고 $b \in \mathbb{R}^+$이면 $a\mathbb{R}^+ = b\mathbb{R}^+$이다.

(2) $a \in \mathbb{R}^* - \mathbb{R}^+$이고 $b \in \mathbb{R}^* - \mathbb{R}^+$이면 $a\mathbb{R}^+ = b\mathbb{R}^+$이다.

(3) $a \in \mathbb{R}^+$이고 $b \in \mathbb{R}^* - \mathbb{R}^+$이면 $a\mathbb{R}^+ \neq b\mathbb{R}^+$이다.

(4) $a \in \mathbb{R}^* - \mathbb{R}^+$이고 $b \in \mathbb{R}^+$이면 $a\mathbb{R}^+ \neq b\mathbb{R}^+$이다.

실제로 원소 $a \in \mathbb{R}^+$에 대하여 $a\mathbb{R}^+ = \mathbb{R}^+$이고 원소 $b \in \mathbb{R}^* - \mathbb{R}^+$에 대하여 $b\mathbb{R}^+ = \mathbb{R}^* - \mathbb{R}^+$이다.

결과적으로 $\mathbb{R}^+$의 좌잉여류는 원소 $a \in \mathbb{R}^+$를 포함하는 $\mathbb{R}^+$의 좌잉여류 $a\mathbb{R}^+$와 원소 $b \in \mathbb{R}^* - \mathbb{R}^+$를 포함하는 $\mathbb{R}^+$의 좌잉여류 $b\mathbb{R}^+$ 등 두 가지 뿐이다. 만일 $a = 2, b = -3$으로 택하면 $\mathbb{R}^+$의 좌잉여류는

$$2\mathbb{R}^+, \qquad (-3)\mathbb{R}^+$$

등 2가지라고 할 수 있다. 따라서 $\mathbb{R}^*$내에 있는 $\mathbb{R}^+$의 서로 다른 좌잉여류의 개수는 2이므로 $|\mathbb{R}^* : \mathbb{R}^+| = 2$이다.

예제 31 대칭군 S_3의 부분군 $H = \{1_{S_3}, (12)\}$의 좌잉여류는 모두

$$1_{S_3}H, \quad (12)H, \quad (13)H, \quad (23)H, \quad (123)H, \quad (132)H$$

이다. 그런데

$$1_{S_3}H = (12)H, \quad (13)H = (123)H, \quad (23)H = (132)H,$$

이므로 S_3내에 있는 H의 서로 다른 좌잉여류의 개수는 3개이다. 그러므로 $|S_3 : H| = 3$ 이다.

유한군 G의 부분군 H에 대하여 G의 위수 $|G|$, H의 위수 $|H|$, 지수 $|G : H|$ 사이에는 다음 관계가 성립한다.

정리 8　Lagrange 정리

유한군 G의 부분군 H에 대하여 다음이 성립한다.

(1) H의 위수는 G의 위수의 약수이다.

(2) $|G| = |G : H||H|$

증명 (1) 유한군 G의 부분군 H에 대하여 $|G : H| = m$이라고 가정하면 서로 다른 m개의 H의 좌잉여류가 존재한다. 이를 적당한 원소 $a_i \in G$에 대하여 $a_1H, a_2H, \cdots, a_mH$이라 놓으면 임의의 $a \in G$에 대하여 $aH = a_iH$인 H의 좌잉여류 a_iH가 존재한다. 따라서 $a \in aH = a_iH$이므로 $a \in \bigcup_{j=1}^{m} a_jH$이다. 즉, $G \subset \bigcup_{j=1}^{m} a_jH$이다. 한편, 명백히 $\bigcup_{j=1}^{m} a_jH \subset G$이므로

$$G = \bigcup_{j=1}^{m} a_jH$$

이다. 그런데 모든 $s \neq t$인 s, t에 대하여 $a_sH \cap a_tH = \varnothing$ 이므로

$$|G| = \sum_{j=1}^{m} |a_jH|$$

이다. 또한 모든 j에 대하여 $|a_jH| = |H|$이므로

$$|G| = \sum_{j=1}^{m} |H| = m|H|$$

이다. 그러므로 $|H|$는 $|G|$의 약수이다.

(2) $|G:H|=m$이므로 $|G|=m|H|=|G:H||H|$이다. ▣

| 예제 32 군 $\mathbb{Z}_6$의 부분군 $H=\{0,2,4\}$에 대하여

$$|\mathbb{Z}_6|=6, \qquad |H|=3, \qquad |\mathbb{Z}_6:H|=2$$

이므로 H의 위수는 $\mathbb{Z}_6$의 위수의 약수이고

$$|\mathbb{Z}_6|=6=2\times 3=|\mathbb{Z}_6:H||H|$$

이 성립한다.

| 예제 33 대칭군 S_3의 부분군 $H=\{1_{S_3},(1\,2)\}$에 대하여

$$|S_3|=6, \qquad |H|=2, \qquad |S_3:H|=3$$

이므로 H의 위수는 S_3의 위수의 약수이고 관계식

$$|S_3|=6=3\times 2=|S_3:H||H|$$

이 성립한다.

정리 9

유한군 G의 부분군 H에 대하여 G내에 있는 H의 서로 다른 우잉여류의 개수를 m이라고 놓으면 $m=|G:H|$이다.

증명 군 G내에 있는 H의 서로 다른 우잉여류를 적당한 원소 $a_1, a_2, \cdots, a_m \in G$에 대하여 $Ha_1, Ha_2, \cdots, Ha_m$이라고 놓자. 임의의 원소 $a\in G$를 택하면 $Ha=Ha_i$인 H의 우잉여류 Ha_i가 존재한다. 따라서 $a\in Ha=Ha_i$이므로 $a\in \bigcup_{j=1}^{m} Ha_j$이다. 즉, $G\subset \bigcup_{j=1}^{m} Ha_j$이다. 한편, 명백히 $\bigcup_{j=1}^{m} Ha_j \subset G$이므로

$$G = \bigcup_{j=1}^{m} Ha_j$$

이다. 그런데 모든 $s \neq t$인 s, t에 대하여 $Ha_s \cap Ha_t = \varnothing$ 이므로

$$|G| = \sum_{j=1}^{m} |Ha_j|$$

이다. 또한 모든 j에 대하여 $|Ha_j| = |H|$이므로

$$|G| = \sum_{j=1}^{m} |Ha_j| = \sum_{j=1}^{m} |H| = m|H|$$

이다. 그런데 $|G| = |G : H||H|$이므로 $m = |G : H|$이다. ▣

▎예제 34 군 $\mathbb{Z}_6$의 부분군 $H = \{0, 2, 4\}$의 우잉여류는 모두

$$H+0, \quad H+1, \quad H+2, \quad H+3, \quad H+4, \quad H+5$$

이다. 그런데

$$H+0 = H+2 = H+4, \qquad H+1 = H+3 = H+5$$

이므로 $\mathbb{Z}_6$내에 있는 H의 서로 다른 우잉여류의 개수는 2개이다. 그러므로 $|\mathbb{Z}_6 : H| = 2$이다.

▎예제 35 대칭군 S_3의 부분군 $H = \{1_{S_3}, (12)\}$의 우잉여류는 모두

$$H1_{S_3}, \quad H(12), \quad H(13), \quad H(23), \quad H(123), \quad H(132)$$

이다. 그런데

$$H1_{S_3} = H(12), \qquad H(23) = H(123), \qquad H(13) = H(132),$$

이므로 S_3내에 있는 H의 서로 다른 우잉여류의 개수는 3개이다. 그러므로 $|S_3 : H| = 3$이다.

정리 10

유한군 G에 속한 원소 a의 위수는 G의 위수의 약수이다.

증명 유한군 G에 속한 원소 a에 대하여 $\langle a \rangle$는 G의 부분군이므로 Lagrange 정리에 의하여 $\langle a \rangle$의 위수는 G의 위수의 약수이다. 또한 원소 a의 위수는 $\langle a \rangle$의 위수와 같으므로 a의 위수는 G의 위수의 약수이다. ▣

예제 36 군 $\mathbb{Z}_{10}$에 속하는 원소 2에 대하여 $\langle 2 \rangle = \{0, 2, 4, 6, 8\}$이고

$$|\mathbb{Z}_{10}| = |\mathbb{Z}_{10} : \langle 2 \rangle||\langle 2 \rangle|$$

이다. 따라서 $\langle 2 \rangle$의 위수 5는 $\mathbb{Z}_{10}$의 위수 10의 약수이므로 2의 위수는 $\mathbb{Z}_{10}$의 위수 10의 약수이다.

예제 37 대칭군 S_3에 속하는 원소 $(1\,2\,3)$에 대하여

$$\langle (1\,2\,3) \rangle = \left\{1_{S_3}, (1\,2\,3), (1\,3\,2)\right\}$$

이고

$$|S_3| = |S_3 : \langle (1\,2\,3) \rangle||\langle (1\,2\,3) \rangle|$$

이다. 따라서 $\langle (1\,2\,3) \rangle$의 위수 3은 S_3의 위수 6의 약수이므로 원소 $(1\,2\,3)$의 위수는 S_3의 위수 6의 약수이다.

정리 11

G가 유한군이고 적당한 소수 p에 대하여 $|G| = p$이면 G는 순환군이다.

증명 가정에 의하여 $|G| = p$이므로 $G \neq \{e\}$이다. 따라서 G에 속한 원소 $a \neq e$를 택할 수 있고 $\langle a \rangle$는 G의 부분군이므로 $\langle a \rangle$의 위수는 G의 위수의 약수이다. 따라서

$$|\langle a \rangle| = 1 \text{ 또는 } |\langle a \rangle| = p$$

이다. 그런데 $a \neq e$이므로 $|\langle a \rangle| \neq 1$이다. 따라서 $|\langle a \rangle| = p$이므로 $\langle a \rangle = G$이다. 결과적으로 G는 원소 $a \neq e \in G$에 의하여 생성되는 순환군이다. ▣

| 예제 38 군 $\mathbb{Z}_7$의 위수는 7이고 7은 소수이므로 $\mathbb{Z}_7$은 순환군이다. 또한 임의의 원소 $a \neq 0 \in \mathbb{Z}_7$에 대하여 $\mathbb{Z}_7 = \langle a \rangle$이므로

$$\mathbb{Z}_7 = \langle 1 \rangle = \langle 2 \rangle = \langle 3 \rangle = \langle 4 \rangle = \langle 5 \rangle = \langle 6 \rangle$$

이다.

| 예제 39 군 G의 위수가 17이라고 가정하면 17은 소수이므로 G는 순환군이다. 또한 임의의 원소 $a \neq e \in G$에 대하여 $G = \langle a \rangle$이다.

| 예제 40 대칭군 S_3의 부분군 $H = \{1_{S_3}, (123), (132)\}$의 위수는 3이고 3은 소수이므로 H는 순환군이다. 또한 $H = \langle (123) \rangle = \langle (132) \rangle$이다.

정리 12

G가 유한군이고 적당한 소수 p와 소수 q에 대하여 $|G| = pq$라고 가정하자. 만일 H가 G의 부분군이고 $1 < |H| < pq$이면 H는 G의 순환부분군이다.

증명 H가 유한군 G의 부분군이므로 $|H|$는 $|G| = pq$의 약수이다. 그런데 가정에 의하여 $1 < |H| < pq$이고 p와 q는 모두 소수이므로

$$|H| = p \text{ 또는 } |H| = q$$

이다. 각각의 경우에 H의 위수가 소수이므로 H는 G의 순환부분군이다. ▣

| 예제 41 군 $\mathbb{Z}_{10}$의 위수는 10이고 $10 = 2 \times 5$이므로 H를 $1 < |H| < 10$인 $\mathbb{Z}_{10}$의

부분군이라고 가정하면 H는 순환부분군이다. 또한 $|H|$는 10의 약수이므로 구체적으로 다음과 같은 경우를 얻을 수 있다.

(1) $|H|=2$이면 $H=\{0,5\}=\langle 5\rangle$

(2) $|H|=5$이면 $H=\{0,2,4,6,8\}=\langle 2\rangle$

| 예제 42 대칭군 S_3의 위수는 6이고 $6=2\times 3$이므로 H가 $1<|H|<6$인 S_3의 부분군이라고 가정하면 H는 순환부분군이다. 또한 $|H|$는 6의 약수이므로 다음과 같은 경우를 얻을 수 있다.

(1) $|H|=2$이면 $H=\langle(12)\rangle$ 또는 $H=\langle(13)\rangle$ 또는 $H=\langle(23)\rangle$

(2) $|H|=3$이면 $H=\{1_{S_3},(123),(132)\}=\langle(123)\rangle=\langle(132)\rangle$

정리 13

유한군 G의 부분군 H와 K에 대하여 $H\subset K$이면 다음이 성립한다.

$$|G:H|=|G:K||K:H|$$

증명 유한군 G의 부분군 H와 K에 대하여

$$|G|=|G:H||H|,\quad |G|=|G:K||K|,\quad |K|=|K:H||H|$$

이 성립하므로

$$|G:H|=\frac{|G|}{|H|}=\frac{|G|}{|K|}\frac{|K|}{|H|}=|G:K||K:H|$$

이다. 따라서 $|G:H|=|G:K||K:H|$이다. ▣

| 예제 43 유한군 $\mathbb{Z}_8$의 부분군 $H=\{0,4\}$와 $K=\{0,2,4,6\}$에 대하여 $H\subset K$이므로

$$|\mathbb{Z}_8:H|=|\mathbb{Z}_8:K||K:H|$$

이다. 구체적으로

$$|\mathbb{Z}_8 : H| = \frac{8}{2} = 4, \qquad |\mathbb{Z}_8 : K| = \frac{8}{4} = 2, \qquad |K : H| = \frac{4}{2} = 2$$

이고

$$|\mathbb{Z}_8 : H| = 4 = 2 \times 2 = |\mathbb{Z}_8 : K||K : H|$$

이다.

| 예제 44 대칭군 S_4의 부분군 $H = \langle (123) \rangle$와 $K = A_4$에 대하여 $H \subset K$이므로

$$|S_4 : H| = |S_4 : K||K : H|$$

이다. 구체적으로

$$|S_4 : H| = \frac{24}{3} = 8, \qquad |S_4 : K| = \frac{24}{12} = 2, \qquad |K : H| = \frac{12}{3} = 4$$

이고

$$|S_4 : H| = 8 = 2 \times 4 = |S_4 : K||K : H|$$

이다.

정리 14

유한군 G에 대하여 다음 명제는 거짓명제이다.

"m이 $|G|$의 약수이면 $|H| = m$인 G의 부분군 H가 존재한다."

참고 이 정리에 의하여 Lagrange정리의 역은 성립하지 않는다.

증명 반례를 이용하여 명제가 성립하지 않음을 보이면 된다. G를 4차의 대칭군 S_4의 교대군이라 하자. 즉, $G = A_4$라 놓으면 $|G| = 12$이고 6은 12의 약수이다. 만일 $|H| = 6$인 G의 부분군 H가 존재한다고 가정하면

$$|G:H| = \frac{|G|}{|H|} = \frac{12}{6} = 2$$

이다. 따라서 H의 서로 다른 좌잉여류가 2개 존재한다. G에 속하는 위수가 3인 원소 a를 택하면 H의 좌잉여류 H, aH, a^2H 사이에는 다음과 같은 관계가 성립한다.

$$H = aH \text{ 또는 } H = a^2H \text{ 또는 } aH = a^2H$$

각각의 경우에 대하여 다음이 성립한다.

(i) $H = aH$이면 $a \in H$이다.

(ii) $H = a^2H$이면 $aH = a^3H = H$이므로 $a \in H$이다.

(iii) $aH = a^2H$이면 $a^{-1}a^2 \in H$이므로 $a \in H$이다.

즉, 모든 경우에 $a \in H$이므로 H는 G에 속하는 위수가 3인 원소를 모두 포함한다. 한편 G에 속하는 위수가 3인 원소는 다음과 같이 8개 존재한다.

$$(123), (132), (124), (142), (134), (143), (234), (243)$$

즉, $|H| \geq 8$이다. 그런데 가정에 의하여 $|H| = 6$이므로 모순을 얻는다. 결과적으로 $|H| = 6$인 G의 부분군 H는 존재하지 않는다. ▣

연습문제

1. 다음에 주어진 군 G와 부분군 H, 원소 $a \in G$에 대하여 H의 좌잉여류 aH와 우잉여류 Ha를 구하시오.

(1) $G = \mathbb{R}$, $H = \mathbb{Z}$, $a = \sqrt{3}$

(2) $G = \mathbb{Z}_{20}$, $H = \langle 10 \rangle$, $a = 1$

(3) $G = \mathbb{Q}^*$, $H = \mathbb{Q}^+$, $a = 7$

(4) $G = S_{10}$, $H = A_{10}$, $a = (1\,2\,3\,4)$

(5) $G = GL_n(\mathbb{R})$, $H = SL_n(\mathbb{R})$, $a = \begin{pmatrix} 1 & 1 \\ 0 & 1 \end{pmatrix}$

2. 대칭군 S_3의 부분군 $H = \{1_{S_3}, (2\,3)\}$에 대하여 원소 $(1\,2\,3) \in S_3$를 포함하는 H의 좌잉여류 $(1\,2\,3)H$와 대칭군 S_4의 부분군 $K = \{1_{S_3}, (2\,3)\}$에 대하여 원소 $(1\,2\,3) \in S_4$를 포함하는 K의 좌잉여류 $(1\,2\,3)K$를 구하시오.

3. 다음에 주어진 군 G와 부분군 H에 대하여 지수 $|G : H|$를 구하시오.

(1) $G = \mathbb{Z}_{12}$, $H = \{0, 6\}$

(2) $G = \mathbb{Z}_{23}$, $H = \langle 2 \rangle$

(3) $G = S_{12}$, $H = A_{12}$

(4) $G = \mathbb{Q}^*$, $H = \mathbb{Q}^+$

4. 군 $\mathbb{Z}_{37}$에 대하여 다음 명제의 참 또는 거짓을 판정하고 이를 증명하시오.
"H가 $\mathbb{Z}_{37}$의 부분군이면 H는 순환군이다."

5. 군 $G = \mathbb{Z}_{12}$에 대하여 G의 부분군 H의 위수가 $|H| = 6$이라고 할 때 H의 좌잉여류를 모두 구하시오.

6. 유한군 G에 대하여 $|G| = 33$이라 가정하자. H가 G의 부분군일 때 다음 물음에 답

하시오.

(1) H의 가능한 위수를 모두 구하시오.

(2) 원소 $a \in G$의 가능한 위수를 모두 구하시오.

7. 유한군 G에 대하여 $|G| = 15$라고 가정하자. 또한 G의 부분군 중에서 위수가 3인 부분군 H와 위수가 5인 부분군 K가 각각 단 하나씩 존재한다고 가정하자. 다음 물음에 답하시오.

(1) 주어진 조건을 만족시키는 군 G를 구체적으로 구하시오.

(2) (1)에서 구한 군 G가 순환군이 되는지 판정하고 이를 증명하시오.

8. 유한군 G에 대하여 $|G| = 15$이고 G의 부분군 중에서 위수가 3인 부분군 H와 위수가 5인 부분군 K가 각각 단 하나씩 존재한다고 가정하자. 이때 군 G가 순환군이 되는지 판정하고 이를 증명하시오.

9. 유한군 G와 서로 다른 두 소수 p, q에 대하여 $|G| = pq$이라고 가정하자. 또한 G의 부분군 중에서 위수가 p인 부분군과 위수가 q인 부분군이 각각 단 하나씩 존재한다고 가정하자. 이때 군 G가 순환군이 되는지 판정하고 이를 증명하시오.

10. 유한군 G의 두 부분군 H, K에 대하여 $|H| = 12$이고 $|K| = 25$라고 가정할 때 G의 부분군 $H \cap K$를 구하시오.

11. 유한군 G의 두 부분군 H, K와 서로 다른 두 소수 p, q에 대하여 $|H| = p$이고 $|K| = q$라고 가정할 때 G의 부분군 $H \cap K$가 순환군임을 증명하시오.

12. 유한군 G의 두 부분군 H, K와 서로 다른 세 소수 p_1, p_2, p_3에 대하여 $|H| = p_1p_2$이고 $|K| = p_2p_3$라고 가정할 때 다음 물음에 답하시오.

(1) $H \cap K$의 위수를 구하시오.

(2) $H \cap K$가 순환군인지 판정하고 이를 증명하시오.

CHAPTER 6

정규부분군 (Normal subgroups)

이 장에서는 군 G를 이용하여 새로운 군을 구성하는데 사용할 수 있는 G의 특별한 부분군에 대하여 살펴본다.

정의 1

군 G의 부분군 H와 임의의 원소 $a \in G$에 대하여 $aH = Ha$이면 H를 G의 **정규부분군**(normal subgroup)이라고 하고 $H \triangleleft G$ 로 나타내기도 한다.

예제 1 군 G에 속하는 임의의 원소 a에 대하여

$$a\{e\} = \{a\} = \{e\}a$$

이므로 G의 항등원만으로 이루어진 부분군 $\{e\}$는 G의 정규부분군이다.

예제 2 군 G에 속하는 임의의 원소 a에 대하여

$$aG = G = Ga$$

이므로 G는 G의 정규부분군이다.

예제 3 덧셈군 $\mathbb{R}$의 부분군 $\mathbb{Z}$와 임의의 원소 $a \in \mathbb{R}$에 대하여

$$a + \mathbb{Z} = \mathbb{Z} + a$$

이므로 $\mathbb{Z}$는 $\mathbb{R}$의 정규부분군이다.

예제 4 덧셈군 $\mathbb{Z}$의 부분군 $2\mathbb{Z} = \{2n \mid n \in \mathbb{Z}\}$와 임의의 원소 $m \in \mathbb{Z}$에 대하여

$$m + 2\mathbb{Z} = 2\mathbb{Z} + m$$

이므로 $2\mathbb{Z}$은 덧셈군 $\mathbb{Z}$의 정규부분군이다.

| 예제 5 곱셈군 $\mathbb{R}^*$의 부분군 $\mathbb{Q}^*$와 임의의 원소 $a \in \mathbb{R}^*$에 대하여

$$a\mathbb{Q}^* = \mathbb{Q}^*a$$

이므로 $\mathbb{Q}^*$는 $\mathbb{R}^*$의 정규부분군이다.

| 예제 6 함수의 덧셈연산에 대한 군 $G = \{f \mid f : \mathbb{R} \to \mathbb{R}$ 는 연속함수$\}$의 부분군 $H = \{f \mid f : \mathbb{R} \to \mathbb{R}$ 는 미분가능한 함수$\}$와 임의의 원소 $f \in G$에 대하여

$$f + H = H + f$$

이므로 H는 G의 정규부분군이다.

| 예제 7 군 $\mathbb{Z}_{12}$의 부분군 $H = \{0, 4, 8\}$와 임의의 원소 $a \in \mathbb{Z}_{12}$에 대하여

$$a + H = H + a$$

이므로 H는 군 $\mathbb{Z}_{12}$의 정규부분군이다.

| 예제 8 대칭군 S_3의 부분군 $H = \{1_{S_3}, (1\,2\,3), (1\,3\,2)\}$에 대하여

$$\begin{aligned}
&1_{S_3}H = H = H1_{S_3}, \\
&(1\,2)H = \{(1\,2), (2\,3), (1\,3)\} = H(1\,2), \\
&(1\,3)H = \{(1\,3), (1\,2), (2\,3)\} = H(1\,3), \\
&(2\,3)H = \{(2\,3), (1\,3), (1\,2)\} = H(2\,3), \\
&(1\,2\,3)H = \{(1\,2\,3), (1\,3\,2), 1_{S_3}\} = H(1\,2\,3), \\
&(1\,3\,2)H = \{(1\,3\,2), 1_{S_3}, (1\,2\,3)\} = H(1\,3\,2),
\end{aligned}$$

이므로 모든 원소 $f \in S_3$에 대하여 $fH = Hf$이다. 따라서 $H = \{1_{S_3}, (1\,2\,3), (1\,3\,2)\}$는 S_3의 정규부분군이다.

| 예제 9 대칭군 S_3의 부분군 $H=\{1, (12)\}$에 대하여

$$(123)H = \{(123), (13)\},$$
$$H(123) = \{(123), (23)\}$$

이므로 $(123)H \neq H(123)$이다. 따라서 H는 S_3의 정규부분군이 될 수 없다.

| 예제 10 군 G의 부분군 $Z(G)$와 임의의 원소 $a \in G$에 대하여

$$aZ(G) = \{ab \mid b \in Z(G)\} = \{ba \mid b \in Z(G)\} = Z(G)a$$

이므로 $Z(G)$는 G의 정규부분군이다.

정의 2

아벨군 G의 부분군 H는 G의 정규부분군이다.

증명 임의의 원소 $a \in G$에 대하여

$$aH = \{ah \mid h \in H\} = \{ha \mid h \in H\} = Ha$$

이므로 H는 G의 정규부분군이다. ▣

| 예제 11 덧셈군 $\mathbb{R}$은 아벨군이므로 $\mathbb{R}$의 부분군 $\mathbb{Z}$는 $\mathbb{R}$의 정규부분군이다.

| 예제 12 덧셈군 $\mathbb{Z}$는 아벨군이므로 $\mathbb{Z}$의 부분군 $2\mathbb{Z} = \{2n \mid n \in \mathbb{Z}\}$은 $\mathbb{Z}$의 정규부분군이다.

| 예제 13 덧셈군 $\mathbb{Z}_{20}$는 아벨군이므로 $\mathbb{Z}_{20}$의 부분군 $H=\{0, 5, 10, 15\}$는 $\mathbb{Z}_{20}$의 정규부분군이다.

| 예제 14 덧셈군 $G=\{f \mid f : \mathbb{R} \to \mathbb{R}$ 는 연속함수$\}$는 아벨군이므로 G의 부분군 $H=\{f \mid f : \mathbb{R} \to \mathbb{R}$ 는 미분가능한 함수$\}$는 G의 정규부분군이다.

| 예제 15 덧셈군 $\mathbb{Z}_5 \times \mathbb{Z}_{12}$는 아벨군이므로 $\mathbb{Z}_5 \times \mathbb{Z}_{12}$의 부분군 $\mathbb{Z}_5 \times \{0\}$는 $\mathbb{Z}_5 \times \mathbb{Z}_{12}$의 정규부분군이다.

| 예제 16 군 $\mathbb{Z}_4 \times U(5)$는 아벨군이므로 $\{0, 2\} \times U(5)$는 $\mathbb{Z}_4 \times U(5)$의 정규부분군이다.

| 예제 17 군 $A_3 \times \mathbb{Z}_{12}$는 아벨군이므로 $A_3 \times \{0, 6\}$는 $A_3 \times \mathbb{Z}_{12}$의 정규부분군이다.

정리 3

유한군 G의 부분군 H에 대하여 $|G : H| = 2$이면 H는 군 G의 정규부분군이 된다.

증명 임의의 원소 $a \in G$에 대하여 $a \in H$인 경우와 $a \in G - H$인 경우로 나누어서 증명하기로 한다.

(i) $a \in H$인 경우에는 $H = aH$이고 $H = Ha$이므로 $aH = Ha$이다. 따라서 H는 G의 정규부분군이다.

(ii) $a \in G - H$인 경우에는 $H \neq aH$이고 $H \neq Ha$이다. 가정에 의하여 $|G : H| = 2$이므로

$$G = H \cup aH \text{이고 } G = H \cup Ha$$

이다. 그런데 $H \cap aH = \varnothing$ 이고 $H \cap Ha = \varnothing$ 이므로 $aH = Ha$이다. 따라서 H는 G의 정규부분군이다.

결과적으로 (i)과 (ii)에 의하여 H는 G의 정규부분군이 된다. ▣

| 예제 18 군 $\mathbb{Z}_{10}$의 부분군 $H=\{0,2,4,6,8\}$에 대하여

$$|G:H|=\frac{10}{5}=2$$

이므로 H는 $\mathbb{Z}_{10}$의 정규부분군이다.

| 예제 19 집합 $X=\{1,2,\cdots,n\}$에서 정의된 n차의 대칭군 S_n의 부분군 A_n에 대하여

$$|S_n:A_n|=\frac{n!}{n!/2}=2$$

이므로 A_n는 S_n의 정규부분군이다.

| 예제 20 군 $G=S_3\times\mathbb{Z}_{12}$의 부분군 $H=S_3\times\{0,2,4,6,8,10\}$에 대하여

$$|G:H|=\frac{72}{36}=2$$

이므로 H는 G의 정규부분군이다.

| 예제 21 군 G를 위수가 6인 정이면체군 $D_3=\left\{1_X,\sigma,\sigma^2,\tau_1,\tau_2,\tau_3\right\}$이라고 놓으면 군 G의 부분군 $H=\left\{1_X,\sigma,\sigma^2\right\}$에 대하여

$$|G:H|=\frac{6}{3}=2$$

이므로 H는 G의 정규부분군이다.

정리 4

군 G의 부분군 H가 G의 정규부분군이기위한 필요충분조건은 임의의 원소 $a\in G$에 대하여 $aHa^{-1}\subset H$이다.

증명 H가 G의 정규부분군이라면 임의의 원소 $a \in G$에 대하여 $aH = Ha$이다. 따라서 임의의 원소 $h \in H$에 대하여 $ah = ka$인 원소 $k \in H$가 존재하고 $aha^{-1} = k \in H$이다. 그러므로 포함관계 $aHa^{-1} \subset H$가 성립한다.

역으로, 임의의 원소 $a \in G$에 대하여 $aHa^{-1} \subset H$가 성립한다고 가정하자. 그러면 $aH \subset Ha$이다. 또한 원소 $a^{-1} \in G$에 대해서도 가정이 성립하므로 $a^{-1}H(a^{-1})^{-1} \subset H$가 성립한다. 따라서 $a^{-1}Ha \subset H$이므로 $Ha \subset aH$가 성립한다. 결과적으로 임의의 원소 $a \in G$에 대하여 $aH = Ha$가 성립하므로 H는 G의 정규부분군이다. ▣

| 예제 22 군 G의 부분군 $\{e\}$와 임의의 원소 $a \in G$에 대하여

$$a\{e\}a^{-1} = \{e\} \subset \{e\}$$

이므로 G의 부분군 $\{e\}$는 G의 정규부분군이다.

| 예제 23 군 G의 부분군 G와 임의의 원소 $a \in G$에 대하여

$$aGa^{-1} \subset G$$

이므로 G는 G의 정규부분군이다.

| 예제 24 덧셈군 $\mathbb{R}$의 부분군 $\mathbb{Z}$와 임의의 원소 $a \in \mathbb{R}$에 대하여

$$a + \mathbb{Z} + (-a) = \mathbb{Z} \subset \mathbb{Z}$$

이므로 $\mathbb{Z}$는 $\mathbb{R}$의 정규부분군이다.

| 예제 25 덧셈군 $\mathbb{Z}$의 부분군 $2\mathbb{Z}$와 임의의 원소 $m \in \mathbb{Z}$에 대하여

$$m + 2\mathbb{Z} + (-m) = 2\mathbb{Z} \subset 2\mathbb{Z}$$

이므로 $2\mathbb{Z}$은 덧셈군 $\mathbb{Z}$의 정규부분군이다.

| 예제 26 곱셈군 $\mathbb{R}^*$의 부분군 $\mathbb{Q}^*$와 임의의 원소 $a \in \mathbb{R}^*$에 대하여

$$a\mathbb{Q}^*a^{-1} = \mathbb{Q}^* \subset \mathbb{Q}^*$$

이므로 $\mathbb{Q}^*$는 $\mathbb{R}^*$의 정규부분군이다.

| 예제 27 함수의 덧셈연산에 대한 군 $G = \{f \mid f : \mathbb{R} \to \mathbb{R}$ 는 연속함수$\}$의 부분군 $H = \{f \mid f : \mathbb{R} \to \mathbb{R}$ 는 미분가능한 함수$\}$와 임의의 원소 $f \in G$에 대하여

$$f + H + (-f) = H \subset H$$

이므로 H는 G의 정규부분군이다.

| 예제 28 군 $\mathbb{Z}_{12}$의 부분군 $H = \{0, 4, 8\}$와 임의의 원소 $a \in \mathbb{Z}_{12}$에 대하여

$$a + H + (-a) = H \subset H$$

이므로 H는 군 $\mathbb{Z}_{12}$의 정규부분군이다.

| 예제 29 3차의 대칭군 S_3의 부분군 $H = \{1_{S_3}, (123), (132)\}$에 대하여

$$\begin{aligned}
&1_{S_3}H1_{S_3}^{-1} = H \subset H, \\
&(12)H(12)^{-1} = \{1_{S_3}, (132), (123)\} = H \subset H, \\
&(13)H(13)^{-1} = \{1_{S_3}, (132), (123)\} = H \subset H, \\
&(23)H(23)^{-1} = \{1_{S_3}, (132), (123)\} = H \subset H, \\
&(123)H(123)^{-1} = \{1_{S_3}, (123), (132)\} = H \subset H, \\
&(132)H(132)^{-1} = \{1_{S_3}, (123), (132)\} = H \subset H
\end{aligned}$$

이므로 모든 원소 $f \in S_3$에 대하여 $fHf^{-1} = H \subset H$이다. 그러므로 H는 S_3의 정규부분군이다.

정리 5

군 G의 부분군 H가 G의 정규부분군이기위한 필요충분조건은 임의의 원소 $a \in G$와 임의의 원소 $h \in H$에 대하여 $aha^{-1} \in H$이다.

증명 만일 H가 G의 정규부분군이라고 가정하면 임의의 원소 $a \in G$에 대하여 $aHa^{-1} \subset H$이다. 따라서 임의의 원소 $h \in H$에 대하여

$$aha^{-1} \in aHa^{-1} \subset H$$

이다. 그러므로 $aha^{-1} \in H$이다.

역으로 임의의 원소 $a \in G$와 임의의 원소 $h \in H$에 대하여 $aha^{-1} \in H$이라고 가정하자. 그러면 포함관계 $aHa^{-1} \subset H$가 성립하므로 H는 G의 정규부분군이다. ▣

예제 30 군 G의 부분군 $H = \{e\}$에 대하여 임의의 원소 $a \in G$와 $e \in H$를 택하면

$$aea^{-1} = e \in H$$

이므로 G의 부분군 $H = \{e\}$는 G의 정규부분군이다.

예제 31 군 G의 부분군 G와 임의의 원소 $a \in G$, $b \in G$에 대하여

$$aba^{-1} \in G$$

이므로 G는 G의 정규부분군이다.

예제 32 덧셈군 $\mathbb{R}$의 부분군 $\mathbb{Z}$에 대하여 임의의 원소 $a \in \mathbb{R}$와 $n \in \mathbb{Z}$을 택하면

$$a + n + (-a) = n \in \mathbb{Z}$$

이므로 $\mathbb{Z}$는 $\mathbb{R}$의 정규부분군이다.

| 예제 33 덧셈군 $\mathbb{Z}$의 부분군 $2\mathbb{Z}$에 대하여 임의의 원소 $m \in \mathbb{Z}$과 $n \in 2\mathbb{Z}$을 택하면

$$m + n + (-m) = n \in 2\mathbb{Z}$$

이므로 $2\mathbb{Z}$은 $\mathbb{Z}$의 정규부분군이다.

| 예제 34 곱셈군 $\mathbb{R}^*$의 부분군 $\mathbb{Q}^*$에 대하여 임의의 원소 $a \in \mathbb{R}^*$와 $b \in \mathbb{Q}^*$를 택하면

$$aba^{-1} = b \in \mathbb{Q}^*$$

이므로 $\mathbb{Q}^*$는 $\mathbb{R}^*$의 정규부분군이다.

| 예제 35 함수의 덧셈연산에 대한 군 $G = \{f \mid f : \mathbb{R} \to \mathbb{R}$ 는 연속함수$\}$의 부분군 $H = \{f \mid f : \mathbb{R} \to \mathbb{R}$ 는 미분가능한 함수$\}$에 대하여 임의의 원소 $f \in G$와 $g \in H$를 택하면

$$f + g + (-f) = g \in H$$

이므로 H는 G의 정규부분군이다.

| 예제 36 군 $\mathbb{Z}_{12}$의 부분군 $H = \{0, 4, 8\}$에 대하여 임의의 원소 $a \in \mathbb{Z}_{12}$와 $n \in H$를 택하면

$$a + n + (-a) = n \in H$$

이므로 H는 군 $\mathbb{Z}_{12}$의 정규부분군이다.

| 예제 37 군 G의 부분군 $Z(G) = \{b \in G \mid$ 모든 원소 $a \in G$에 대하여 $ab = ba\}$에 대하여 임의의 원소 $a \in G$와 $b \in Z(G)$를 택하면

$$aba^{-1} = baa^{-1} = b \in Z(G)$$

이므로 $Z(G)$는 G의 정규부분군이다.

| 예제 38 일반선형군 $GL_n(\mathbb{R})$의 부분군 $SL_n(\mathbb{R})$는 $GL_n(\mathbb{R})$의 정규부분군임을 다음과 같이 보일 수 있다. 임의의 행렬 $A \in GL_n(\mathbb{R})$와 $B \in SL_n(\mathbb{R})$에 대하여 $\det(B)=1$이므로

$$\det(ABA^{-1}) = \det(A)\det(B)\det(A)^{-1} = \det(A)\det(A)^{-1} = 1$$

이다. 따라서 $ABA^{-1} \in SL_n(\mathbb{R})$이므로 $SL_n(\mathbb{R})$은 $GL_n(\mathbb{R})$의 정규부분군이다.

| 예제 39 대칭군 S_3의 부분군 $H=\{1, (12)\}$에 속하는 원소 $(12) \in H$와 원소 $(13) \in S_3$에 대하여

$$(13)(12)(13)^{-1} = (23) \notin H$$

이므로 H는 S_3의 정규부분군이 될 수 없다.

| 예제 40 군 G의 정규부분군 H에 대하여 G의 부분군

$$C(H) = \{b \in G \mid \text{모든 } a \in H\text{에 대하여 } ab = ba\}$$

가 G의 정규부분군임을 보이기 위하여 임의의 원소 $a \in G$와 $b \in C(H)$에 대하여 $aba^{-1} \in C(H)$임을 보이면 된다. 즉, 임의의 원소 $h \in H$에 대하여

$$(aba^{-1})h = h(aba^{-1})$$

임을 보이면 된다. 한편 $b \in C(H)$이고 $a^{-1}ha \in H$이므로

$$b(a^{-1}ha) = (a^{-1}ha)b$$

이다. 그러므로

$$\begin{aligned}(aba^{-1})h(aba^{-1})^{-1} &= aba^{-1}hab^{-1}a^{-1} = ab(a^{-1}ha)b^{-1}a^{-1} \\ &= a(a^{-1}ha)bb^{-1}a^{-1} = h\end{aligned}$$

이다. 따라서 $(aba^{-1})h = h(aba^{-1})$가 성립하므로 임의의 원소 $a \in G$와 $b \in C(H)$에 대하여 $aba^{-1} \in C(H)$이다. 즉, $C(H)$는 G의 정규부분군이 됨을 알 수 있다.

예제 41 위수가 6인 정이면체군 $G=\{1_X, \sigma, \sigma^2, \tau_1, \tau_2, \tau_3\}$의 위수가 3인 부분군 $H=\{1_X, \sigma, \sigma^2\}$는 다음 조건을 만족시킨다. 그러므로 H는 G의 정규부분군이다.

$$1_X 1_X 1_X^{-1} = \sigma 1_X \sigma^{-1} = \sigma^2 1_X (\sigma^2)^{-1} = \tau_1 1_X \tau_1^{-1} = \tau_2 1_X \tau_2^{-1} = \tau_3 1_X \tau_3^{-1} = 1_X \in H,$$

$$1_X \sigma 1_X^{-1} = \sigma\sigma\sigma^{-1} = \sigma^2 \sigma (\sigma^2)^{-1} = \sigma \in H,$$

$$\tau_1 \sigma \tau_1^{-1} = \sigma^2 \in H,$$

$$\tau_2 \sigma \tau_2^{-1} = (\sigma^2 \tau_1)\sigma(\sigma^2\tau_1)^{-1} = \sigma^2(\tau_1\sigma\tau_1^{-1})\sigma^{-2} = \sigma^2 \in H,$$

$$\tau_3 \sigma \tau_3^{-1} = (\sigma\tau_1)\sigma(\sigma\tau_1)^{-1} = \sigma(\tau_1\sigma\tau_1^{-1})\sigma^{-1} = \sigma^2 \in H,$$

$$1_X \sigma^2 1_X^{-1} = \sigma\sigma^2\sigma^{-1} = \sigma^2\sigma^2(\sigma^2)^{-1} = \sigma^2 \in H,$$

$$\tau_1 \sigma^2 \tau_1^{-1} = \sigma \in H,$$

$$\tau_2 \sigma^2 \tau_2^{-1} = (\sigma^2\tau_1)\sigma^2(\sigma^2\tau_1)^{-1} = \sigma^2(\tau_1\sigma^2\tau_1^{-1})\sigma^{-2} = \sigma \in H,$$

$$\tau_3 \sigma^2 \tau_3^{-1} = (\sigma\tau_1)\sigma^2(\sigma\tau_1)^{-1} = \sigma(\tau_1\sigma^2\tau_1^{-1})\sigma^{-1} = \sigma \in H$$

정리 6

군 G의 부분군 H가 G의 정규부분군이기 위한 필요충분조건은 임의의 원소 $a \in G$에 대하여 $a^{-1}Ha \subset H$이다.

증명 H가 G의 정규부분군이라면 임의의 원소 $a \in G$에 대하여 $aH = Ha$이다.

따라서 임의의 원소 $h \in H$에 대하여 $ak = ha$인 원소 $k \in H$가 존재하고 $a^{-1}ha = k \in H$이다. 그러므로 포함관계 $a^{-1}Ha \subset H$가 성립한다.

역으로, 임의의 원소 $a \in G$에 대하여 $a^{-1}Ha \subset H$가 성립한다고 가정하자.

그러면 $Ha \subset aH$이다. 또한 $(a^{-1})^{-1}Ha^{-1} \subset H$가 성립하므로 $aHa^{-1} \subset H$이고 $aH \subset Ha$이다. 결과적으로 임의의 원소 $a \in G$에 대하여 $aH = Ha$가 성립하므로 H는 G의 정규부분군이다. ▣

| 예제 42 군 G의 부분군 $\{e\}$와 임의의 원소 $a \in G$에 대하여

$$a^{-1}\{e\}a = \{e\} \subset \{e\}$$

이므로 G의 부분군 $\{e\}$는 G의 정규부분군이다.

| 예제 43 군 G의 부분군 G와 임의의 원소 $a \in G$에 대하여

$$a^{-1}Ga \subset G$$

이므로 G는 G의 정규부분군이다.

| 예제 44 덧셈군 $\mathbb{R}$의 부분군 $\mathbb{Z}$와 임의의 원소 $a \in \mathbb{R}$에 대하여

$$(-a) + \mathbb{Z} + a = \mathbb{Z} \subset \mathbb{Z}$$

이므로 $\mathbb{Z}$는 $\mathbb{R}$의 정규부분군이다.

| 예제 45 덧셈군 $\mathbb{Z}$의 부분군 $2\mathbb{Z}$와 임의의 원소 $m \in \mathbb{Z}$에 대하여

$$(-m) + 2\mathbb{Z} + m = 2\mathbb{Z} \subset 2\mathbb{Z}$$

이므로 $2\mathbb{Z}$은 덧셈군 $\mathbb{Z}$의 정규부분군이다.

| 예제 46 곱셈군 $\mathbb{R}^*$의 부분군 $\mathbb{Q}^*$와 임의의 원소 $a \in \mathbb{R}^*$에 대하여

$$a^{-1}\mathbb{Q}^*a = \mathbb{Q}^* \subset \mathbb{Q}^*$$

이므로 $\mathbb{Q}^*$는 $\mathbb{R}^*$의 정규부분군이다.

| 예제 47 함수의 덧셈연산에 대한 군 $G = \{f \mid f : \mathbb{R} \to \mathbb{R}$ 는 연속함수$\}$의 부분군 $H = \{f \mid f : \mathbb{R} \to \mathbb{R}$ 는 미분가능한 함수$\}$와 임의의 원소 $f \in G$에 대하여

$$(-f) + H + f = H \subset H$$

이므로 H는 G의 정규부분군이다.

| 예제 47 군 $\mathbb{Z}_{12}$의 부분군 $H=\{0,4,8\}$와 임의의 원소 $a\in\mathbb{Z}_{12}$에 대하여

$$(-a)+H+a=H\subset H$$

이므로 H는 군 $\mathbb{Z}_{12}$의 정규부분군이다.

| 예제 48 3차의 대칭군 S_3의 부분군 $H=\{1_{S_3},(1\,2\,3),(1\,3\,2)\}$에 대하여

$$\begin{aligned}
&1_{S_3}^{-1}H1_{S_3}=H\subset H,\\
&(1\,2)^{-1}H(1\,2)=\{1_{S_3},(1\,3\,2),(1\,2\,3)\}=H\subset H,\\
&(1\,3)^{-1}H(1\,3)=\{1_{S_3},(1\,3\,2),(1\,2\,3)\}=H\subset H,\\
&(2\,3)^{-1}H(2\,3)=\{1_{S_3},(1\,3\,2),(1\,2\,3)\}=H\subset H,\\
&(1\,2\,3)^{-1}H(1\,2\,3)=\{1_{S_3},(1\,2\,3),(1\,3\,2)\}=H\subset H,\\
&(1\,3\,2)^{-1}H(1\,3\,2)=\{1_{S_3},(1\,2\,3),(1\,3\,2)\}=H\subset H
\end{aligned}$$

이므로 모든 원소 $f\in S_3$에 대하여 $f^{-1}Hf=H\subset H$이다. 그러므로 H는 S_3의 정규부분군이다.

정리 7

군 G의 부분군 H가 G의 정규부분군이기위한 필요충분조건은 임의의 원소 $a\in G$와 임의의 원소 $h\in H$에 대하여 $a^{-1}ha\in H$이다.

증명 H가 G의 정규부분군이라면 임의의 원소 $a\in G$에 대하여 $a^{-1}Ha\subset H$이다. 따라서 임의의 원소 $a\in G$와 $h\in H$에 대하여 $a^{-1}ha\in H$이다. 역으로 만일 임의의 원소 $a\in G$와 $h\in H$에 대하여 $a^{-1}ha\in H$이면 $a^{-1}Ha\subset H$이다. 따라서 H는 G의 정규부분군이다. ▣

❙ 예제 49 군 G의 부분군 $H=\{e\}$에 대하여 임의의 원소 $a\in G$와 $e\in H$를 택하면

$$a^{-1}ea=e\in H$$

이므로 G의 부분군 $H=\{e\}$는 G의 정규부분군이다.

❙ 예제 50 군 G의 부분군 G와 임의의 원소 $a\in G$, $b\in G$에 대하여

$$a^{-1}ba\in G$$

이므로 G는 G의 정규부분군이다.

❙ 예제 51 덧셈군 $\mathbb{R}$의 부분군 $\mathbb{Z}$에 대하여 임의의 원소 $a\in\mathbb{R}$와 $n\in\mathbb{Z}$을 택하면

$$(-a)+n+a=n\in\mathbb{Z}$$

이므로 $\mathbb{Z}$는 $\mathbb{R}$의 정규부분군이다.

❙ 예제 52 덧셈군 $\mathbb{Z}$의 부분군 $2\mathbb{Z}$에 대하여 임의의 원소 $m\in\mathbb{Z}$과 $n\in 2\mathbb{Z}$을 택하면

$$(-m)+n+m=n\in 2\mathbb{Z}$$

이므로 $2\mathbb{Z}$은 $\mathbb{Z}$의 정규부분군이다.

❙ 예제 53 곱셈군 $\mathbb{R}^*$의 부분군 $\mathbb{Q}^*$에 대하여 임의의 원소 $a\in\mathbb{R}^*$와 $b\in\mathbb{Q}^*$를 택하면

$$a^{-1}ba=b\in\mathbb{Q}^*$$

이므로 $\mathbb{Q}^*$는 $\mathbb{R}^*$의 정규부분군이다.

❙ 예제 54 함수의 덧셈연산에 대한 군 $G=\{f\mid f:\mathbb{R}\to\mathbb{R}$ 는 연속함수$\}$의 부분군 $H=\{f\mid f:\mathbb{R}\to\mathbb{R}$ 는 미분가능한 함수$\}$에 대하여 임의의 원소 $f\in G$와 원소 $g\in H$를

택하면

$$(-f)+g+f=g\in H$$

이므로 H는 G의 정규부분군이다.

예제 55 군 $\mathbb{Z}_{12}$의 부분군 $H=\{0,4,8\}$에 대하여 임의의 원소 $a\in\mathbb{Z}_{12}$와 원소 $n\in H$을 택하면

$$(-a)+n+a=n\in H$$

이므로 H는 군 $\mathbb{Z}_{12}$의 정규부분군이다.

예제 56 군 G의 부분군 $Z(G)=\{b\in G\mid$ 모든 원소 $a\in G$에 대하여 $ab=ba\}$에 대하여 임의의 원소 $a\in G$와 원소 $b\in Z(G)$를 택하면 $ba=ab$이므로

$$a^{-1}ba=a^{-1}ab=b\in Z(G)$$

이다. 따라서 $Z(G)$는 G의 정규부분군이다.

예제 57 일반선형군 $GL_n(\mathbb{R})$의 부분군 $SL_n(\mathbb{R})$는 $GL_n(\mathbb{R})$의 정규부분군임을 다음과 같이 보일 수 있다. 임의의 행렬 $A\in GL_n(\mathbb{R})$와 $B\in SL_n(\mathbb{R})$에 대하여 $\det(B)=1$이므로

$$\det(A^{-1}BA)=\det(A)^{-1}\det(B)\det(A)=\det(A)^{-1}\det(A)=1$$

이다. 따라서 $A^{-1}BA\in SL_n(\mathbb{R})$이므로 $SL_n(\mathbb{R})$은 $GL_n(\mathbb{R})$의 정규부분군이다.

예제 58 대칭군 S_3의 부분군 $H=\{1,(12)\}$에 속하는 원소 $(12)\in H$와 원소 $(13)\in S_3$에 대하여

$$(13)^{-1}(12)(13)=(23)\notin H$$

이므로 H는 S_3의 정규부분군이 될 수 없다.

| 예제 59 군 G의 정규부분군 H에 대하여 G의 부분군

$$C(H)=\{b\in G \mid \text{모든 } a\in H\text{에 대하여 } ab=ba\}$$

가 G의 정규부분군임을 보이기 위하여 임의의 원소 $a\in G$와 $b\in C(H)$에 대하여 $a^{-1}ba\in C(H)$임을 보이면 된다. 즉, 임의의 원소 $h\in H$에 대하여

$$(a^{-1}ba)h=h(a^{-1}ba)$$

임을 보이면 된다. 한편 $b\in C(H)$이고 $aha^{-1}\in H$이므로

$$b(aha^{-1})=(aha^{-1})b$$

이다. 그러므로

$$\begin{aligned}(a^{-1}ba)h(a^{-1}ba)^{-1}&=a^{-1}baha^{-1}b^{-1}a=a^{-1}b(aha^{-1})b^{-1}a\\&=a^{-1}(aha^{-1})bb^{-1}a=h\end{aligned}$$

이다. 따라서 $(a^{-1}ba)h=h(a^{-1}ba)$가 성립하므로 임의의 원소 $a\in G$와 $b\in C(H)$에 대하여 $a^{-1}ba\in C(H)$이다. 즉, $C(H)$는 G의 정규부분군이 됨을 알 수 있다.

정리 8

군 G의 부분군 H와 K가 모두 G의 정규부분군이면 $H\cap K$는 G의 정규부분군이다.

증명 H와 K가 모두 G의 정규부분군이므로 임의의 원소 $a\in G$와 임의의 원소 $h\in H\cap K$에 대하여 $h\in H$이고 $h\in K$이므로

$$aha^{-1}\in H,\qquad aha^{-1}\in K$$

이다. 따라서 $aha^{-1}\in H\cap K$이므로 $H\cap K$는 G의 정규부분군이다. ▣

| 예제 60 덧셈군 $\mathbb{Z}$의 정규부분군 $H=2\mathbb{Z}$와 $K=7\mathbb{Z}$에 대하여

$$H\cap K=14\mathbb{Z}$$

는 $\mathbb{Z}$ 의 정규부분군이다.

| 예제 61 군 $\mathbb{Z}_8$의 정규부분군 $H=\{0,2,4,6\}$과 $K=\{0,4\}$에 대하여

$$H\cap K=K=\{0,4\}$$

는 $\mathbb{Z}_8$의 정규부분군이다.

| 예제 62 군 $G=\mathbb{Z}_6\times S_3$에 대하여 $H=\mathbb{Z}_6\times\{1_{S_3}\}$와 $K=\{0\}\times S_3$는 G의 정규부분군이다. 따라서

$$H\cap K=\{0\}\times\{1_{S_3}\}$$

는 G의 정규부분군이다.

정리 9

군 G의 부분군 $H_1, H_2, \cdots, H_n$이 모두 G의 정규부분군이면 $\bigcap_{i=1}^{n} H_i$는 G의 정규부분군이다.

증명 임의의 원소 $a\in G$와 임의의 원소 $b\in\bigcap_{i=1}^{n} H_i$에 대하여 $b\in H_i$이고 모든 i에 대하여 H_i가 G의 정규부분군이므로 $aba^{-1}\in H_i$이다. 따라서

$$aba^{-1}\in\bigcap_{i=1}^{n} H_i$$

이므로 $\bigcap_{i=1}^{n} H_i$는 G의 정규부분군이다. ▣

| 예제 63 덧셈군 $\mathbb{Z}$ 의 정규부분군 $H_i=i\mathbb{Z}$ 에 대하여

$$\bigcap_{i=1}^{n} H_i = \bigcap_{i=1}^{n} i\mathbb{Z}$$

는 $\mathbb{Z}$의 정규부분군이다.

정리 10

군 G의 부분군 H와 G의 정규부분군 K에 대하여 HK는 G의 부분군이다.

참고 G가 덧셈군일 때 G의 부분군 H와 G의 정규부분군 K에 대하여 $H+K$는 G의 부분군이다.

증명 임의의 원소 $a, b \in HK$를 택하면 적당한 원소 $h_1, h_2 \in H$와 $k_1, k_2 \in K$가 존재하여 $a = h_1k_1$이고 $b = h_2k_2$이다. 그러므로

$$ab^{-1} = (h_1k_1)(h_2k_2)^{-1} = h_1k_1k_2^{-1}h_2^{-1}$$

이다. 그런데 가정에 의하여 K가 G의 정규부분군이므로 $Kh_2^{-1} = h_2^{-1}K$이다. 즉,

$$k_1k_2^{-1}h_2^{-1} = h_2^{-1}k_3$$

인 원소 $k_3 \in K$가 존재한다. 따라서

$$(h_1k_1)(h_2k_2)^{-1} = h_1k_1k_2^{-1}h_2^{-1} = h_1h_2^{-1}k_3 \in HK$$

이므로 HK는 G의 부분군이다. ▣

| 예제 64 군 $\mathbb{Z}_6$의 정규부분군 $H = \{0, 2, 4\}$와 $\mathbb{Z}_6$의 부분군 $K = \{0, 3\}$에 대하여 $H + K = \mathbb{Z}_6$는 $\mathbb{Z}_6$의 정규부분군이다.

| 예제 65 군 S_3의 정규부분군 $H = \{1_{S_3}, (1\,2\,3), (1\,3\,2)\}$와 부분군 $K = \{1_{S_3}, (1\,2)\}$에 대하여 $HK = S_3$는 S_3의 부분군이다.

예제 66 군 $G=\mathbb{Z}_6\times S_3$의 정규부분군 $H=\{0\}\times S_3$와 군 G의 부분군 $K=\{0\}\times\left\{1_{S_3}, (1\,2)\right\}$에 대하여 $HK=\{0\}\times S_3$는 G의 부분군이다.

정리 11

군 G의 부분군 H와 K가 모두 G의 정규부분군이면 HK는 G의 정규부분군이다.

참고 G가 덧셈군이면 G의 정규부분군 H와 K에 대하여 $H+K$는 G의 정규부분군이다.

증명 임의의 원소 $a\in HK$에 대하여 적당한 원소 $h\in H$와 $k\in K$가 존재하여 $a=hk$이다. 그런데 H와 K가 모두 G의 정규부분군이므로 임의의 원소 $b\in G$에 대하여

$$bhb^{-1}\in H,\qquad bkb^{-1}\in K$$

이다. 따라서

$$bab^{-1}=bhkb^{-1}=(bhb^{-1})(bkb^{-1})\in HK$$

이다. 그러므로 HK는 G의 정규부분군이다. ▣

예제 67 군 $\mathbb{Z}_{10}$의 정규부분군 $H=\{0,2,4,6,8\}$와 $K=\{0,5\}$에 대하여

$$H+K=\mathbb{Z}_{10}$$

는 $\mathbb{Z}_{10}$의 정규부분군이다.

예제 68 군 $G=\mathbb{Z}_6\times S_3$에 대하여 $H=\mathbb{Z}_6\times\left\{1_{S_3}\right\}$와 $K=\{0\}\times S_3$는 G의 정규부분군이다. 따라서

$$HK=\mathbb{Z}_6\times S_3$$

는 G의 정규부분군이다.

정리 12

군 G의 부분군 H가 G의 정규부분군이고 순환군이면 K를 H의 부분군이라고 할 때 K는 G의 정규부분군이다.

증명 H가 순환군이므로 적당한 원소 $h \in H$가 존재하여 $H = \langle h \rangle$이다. 그런데 K가 H의 부분군이므로 K는 순환군이고 적당한 원소 $k \in H$가 존재하여 $K = \langle k \rangle$이다. 그러므로 임의의 원소 $a \in K$에 대하여 $a = k^t$인 적당한 정수 t가 존재하고 $k \in H$이므로 $k = h^m$인 m이 존재한다. 따라서 $k^t = h^{mt}$이다. 한편 H가 군 G의 정규부분군이므로 임의의 원소 $b \in G$와 $h^t \in H$에 대하여 $bh^tb^{-1} \in H$이다. 그러므로 $bh^tb^{-1} = h^n$인 정수 n이 존재한다. 즉,

$$bab^{-1} = bk^tb^{-1} = bh^{mt}b^{-1} = (bh^tb^{-1})^m = h^{nm} = (h^m)^n = k^n$$

이다. 결과적으로 $bab^{-1} \in K$이므로 K는 G의 정규부분군이다. ▣

예제 69 군 $G = \mathbb{Z}_6 \times A_3$에 대하여 $H = \mathbb{Z}_6 \times \{1_{S_3}\}$으로 놓으면 임의의 원소 $(a, b) \in G$와 $(c, 1_{S_3}) \in H$에 대하여

$$(a, b)(c, 1_{S_3})(a, b)^{-1} = (a + c + (-a), b1_{S_3}b^{-1}) = (c, 1_{S_3}) \in H$$

이므로 H는 G의 정규부분군이다.

또한 $H = \langle (1, 1_{S_3}) \rangle$이므로 H는 순환군이다. 이제 $K = \{0, 3\} \times \{1_{S_3}\}$로 놓으면 K는 H의 부분군이므로 K는 G의 정규부분군이다.

정의 13

군 G의 정규부분군이 G와 $\{e\}$ 뿐일 때 G를 **단순군**(simple group)이라고 한다.

예제 70 덧셈군 $\mathbb{R}$의 부분군 $\mathbb{Z}$는 $\mathbb{R}$의 정규부분군이므로 $\mathbb{R}$은 단순군이 아니다.

| 예제 71 덧셈군 $\mathbb{Z}$와 모든 정수 n에 대하여 $n\mathbb{Z}$는 $\mathbb{Z}$의 정규부분군이므로 $\mathbb{Z}$는 단순군이 아니다.

| 예제 72 곱셈군 $\mathbb{R}^*$의 부분군 $\mathbb{Q}^*$는 $\mathbb{R}^*$의 정규부분군이므로 $\mathbb{R}^*$는 단순군이 아니다.

| 예제 73 군 $\mathbb{Z}_{12}$에 대하여 $H=\{0, 2, 4, 6, 8, 10\}$는 G의 정규부분군이므로 $\mathbb{Z}_{12}$는 단순군이 아니다.

| 예제 74 군 $\mathbb{Z}_7$의 정규부분군은 $\mathbb{Z}_7$과 $\{0\}$뿐이므로 $\mathbb{Z}_7$는 단순군이다.

| 예제 75 군 S_3에 대하여 S_3, A_3, $\{1_{S_3}\}$는 모두 S_3의 정규부분군이므로 S_3는 단순군이 아니다.

| 예제 76 군 A_3의 정규부분군은 A_3과 $\{1_{S_3}\}$뿐이므로 A_3은 단순군이다.

| 예제 77 군 $G=\mathbb{Z}_6\times S_3$에 대하여 $H=\mathbb{Z}_6\times\{1_{S_3}\}$는 G의 정규부분군이다. 따라서 G는 단순군이 아니다.

| 예제 78 함수의 덧셈연산에 대한 군 $G=\{f \mid f:\mathbb{R}\to\mathbb{R}$ 는 연속함수$\}$의 부분군 $H=\{f \mid f:\mathbb{R}\to\mathbb{R}$ 는 미분가능한 함수$\}$는 G의 정규부분군이므로 G는 단순군이 아니다.

| 예제 79 일반선형군 $GL_n(\mathbb{R})$의 부분군 $SL_n(\mathbb{R})$는 $GL_n(\mathbb{R})$의 정규부분군이므로 $GL_n(\mathbb{R})$는 단순군이 아니다.

연습문제

1. 다음에 주어진 군 G와 G의 부분군 H에 대하여 H가 G의 정규부분군이 되는지 판정하고 이를 증명하시오.

(1) $G=\mathbb{R}$, $H=\mathbb{Q}$ (2) $G=\mathbb{Q}$, $H=2\mathbb{Z}$

(3) $G=\mathbb{R}^*$, $H=\mathbb{Q}^*$ (4) $G=\mathbb{Z}_{20}$, $H=\{0,10\}$

(5) $G=S_3$, $H=\{1_{S_3}, (2\,3)\}$

2. 군 G의 부분군 H에 대하여 $|G|=170$이고 $|H|=85$이다. 부분군 H가 G의 정규부분군인지 판정하고 이를 증명하시오.

3. 적당한 소수 $p>2$에 대하여 군 G의 위수가 $2p$이고 G의 부분군 H는 G의 정규부분군이 아니다. 이때 다음 물음에 답하시오.

(1) H의 위수를 구하시오.

(2) H가 순환군인지 판정하고 이를 증명하시오.

4. 아벨군 G의 부분군 H와 K에 대하여 HK가 G의 정규부분군이 되는지 판정하고 이를 증명하시오.

5. 군 G의 부분군 H와 K에 대하여 K가 G의 정규부분군일 때 다음 물음에 답하시오.

(1) $H\cap K$가 G의 정규부분군인지 판정하고 이를 증명하시오.

(2) $H\cap K$가 K의 정규부분군인지 판정하고 이를 증명하시오.

6. 군 G의 부분군 H와 K가 모두 G의 정규부분군일 때 $H\cup K$가 G의 정규부분군이 되는지 판정하고 이를 증명하시오.

7. 일반선형군 $GL_n(\mathbb{R})$과 $\mathbb{R}^*$의 부분군 H에 대하여

$$K=\{A\in GL_n(\mathbb{R})\mid \det(A)\in H\}$$

는 $GL_n(\mathbb{R})$의 정규부분군임을 증명하시오.

8. 다음에 주어진 군이 단순군인지 판정하고 이를 증명하시오.

(1) $25\mathbb{Z}$
(2) $\mathbb{Z}_{12}$
(3) $\mathbb{Z}_5$
(4) S_7
(5) $\{0\}\times A_3$
(6) $\mathbb{Z}_7\times A_3$

CHAPTER 7

잉여군(Factor group, Quotient group)

이 장에서는 군 G의 정규부분군 H를 이용하여 새로운 군을 생성하는 과정을 살펴보고 새롭게 생성된 군의 성질을 살펴본다.

정의 1

군 G의 정규부분군 H에 대하여 H의 모든 좌잉여류의 집합을 G/H로 나타낸다. 즉, $G/H=\{aH \mid a\in G\}$이다.

참고 G가 덧셈군이면 $G/H=\{a+H \mid a\in G\}$이다.

예제 1 군 G의 정규부분군 $H=\{e\}$를 택하면 임의의 원소 $aH\in G/H$에 대하여 $aH=\{a\}$이므로

$$G/H=\{aH \mid a\in G\}=\{\{a\} \mid a\in G\}$$

예제 2 군 G의 정규부분군 G를 택하면 임의의 원소 $aG\in G/G$에 대하여 $aG=G$이므로

$$G/G=\{aG \mid a\in G\}=\{G\}$$

예제 3 군 $\mathbb{Z}$의 정규부분군 $3\mathbb{Z}$에 대하여

$$0+3\mathbb{Z}=3+3\mathbb{Z}=6+3\mathbb{Z}=\cdots$$
$$1+3\mathbb{Z}=4+3\mathbb{Z}=7+3\mathbb{Z}=\cdots$$
$$2+3\mathbb{Z}=5+3\mathbb{Z}=8+3\mathbb{Z}=\cdots$$

따라서

$$\mathbb{Z}/3\mathbb{Z}=\{0+3\mathbb{Z},1+3\mathbb{Z},2+3\mathbb{Z}\}=\{3\mathbb{Z},1+3\mathbb{Z},2+3\mathbb{Z}\}$$

예제 4 군 $\mathbb{Z}_6$의 정규부분군 $H=\{0,2,4\}$에 대하여 원소 $a+H\in\mathbb{Z}_6/H$는 다음

과 같다.

$$0+H=\{0,2,4\}=2+H=4+H$$
$$1+H=\{1,3,5\}=3+H=5+H$$

따라서

$$\mathbb{Z}_6/H=\{0+H, 1+H\}=\{H, 1+H\}$$

예제 5 대칭군 $G=S_3$의 정규부분군 $H=A_3$에 대하여 원소 $fH\in G/H$는 다음과 같다.

$$1_{S_3}H=\left\{1_{S_3}, (1\,2\,3), (1\,3\,2)\right\}=(1\,2\,3)H=(1\,3\,2)H$$
$$(1\,2)H=\{(1\,2), (2\,3), (1\,3)\}=(1\,3)H=(2\,3)H$$

따라서

$$G/H=\left\{1_{S_3}H, (1\,2)H\right\}=\{H, (1\,2)H\}$$

정리 2

군 G의 정규부분군 H에 대하여 집합 $G/H=\{aH\mid a\in G\}$에 다음과 같은 연산을 정의하면 G/H는 군이다.

"임의의 원소 $aH, bH\in G/H$에 대하여 $(aH)(bH)=abH$"

증명 집합 G/H가 주어진 연산에 대하여 군이 됨을 다음과 같이 단계적으로 증명한다.

(i) 임의의 원소 $a_iH, b_iH\in G/H, i=1,2$에 대하여

$$a_1H=a_2H\text{이고 } b_1H=b_2H$$

이라고 가정하자. 그러면

$$a_1=a_2h\text{이고 } b_1=b_2k$$

인 원소 $h, k \in H$가 존재한다. 그러므로

$$a_1 b_1 H = a_2 h b_2 k H = a_2 h b_2 H$$

이다. 그런데 H는 G의 정규부분군이므로 $b_2 H = H b_2$이다. 그러므로

$$a_1 b_1 H = a_2 h b_2 H = a_2 h H b_2 = a_2 H b_2 = a_2 b_2 H$$

이다. 따라서

$$a_1 b_1 H = a_2 b_2 H$$

이므로 연산은 집합 G/H에 잘 정의되어있다.

(ii) 임의의 원소 $a_i H \in G/H, i = 1, 2, 3$에 대하여

$$\begin{aligned}(a_1 H a_2 H) a_3 H &= (a_1 a_2) H a_3 H = (a_1 a_2) a_3 H \\ &= a_1 (a_2 a_3) H = a_1 H (a_2 a_3 H) \\ &= a_1 H (a_2 H a_3 H)\end{aligned}$$

이므로 연산에 대하여 결합법칙이 성립한다.

(iii) 임의의 원소 $aH \in G/H$와 군 G의 항등원 e에 대하여

$$aHeH = aeH = aH, \qquad eHaH = eaH = aH$$

이므로 eH는 항등원이다.

(iv) 임의의 원소 $aH \in G/H$에 대하여

$$aHa^{-1}H = aa^{-1}H = eH = a^{-1}aH = a^{-1}HaH$$

이므로 $(aH)^{-1} = a^{-1}H$가 존재한다.

결과적으로 G/H는 주어진 연산에 대하여 군을 이룬다. ▣

정의 3

군 G의 정규부분군 H에 대하여 군 $G/H = \{aH \mid a \in G\}$를 **잉여군** 또는 **상군**(factor group, quotient group)이라고 한다.

| 예제 6 군 G의 정규부분군 $H=\{e\}$에 대하여 G/H는

$$|G/H|=|G|$$

인 군이다.

| 예제 7 군 G의 정규부분군 G에 대하여 $G/G=\{G\}$는 위수가 1인 군이다.

| 예제 8 군 $\mathbb{Z}_6$의 정규부분군 $H=\{0,3\}$에 대하여 $\mathbb{Z}_6/H=\{0+H, 1+H, 2+H\}$는 위수가 3인 군이다.

| 예제 9 군 $\mathbb{Z}$의 정규부분군 $H=2\mathbb{Z}$에 대하여 $\mathbb{Z}/H=\{0+H, 1+H\}$는 위수가 2인 군이다.

| 예제 10 S_3의 정규부분군 A_3에 대하여 $S_3/A_3=\{A_3, (12)A_3\}$는 위수가 2인 군이다.

| 예제 11 군 G가 아벨군이면 G의 정규부분군 $Z(G)$에 대하여 $Z(G)=G$이므로 $G/Z(G)$는 위수가 1인 군이다.

정리 4

G가 유한군이고 H가 G의 정규부분군이면 원소 $aH\in G/H$의 위수는 $a\in G$의 위수의 약수이다.

증명 aH의 위수를 m, a의 위수를 n이라 놓으면

$$(aH)^n = a^nH = eH$$

이다. 그러므로 m은 n의 약수이다. ▣

예제 12 군 $\mathbb{Z}_{10}$의 정규부분군 $H=\{0,2,4,6,8\}$에 대하여 $\mathbb{Z}_{10}/H$에 속하는 원소 $1+H$의 위수는 2이고 원소 $1\in\mathbb{Z}_{10}$의 위수는 10이다. 따라서 $1+H$의 위수는 1의 위수의 약수이다.

예제 13 S_3의 정규부분군 A_3에 대하여 $S_3/A_3=\{A_3,(12)A_3\}$에 속하는 원소 $(12)A_3$의 위수는 2이고 원소 $(12)\in S_3$의 위수는 2이다. 따라서 $(12)A_3$의 위수는 (12)의 위수의 약수이다.

군 G가 무한군인 경우에는 다음과 같은 예를 들어 이해할 수 있다.

예제 14 군 $\mathbb{Z}$의 정규부분군 $H=2\mathbb{Z}$에 대하여 $\mathbb{Z}/H=\{0+H,1+H\}$에 속하는 원소 $1+H$의 위수 2는 원소 $1\in\mathbb{Z}$의 위수의 약수가 아니다.

예제 15 군 $\mathbb{Q}$의 정규부분군 $\mathbb{Z}$에 대하여 $\mathbb{Q}/\mathbb{Z}$에 속하는 원소 $\frac{1}{5}+\mathbb{Z}$의 위수는 5이다. 그렇지만 $\frac{1}{5}\in\mathbb{Q}$의 위수는 적당한 $k\in\mathbb{Z}$에 대하여 $5k$로 나타낼 수 없다. 따라서 $\frac{1}{5}+\mathbb{Z}$의 위수는 $\frac{1}{5}$의 위수의 약수가 아니다.

정리 5

G가 유한군이고 H를 G의 정규부분군이라고 할 때 G/H에 속하는 원소 aH에 대하여 $|aH|=n$이면 $|b|=n$인 적당한 원소 $b\in G$가 존재한다.

증명 $|aH|=n$이므로 a의 위수는 n의 배수이다. 그러므로 적당한 자연수 m이 존재하여 a의 위수는 mn이다. 따라서 $b=a^m$으로 놓으면

$$|b|=|a^m|=\frac{mn}{\gcd(mn,m)}=n$$

이 성립한다. ▣

예제 16 대칭군 S_3의 정규부분군 A_3에 대하여

$$S_3/A_3 = \{A_3, (12)A_3\}$$

에 속하는 원소 $(12)A_3$를 택하면 $(12)A_3 \neq A_3$이고

$$(12)A_3(12)A_3 = (12)(12)A_3 = 1_{S_3}A_3 = A_3$$

이므로 $(12)A_3$의 위수는 2이다. 따라서 군 S_3에 속하는 위수가 2인 원소가 존재한다. 구체적으로 원소 $(12), (13), (23) \in S_3$는 모두 위수가 2인 원소이다.

예제 17 군 $\mathbb{Z}_{12}$의 정규부분군 $H = \{0, 4, 8\}$에 대하여

$$\mathbb{Z}_{12}/H = \{0+H, 1+H, 2+H, 3+H\}$$

에 속하는 원소 $3+H$를 택하면

$$\begin{aligned}
&3+H \neq H,\\
&(3+H)+(3+H) = 6+H \neq H\\
&(3+H)+(3+H)+(3+H) = 9+H \neq H\\
&(3+H)+(3+H)+(3+H)+(3+H) = 12+H = H
\end{aligned}$$

이므로 원소 $3+H$의 위수는 4이다. 따라서 군 $\mathbb{Z}_{12}$에 속하는 위수가 4인 원소 3이 존재한다.

구체적으로 원소 $3, 9 \in \mathbb{Z}_{12}$는 모두 위수가 4인 원소이다.

예제 18 군 $G = S_4 \times U(4)$의 정규부분군 $H = A_4 \times U(4)$에 대하여 G/H에 속하는 원소 $((1234), 1)H$를 택하면

$$\begin{aligned}
&((1234), 1)H \neq (1_{S_4}, 1)H\\
&((1234), 1)H((1234), 1)H \neq (1_{S_4}, 1)H
\end{aligned}$$

$$((1234),1)H((1234),1)H((1234),1)H \neq (1_{S_4},1)H$$
$$((1234),1)H((1234),1)H((1234),1)H((1234),1)H = (1_{S_4},1)H$$

이므로 원소 $((1234),1)H$의 위수는 4이다. 그러므로 군 $G = S_4 \times U(4)$에 속하는 위수가 4인 원소가 존재하고 구체적으로 원소

$$((1234),1),\ ((1324),3) \in S_4 \times U(4)$$

등의 위수가 4이다.

정리 6

군 G가 아벨군이면 G의 정규부분군 H에 대하여 G/H는 아벨군이다.

증명 임의의 원소 $aH, bH \in G/H$에 대하여 $aH = Ha$이고 $bH = Hb$이다. 따라서

$$\begin{aligned}(aH)(bH) &= a(Hb)H = a(bH)H \\ &= (ab)HH = (ba)HH \\ &= b(aH)H = b(Ha)H \\ &= (bH)(aH)\end{aligned}$$

이다. 그러므로 G/H는 아벨군이다. ▣

| 예제 19 군 G가 아벨군이라고 가정하면 G의 정규부분군 G에 대하여 $G/G = \{G\}$는 아벨군이다.

| 예제 20 군 G가 아벨군이라고 가정하면 G의 정규부분군 $H = \{e\}$에 대하여 G/H는 아벨군이다.

| 예제 21 군 $\mathbb{Z}$는 아벨군이므로 $\mathbb{Z}$의 정규부분군 $H = 2\mathbb{Z}$에 대하여 $\mathbb{Z}/H$는 아벨군이다.

예제 22 군 $\mathbb{R}^*$는 아벨군이므로 군 $\mathbb{R}^*$의 정규부분군 $\mathbb{Q}^*$에 대하여 $\mathbb{R}^*/\mathbb{Q}^*$는 아벨군이다.

예제 23 아벨군 $G=\{f \mid f:\mathbb{R}\to\mathbb{R}$ 는 연속함수$\}$의 정규부분군

$$H=\{f \mid f:\mathbb{R}\to\mathbb{R} \text{ 는 미분가능한 함수}\}$$

에 대하여 G/H는 아벨군이다.

예제 24 아벨군 $\mathbb{Z}_8$의 정규부분군 $H=\{0,4\}$에 대하여 $\mathbb{Z}_8/H$는 아벨군이다.

예제 25 아벨군 G의 정규부분군 $Z(G)$에 대하여 $G/Z(G)$는 아벨군이다.

예제 26 아벨군 $G=\mathbb{Z}_5\times\mathbb{Q}$의 정규부분군 $H=\mathbb{Z}_5\times\mathbb{Z}$에 대하여 G/H는 아벨군이다.

예제 27 아벨군 $G=A_4\times U(4)$의 정규부분군 $H=A_4\times\{1\}$에 대하여 G/H는 아벨군이다.

정리 7

군 G가 순환군이면 G의 정규부분군 H에 대하여 G/H는 순환군이다.

증명 G가 순환군이므로 적당한 원소 $a\in G$가 존재하여 $G=\langle a\rangle$이다. 따라서 G/H에 속하는 임의의 원소 bH에 대하여 $b=a^i$인 i가 존재하므로

$$bH=a^iH=(aH)^i$$

이다. 따라서

$$G/H=\langle aH\rangle$$

이므로 G/H는 순환군이다. ▣

예제 28 군 $\mathbb{Z} = \langle 1 \rangle$는 순환군이고 $\mathbb{Z}$의 정규부분군 $3\mathbb{Z}$에 대하여 $\mathbb{Z}/3\mathbb{Z}$는

$$\mathbb{Z}/3\mathbb{Z} = \{0+3\mathbb{Z}, 1+3\mathbb{Z}, 2+3\mathbb{Z}\}$$

이다. 따라서

$$\mathbb{Z}/3\mathbb{Z} = \langle 1+3\mathbb{Z} \rangle$$

이므로 $\mathbb{Z}/3\mathbb{Z}$는 원소 $1+3\mathbb{Z}$로 생성되는 순환군이다.

예제 29 군 $\mathbb{Z}_{10} = \langle 1 \rangle$는 순환군이고 $\mathbb{Z}_{10}$의 정규부분군 $H = \{0, 5\}$에 대하여 $\mathbb{Z}_{10}/H$는

$$\mathbb{Z}_{10}/H = \{0+H, 1+H, 2+H, 3+H, 4+H\}$$

이다. 따라서

$$\mathbb{Z}_{10}/H = \langle 1+H \rangle$$

이므로 $\mathbb{Z}_{10}/H$는 원소 $1+H$로 생성되는 순환군이다.

예제 30 군 $G = A_3 \times U(4) = \langle (1\,2\,3), 3 \rangle$의 정규부분군 $H = A_3 \times \{1\}$에 대하여 G/H는

$$G/H = \left\{(1_{S_3}, 1)H, (1_{S_3}, 3)H\right\}$$

이다. 따라서

$$G/H = \left\langle (1_{S_3}, 3)H \right\rangle$$

이므로 G/H는 원소 $(1_{S_3}, 3)H$로 생성되는 순환군이다.

정리 8

군 G의 정규부분군 H와 K에 대하여 $K \subset H$이면 H/K는 G/K의 정규부분군이다.

증명 임의의 원소 $h_1K, h_2K \in H/K$ $(h_1, h_2 \in H)$에 대하여 $h_1h_2^{-1} \in H$이므로

$$h_1K(h_2K)^{-1} = h_1h_2^{-1}K \in H/K$$

이다. 즉, H/K는 G/H의 부분군이다.

한편, 임의의 원소 $aK \in G/K$와 $bK \in H/K$에 대하여

$$(aK)(bK)(aK)^{-1} = aba^{-1}K$$

이다. 그런데 H가 G의 정규부분군이므로 $aba^{-1} \in H$이다. 따라서

$$(aK)(bK)(aK)^{-1} \in H/K$$

이므로 H/K는 G/K의 정규부분군이다. ▣

| 예제 31 군 $\mathbb{Z}$의 정규부분군 $2\mathbb{Z}$와 $4\mathbb{Z}$에 대하여 $4\mathbb{Z} \subset 2\mathbb{Z}$이므로 $2\mathbb{Z}/4\mathbb{Z}$는 $\mathbb{Z}/4\mathbb{Z}$의 정규부분군이다.

| 예제 32 군 $\mathbb{R}^*$의 정규부분군 $\mathbb{Q}^*$와 $\mathbb{Q}^+$에 대하여 $\mathbb{Q}^+ \subset \mathbb{Q}^*$이므로 $\mathbb{Q}^*/\mathbb{Q}^+$는 $\mathbb{R}^*/\mathbb{Q}^+$의 정규부분군이다.

| 예제 33 군 $G = \mathbb{Z}_{12}$의 정규부분군 $K = \langle 6 \rangle$와 $H = \langle 2 \rangle$에 대하여 $K \subset H$이므로 H/K는 G/K의 정규부분군이다.

| 예제 34 군 $G = A_3 \times \mathbb{Z}_{12}$의 정규부분군

$$H = A_3 \times \{0, 2, 4, 6, 8, 10\}, \qquad K = A_3 \times \{0, 6\}$$

에 대하여 $K \subset H$이므로 H/K는 G/K의 정규부분군이다.

정리 9

군 G의 정규부분군 $Z(G)$에 대하여 $G/Z(G)$가 순환군이면 G는 아벨군이다.

증명 $G/Z(G)$가 순환군이므로 적당한 원소 $aZ(G) \in G/Z(G)$가 존재하여 $G/Z(G) = \langle aZ(G) \rangle$이다. 군 G에 속하는 임의의 두 원소 b, c를 택하면

$$bZ(G) = a^i Z(G), \qquad cZ(G) = a^j Z(G)$$

인 i, j가 존재한다. 그러므로

$$b = a^i z_1, \qquad c = a^j z_2$$

인 원소 $z_1, z_2 \in Z(G)$가 존재한다. 따라서

$$bc = a^i z_1 a^j z_2 = a^j z_2 a^i z_1 = cb$$

이므로 G는 아벨군이다. ▣

정리 10

아벨군 G의 위수가 n이고 소수 p가 n의 약수이면 위수가 p인 원소가 존재한다.

증명 G의 위수 n에 대한 수학적 귀납법을 이용하여 증명하기로 한다.

우선 $n=2$이면 원소 $a \neq e \in G$가 존재하여 $a^2 = e$이다. 따라서 n의 약수인 소수는 $p=2$이고 위수가 2인 원소 a가 존재하므로 $n=2$인 경우에 정리가 성립한다.

이제 위수가 n보다 작은 군에 대하여 정리가 성립한다고 가정하자. 그러면 원소 $a \neq e \in G$의 위수를 m이라고 하고 q를 m의 소인수라고 할 때 $m = qt$라면 원소 $a^t \in G$의 위수는 q이다. 이때 다음이 성립한다.

(1) $q = p$이라면 위수가 p인 원소 $a^t \in G$가 존재한다.

(2) $q \neq p$이라면 군 G가 아벨군이므로 $\langle a^t \rangle$는 G의 정규부분군이고 상군 $G/\langle a^t \rangle$가 존재한다. 그런데 p는 G의 위수의 약수이고 동시에 p는 $\langle a^t \rangle$의 위수의 약수가 아니므로 p는 $G/\langle a^t \rangle$의 위수의 약수이다. 그런데 $G/\langle a^t \rangle$의 위수는 n보다

작으므로 수학적 귀납법의 가정에 의하여 위수가 p인 원소 $b\langle a^t\rangle \in G/\langle a^t\rangle$가 존재한다. 즉, $b^p\langle a^t\rangle = \langle a^t\rangle$이므로 $b^p \in \langle a^t\rangle$이다. 따라서 적당한 s가 존재하여 $b^p = a^{ts}$이고 b^p의 위수는 a^{ts}의 위수와 같으므로

$$|b^p| = |a^{ts}| = \frac{m}{(m, ts)} = \frac{qt}{(qt, ts)} = \frac{q}{(q, s)}$$

이다. 그런데 $\frac{q}{(q, s)}$는 정수이므로 $\frac{q}{(q, s)} = 1$ 또는 $\frac{q}{(q, s)} = q$이다. 만일 $\frac{q}{(q, s)} = 1$이면 원소 b^p가 위수가 1이므로 b의 위수가 p이다. 또한 만일 $\frac{q}{(q, s)} = q$인 경우에는 원소 b^p가 위수가 q이므로 원소 b^q의 위수는 p이다.
결과적으로 모든 경우에 원소가 p인 원소가 존재한다. ▣

예제 35 아벨군 $\mathbb{Z}_{10}$의 위수는 10이고 10의 약수인 $1, 2, 5, 10$을 각각 위수로 하는 원소가 각각 존재한다. 구체적으로

$0 \in \mathbb{Z}_{10}$의 위수는 1, $\quad 2, 4, 6, 8 \in \mathbb{Z}_{10}$의 위수는 5,
$5 \in \mathbb{Z}_{10}$의 위수는 2, $\quad 1, 3, 7, 9 \in \mathbb{Z}_{10}$의 위수는 10

예제 36 군 A_4의 아벨부분군 $H = \langle (1234) \rangle$의 위수는 4이고 4의 약수인 $1, 2, 4$를 위수로 하는 원소가 각각 존재한다. 구체적으로

$1_{S_4} \in H$의 위수는 1, $\quad (13)(24) \in H$의 위수는 2,
$(1234) \in H$의 위수는 4

연습문제

1. 군 $\mathbb{Z}_8$의 정규부분군 $H=\{0,4\}$에 대하여 다음 물음에 답하시오.

(1) $\mathbb{Z}_8/H$의 위수를 구하시오.

(2) $\mathbb{Z}_8/H$에 속하는 모든 원소의 위수를 각각 구하시오.

(3) $\mathbb{Z}_8/H$가 순환군인지 판정하고 이를 증명하시오.

2. 군 $G=\mathbb{Z}\times\mathbb{Z}$의 정규부분군 $H=2\mathbb{Z}\times 2\mathbb{Z}$에 대하여 다음 물음에 답하시오.

(1) G/H의 위수를 구하시오.

(2) G/H에 속하는 모든 원소의 위수를 각각 구하시오.

(3) G/H가 순환군인지 판정하고 이를 증명하시오.

3. G가 유한군이고 H는 G의 정규부분군이라고 할 때 다음 명제의 참, 거짓을 판정하고 이를 증명하시오.

(1) G/H에 속하는 원소 aH의 위수가 n이면 원소 a의 위수는 n이다.

(2) 원소 $a\in G$의 위수가 n이면 G/H에 속하는 원소 aH의 위수는 n이다.

(3) G/H에 속하는 두 원소 aH와 bH의 위수가 같으면 a와 b의 위수는 같다.

(4) G/H가 순환군이면 G가 순환군이다.

4. 군 G가 단순군일 때 G의 상군을 모두 구하시오.

5. 적당한 소수 $p>2$에 대하여 군 G의 위수는 $2p$이다. 군 G의 부분군 H가 $\{e\}\subsetneq H\subsetneq G$인 G의 정규부분군일 때 다음 물음에 답하시오.

(1) G/H의 위수를 구하시오.

(2) G/H가 순환군인지 판정하고 이를 증명하시오.

6. 소수 p와 q에 대하여 군 G의 위수가 pq일 때 다음 명제의 참 또는 거짓을 판정하고 이를 증명하시오.

"G가 아벨군이 아니면 $Z(G)=\{e\}$이다."

7. 무한군 G와 G의 정규부분군 H에 대하여 다음 명제의 참 또는 거짓을 판정하고 이를 증명하시오.

"$aH \in G/H$이면 aH의 위수는 무한이다."

8. 군 G의 정규부분군 H에 대하여 다음 명제의 참 또는 거짓을 판정하고 이를 증명하시오.

"H와 G/H가 모두 아벨군이면 G는 아벨군이다."

9. 군 $\mathbb{Z}_{15}$에 대하여 Cauchy 정리를 적용하시오. 구체적으로 15의 각각의 약수 m에 대하여 위수가 m인 원소를 구하시오.

CHAPTER 8

군 준동형사상 (Group homomorphisms)

이 장에서는 두 개의 군 G_1과 G_2 사이에 군의 구조를 유지시킬 수 있는 대응관계에 대하여 살펴본다.

정의 1

군 G_1과 군 G_2에 대하여 함수 $f : G_1 \to G_2$가 다음 조건을 만족시키면 f를 **군 준동형사상**(group homomorphism) 또는 **준동형사상**(homomorphism)이라고 한다.

$$f(ab) = f(a)f(b) \qquad (a, b \in G)$$

참고 1. G_1과 G_2가 덧셈군이면 주어진 조건은 $f(a+b) = f(a) + f(b)$이다.
2. G_1이 덧셈군이고 G_2가 곱셈군이면 주어진 조건은 $f(a+b) = f(a)f(b)$이다.
3. G_1이 곱셈군이고 G_2가 덧셈군이면 주어진 조건은 $f(ab) = f(a) + f(b)$이다.

예제 1 군 G에 대하여 $f : G \to G$를

$$f(a) = e, \qquad a \in G$$

로 정의하면 임의의 원소 $a, b \in G$에 대하여

$$f(ab) = e = ee = f(a)f(b)$$

이므로 f는 준동형사상이다.

예제 2 덧셈군 $\mathbb{Z}$에 대하여 $f : \mathbb{Z} \to \mathbb{Z}$를

$$f(m) = 0, \qquad m \in \mathbb{Z}$$

으로 정의하면 임의의 원소 $m, n \in \mathbb{Z}$에 대하여

$$f(m+n) = 0 = 0 + 0 = f(m) + f(n)$$

이므로 f는 준동형사상이다.

예제 3 덧셈군 $\mathbb{Z}$에 대하여 $f : \mathbb{Z} \to \mathbb{Z}$를

$$f(m) = 5, \qquad m \in \mathbb{Z}$$

로 정의하면 임의의 원소 $m, n \in \mathbb{Z}$에 대하여

$$f(m+n) = 5 \neq 5+5 = f(m)+f(n)$$

이므로 f는 준동형사상이 아니다.

예제 4 덧셈군 $\mathbb{Z}$와 $t \in \mathbb{Z}$에 대하여 $f : \mathbb{Z} \to \mathbb{Z}$를

$$f(m) = mt, \qquad m \in \mathbb{Z}$$

로 정의하면 임의의 원소 $m, n \in \mathbb{Z}$에 대하여

$$f(m+n) = (m+n)t = mt + nt = f(m) + f(n)$$

이므로 f는 준동형사상이다.

예제 5 군 G에 대하여 $f : G \to G$를

$$f(a) = a, \qquad a \in G$$

로 정의하면 임의의 원소 $a, b \in G$에 대하여

$$f(ab) = ab = f(a)f(b)$$

이므로 f는 준동형사상이다.

예제 6 군 G에 대하여 $f : G \to G$를

$$f(a) = a^2, \qquad a \in G$$

로 정의하면 임의의 원소 $a, b \in G$에 대하여

$$f(ab) = (ab)^2 = (ab)(ab) \neq a^2b^2 = f(a)f(b)$$

이므로 f는 준동형사상이 아니다.

| 예제 7 군 G가 아벨군일 때 $f : G \to G$를

$$f(a) = a^2, \qquad a \in G$$

로 정의하면 임의의 원소 $a, b \in G$에 대하여

$$f(ab) = (ab)^2 = (ab)(ab) = a^2b^2 = f(a)f(b)$$

이므로 f는 준동형사상이다.

| 예제 8 군 G가 아벨군일 때 $f : G \to G$를 정수 n에 대하여

$$f(a) = a^n, \qquad a \in G$$

로 정의하면 임의의 원소 $a, b \in G$에 대하여

$$f(ab) = (ab)^n = (ab)(ab) \cdots (ab) = a^nb^n = f(a)f(b)$$

이므로 f는 준동형사상이다.

| 예제 9 덧셈군 $\mathbb{Z}$와 $n\mathbb{Z}$에 대하여 $f : \mathbb{Z} \to n\mathbb{Z}$를

$$f(a) = na, \qquad a \in \mathbb{Z}$$

로 정의하면 임의의 원소 $a, b \in \mathbb{Z}$에 대하여

$$f(a+b) = n(a+b) = na + nb = f(a) + f(b)$$

이므로 f는 준동형사상이다.

| 예제 10 덧셈군 $\mathbb{Z}$와 $\mathbb{Z}_n$에 대하여 $f : \mathbb{Z} \to \mathbb{Z}_n$를

$$f(a) = r, \qquad a = nq + r,\ 0 \le r < n$$

로 정의하면 임의의 원소 $a, b \in \mathbb{Z}$에 대하여 $a = r \pmod n$이고 $b = s \pmod n$라고 할 때

$$f(a+b) = r+s \pmod n = r \pmod n + s \pmod n = f(a)+f(b)$$

이므로 f는 준동형사상이다.

| 예제 11 덧셈군 $\mathbb{R}$과 $\mathbb{C}$에 대하여 $f : \mathbb{R} \to \mathbb{C}$를

$$f(a) = 2a+1, \qquad a \in \mathbb{R}$$

로 정의하면 임의의 원소 $a, b \in \mathbb{R}$에 대하여

$$f(a+b) = 2(a+b)+1 \neq (2a+1)+(2b+1) = f(a)+f(b)$$

이므로 f는 준동형사상이 아니다.

| 예제 12 덧셈군 $\mathbb{C}$에 대하여 $f : \mathbb{C} \to \mathbb{C}$를

$$f(a+bi) = a-bi, \qquad a+bi \in \mathbb{C}$$

로 정의하면 임의의 원소 $\alpha = a+bi,\ \ \beta = c+di \in \mathbb{C}$에 대하여

$$f(\alpha+\beta) = (a+c)-(b+d)i = (a-bi)+(c-di) = f(\alpha)+f(\beta)$$

이므로 f는 준동형사상이다.

| 예제 13 덧셈군 $2\mathbb{Z}$와 $3\mathbb{Z}$에 대하여 $f : 2\mathbb{Z} \to 3\mathbb{Z}$를

$$f(2m) = 3m, \qquad m \in \mathbb{Z}$$

로 정의하면 임의의 원소 $2m, 2n \in 2\mathbb{Z}$에 대하여

$$f(2m+2n) = 3(m+n) = 3m+3n = f(2m)+f(2n)$$

이므로 f는 준동형사상이다.

| 예제 14 실수계수 다항식으로 이루어진 덧셈군 $\mathbb{R}[x]$와 $\mathbb{R}$에 대하여 함수 $\phi : \mathbb{R}[x] \to \mathbb{R}$를

$$\phi(g(x)) = g(0), \qquad g(x) \in \mathbb{R}[x]$$

로 정의하면 임의의 원소 $g(x), h(x) \in \mathbb{R}[x]$에 대하여

$$\phi(g(x)+h(x)) = g(0)+h(0) = \phi(g(x))+\phi(h(x))$$

이므로 ϕ는 준동형사상이다.

| 예제 15 덧셈군 $\mathbb{R}[x]$에 대하여 $\phi : \mathbb{R}[x] \to \mathbb{R}[x]$를

$$\phi(g(x)) = g'(x), \qquad g(x) \in \mathbb{R}[x]$$

로 정의하면 임의의 원소 $g(x), h(x) \in \mathbb{R}[x]$에 대하여

$$\phi(g(x)+h(x)) = (g(x)+h(x))' = g'(x)+h'(x) = \phi(g(x))+\phi(h(x))$$

이므로 ϕ는 준동형사상이다.

| 예제 16 덧셈군 $\mathbb{Z}_3$과 $\mathbb{Z}_{12}$에 대하여 $f : \mathbb{Z}_3 \to \mathbb{Z}_{12}$를

$$f(a) = 4a, \qquad a \in \mathbb{Z}_3$$

으로 정의하면 임의의 두 원소 $a, b \in \mathbb{Z}_3$에 대하여

$$a+b = 3q+r, \qquad 0 \le r < 3$$

인 정수 q, r이 존재한다. 따라서

$$f(a+b) = 4(3q+r) = 4r = 4(a+b-3q) = 4a+4b = f(a)+f(b)$$

이므로 f는 준동형사상이다.

| 예제 17 덧셈군 $\mathbb{R}$에 대하여 $f : \mathbb{R} \to \mathbb{R}$를

$$f(a) = |a|, \qquad a \in \mathbb{R}$$

로 정의하면 임의의 원소 $a, b \in \mathbb{R}$에 대하여

$$f(a+b) = |a+b| \neq |a|+|b| = f(a)+f(b)$$

이므로 f는 준동형사상이 아니다.

| 예제 18 곱셈군 $\mathbb{Q}^*$에 대하여 $f : \mathbb{Q}^* \to \mathbb{Q}^*$를

$$f(a) = \frac{1}{a}, \qquad a \in \mathbb{Q}^*$$

로 정의하면 임의의 원소 $a, b \in \mathbb{Q}^*$에 대하여

$$f(ab) = \frac{1}{ab} = \frac{1}{a}\frac{1}{b} = f(a)f(b)$$

이므로 f는 준동형사상이다.

| 예제 19 곱셈군 $\mathbb{R}^*$에 대하여 $f : \mathbb{R}^* \to \mathbb{R}^*$를

$$f(a) = |a|, \qquad a \in \mathbb{R}^*$$

로 정의하면 임의의 원소 $a, b \in \mathbb{R}^*$에 대하여

$$f(ab) = |ab| = |a||b| = f(a)f(b)$$

이므로 f는 준동형사상이다.

| 예제 20 덧셈군 $\mathbb{R}$과 곱셈군 $\mathbb{R}^+$에 대하여 $f : \mathbb{R} \to \mathbb{R}^+$를

$$f(a) = 5^a, \qquad a \in \mathbb{R}$$

로 정의하면 임의의 원소 $a, b \in \mathbb{R}$에 대하여

$$f(a+b) = 5^{a+b} = 5^a 5^b = f(a)f(b)$$

이므로 f는 준동형사상이다.

| 예제 21 곱셈군 $\mathbb{R}^+$와 덧셈군 $\mathbb{R}$에 대하여 $f : \mathbb{R}^+ \to \mathbb{R}$를

$$f(a) = \log_2 a, \qquad a \in \mathbb{R}^+$$

로 정의하면 임의의 원소 $a, b \in \mathbb{R}^+$에 대하여

$$f(ab) = \log_2 ab = \log_2 a + \log_2 b = f(a) + f(b)$$

이므로 f는 준동형사상이다.

| 예제 22 덧셈군 $\mathbb{Z}$와 곱셈군 $G = \left\{ \begin{pmatrix} 1 & n \\ 0 & 1 \end{pmatrix} \mid n \in \mathbb{Z} \right\}$에 대하여 $f : \mathbb{Z} \to G$를

$$f(n) = \begin{pmatrix} 1 & n \\ 0 & 1 \end{pmatrix}, \qquad n \in \mathbb{Z}$$

로 정의하면 임의의 원소 $m, n \in \mathbb{Z}$에 대하여

$$f(m+n) = \begin{pmatrix} 1 & m+n \\ 0 & 1 \end{pmatrix} = \begin{pmatrix} 1 & m \\ 0 & 1 \end{pmatrix}\begin{pmatrix} 1 & n \\ 0 & 1 \end{pmatrix} = f(m)f(n)$$

이므로 f는 준동형사상이다.

| 예제 23 일반선형군 $GL_n(\mathbb{R})$과 곱셈군 $\mathbb{R}^*$에 대하여 $f : GL_n(\mathbb{R}) \to \mathbb{R}^*$를

$$f(A) = \det(A), \qquad A \in GL_n(\mathbb{R})$$

로 정의하면 임의의 원소 $A, B \in GL_n(\mathbb{R})$에 대하여

$$f(AB) = \det(AB) = \det(A)\det(B) = f(A)f(B)$$

이므로 f는 준동형사상이다.

| 예제 24 특별선형군 $SL_n(\mathbb{R})$에 대하여 행렬 $A \in SL_n(\mathbb{R})$를 택하고 함수 $f : SL_n(\mathbb{R}) \to SL_n(\mathbb{R})$를

$$f(B) = ABA^{-1}, \qquad B \in SL_n(\mathbb{R})$$

로 정의하면 임의의 원소 $B, C \in SL_n(\mathbb{R})$에 대하여

$$f(BC) = ABCA^{-1} = ABA^{-1}ACA^{-1} = f(B)f(C)$$

이므로 f는 준동형사상이다.

| 예제 25 군 G, H, $G\times\{e_H\}$와 원소 $a\in G$에 대하여 $f: G\to G\times\{e_H\}$를

$$f(a)=(a, e_H), \qquad a\in G$$

로 정의하면 임의의 원소 $b, c\in G$에 대하여

$$f(bc)=(bc, e_H)=(b, e_H)(c, e_H)=f(b)f(c)$$

이므로 f는 준동형사상이다.

| 예제 26 군 G, H에 대하여 함수 $f: G\times H\to H\times G$를

$$f(a, b)=(b, a), \qquad (a, b)\in G\times H$$

로 정의하면 임의의 원소 $(a, b), (c, d)\in G\times H$에 대하여

$$\begin{aligned} f((a, b)(c, d)) &= f(ac, bd)=(bd, ac)=(b, a)(d, c) \\ &= f(a, b)f(c, d) \end{aligned}$$

이므로 f는 준동형사상이다.

| 예제 27 곱셈군 $G=\{2^m3^n \mid m, n\in\mathbb{Z}\}$와 덧셈군 $\mathbb{Z}\times\mathbb{Z}$에 대하여 함수 $f: G\to\mathbb{Z}\times\mathbb{Z}$를

$$f(2^m3^n)=(m, n), \qquad 2^m3^n\in G$$

로 정의하면 임의의 원소 $2^m3^n, 2^s3^t\in G$에 대하여

$$\begin{aligned} f(2^m3^n2^s3^t) &= f(2^{m+s}3^{n+t})=(m+s, n+t)=(m, n)+(s, t) \\ &= f(2^m3^n)+f(2^s3^t) \end{aligned}$$

이므로 f는 준동형사상이다.

| 예제 28 위수가 6인 정이면체군 $D_3 = \{1_X, \sigma, \sigma^2, \tau_1, \tau_2, \tau_3\}$과 대칭군 S_3에 대하여 $f : D_3 \to S_3$를

$$f(1_X) = 1_{S_3}, \quad f(\sigma) = (123), \quad f(\sigma^2) = (132),$$
$$f(\tau_1) = (23), \quad f(\tau_2) = (13), \quad f(\tau_3) = (12)$$

로 정의하면 f는 준동형사상이다.

| 예제 29 대칭군 S_n과 덧셈군 $\mathbb{Z}_2$에 대하여 함수 $\phi : S_n \to \mathbb{Z}_2$를

$$\phi(f) = \begin{cases} 0 & f\text{는 우치환} \\ 1 & f\text{는 기치환} \end{cases}$$

로 정의하면 임의의 치환 $f, g \in S_n$에 대하여

(i) f와 g가 모두 우치환일 때 $\phi(fg) = 0 = 0 + 0 = \phi(f) + \phi(g)$.

(ii) f와 g가 모두 기치환일 때 $\phi(fg) = 0 = 1 + 1 = \phi(f) + \phi(g)$.

(iii) f가 우치환이고 g가 기치환일 때 $\phi(fg) = 1 = 0 + 1 = \phi(f) + \phi(g)$.

(iv) f가 기치환이고 g가 우치환일 때 $\phi(fg) = 1 = 1 + 0 = \phi(f) + \phi(g)$.

따라서 f는 준동형사상이다.

정리 2

군 G_1, G_2, G_2에 대하여 $f : G_1 \to G_2$와 $g : G_2 \to G_3$가 준동형사상이면 f와 g의 합성사상 $gf : G_1 \to G_3$는 준동형사상이다.

증명 임의의 원소 $a, b \in G_1$에 대하여

$$gf(ab) = g(f(a)f(b)) = g(f(a))g(f(b)) = gf(a)gf(b)$$

이므로 gf는 준동형사상이다. ▣

| 예제 30 덧셈군 $\mathbb{Z}$, $2\mathbb{Z}$, $3\mathbb{Z}$에 대하여 정의된 사상

$$f : 2\mathbb{Z} \to 3\mathbb{Z}, \qquad f(2m) = 3m, \qquad m \in \mathbb{Z}$$
$$g : \mathbb{Z} \to 2\mathbb{Z}, \qquad g(n) = 2n, \qquad n \in \mathbb{Z}$$

은 모두 준동형사상이므로 $fg : \mathbb{Z} \to 3\mathbb{Z}$, $fg(n) = 3n$는 준동형사상이다.

정리 3

덧셈군 $\mathbb{Z}$에 대하여 함수 $f : \mathbb{Z} \to \mathbb{Z}$가 준동형사상이면 적당한 원소 $t \in \mathbb{Z}$가 존재하여 $f(n) = tn$, $n \in \mathbb{Z}$이다.

증명 $\mathbb{Z}$가 원소 1로 생성되는 순환군이고

$$f(n) = nf(1) = f(1)n$$

이므로 $f(1)$에 따라서 $f(n)$이 결정된다. 그러므로 $f(1) = t$라고 놓으면 $f(n) = tn$이다. ▣

예제 31 덧셈군 $\mathbb{Z}$에 대하여 함수 $f : \mathbb{Z} \to \mathbb{Z}$를

$$f(m) = 3m^2 + 11, \qquad m \in \mathbb{Z}$$

로 정의하면 $3m^2 + 11 = tm$을 만족시키는 $t \in \mathbb{Z}$가 존재하지 않으므로 f는 준동형사상이 될 수 없다.

정리 4

군 G_1, G_2에 대하여 $f : G_1 \to G_2$가 준동형사상이면 $f(e_{G_1}) = e_{G_2}$이다.

증명 $e_{G_1}e_{G_1} = e_{G_1}$이므로 $f(e_{G_1}e_{G_1}) = f(e_{G_1})$이다. 그런데 f가 준동형사상이므로

$$f(e_{G_1})f(e_{G_1}) = f(e_{G_1})$$

이다. 한편 $f(e_{G_1})e_{G_2} = f(e_{G_1})$이므로

$$f(e_{G_1})f(e_{G_1}) = f(e_{G_1})e_{G_2}$$

이다. 따라서

$$f(e_{G_1})^{-1}f(e_{G_1})f(e_{G_1}) = f(e_{G_1})^{-1}f(e_{G_1})e_{G_2}$$

이므로 $e_{G_2}f(e_{G_1}) = e_{G_2}e_{G_2}$이다. 즉, $f(e_{G_1}) = e_{G_2}$가 성립한다. ▣

| 예제 32 군 G에서 정의된 준동형사상

$$f : G \to G, \qquad f(a) = e, \qquad a \in G$$

에 대하여 $f(e) = e$이다.

| 예제 33 덧셈군 $\mathbb{Z}$에서 정의된 준동형사상

$$f : \mathbb{Z} \to \mathbb{Q}^*, \qquad f(m) = 1, \qquad m \in \mathbb{Z}$$

에 대하여 $f(0) = 1$이다.

| 예제 34 군 G에서 정의된 준동형사상

$$f : G \to G, \qquad f(a) = a, \qquad a \in G$$

에 대하여 $f(e) = e$이다.

| 예제 35 덧셈군 $\mathbb{Z}$에서 정의된 준동형사상

$$f : \mathbb{Z} \to 2\mathbb{Z}, \qquad f(m) = 2m, \qquad m \in \mathbb{Z}$$

에 대하여 $f(0) = 0$이다.

| 예제 36 덧셈군 $\mathbb{Z}$에서 정의된 준동형사상

$$f : \mathbb{Z} \to \mathbb{Z}_2, \qquad f(m) = r, \qquad m = 2q + r \ \ (0 \le r < 2)$$

에 대하여 $f(0)=0$이다.

❙ 예제 37 덧셈군 $\mathbb{C}$ 에서 정의된 준동형사상

$$f : \mathbb{C} \to \mathbb{C}, \qquad f(a+bi) = a-bi, \qquad a+bi \in \mathbb{C}$$

에 대하여 $f(0)=0$이다.

❙ 예제 38 덧셈군 $2\mathbb{Z}$ 에서 정의된 준동형사상

$$f : 2\mathbb{Z} \to 3\mathbb{Z}, \qquad f(2m) = 3m, \qquad m \in \mathbb{Z}$$

에 대하여 $f(0)=0$이다.

❙ 예제 39 덧셈군 $\mathbb{R}[x]$에서 정의된 준동형사상

$$\phi : \mathbb{R}[x] \to \mathbb{R}, \qquad \phi(g(x)) = g(0), \qquad g(x) \in \mathbb{R}[x]$$

에 대하여 $\phi(0)=0$이다.

❙ 예제 40 덧셈군 $\mathbb{R}[x]$에서 정의된 준동형사상

$$\phi : \mathbb{R}[x] \to \mathbb{R}[x], \qquad \phi(g(x)) = g'(x), \qquad g(x) \in \mathbb{R}[x]$$

에 대하여 $\phi(0)=0$이다.

❙ 예제 41 덧셈군 $\mathbb{Z}_3$에서 정의된 준동형사상

$$f : \mathbb{Z}_3 \to \mathbb{Z}_{12}, \qquad f(a) = 4a, \qquad a \in \mathbb{Z}_3$$

에 대하여 $f(0)=0$이다.

❙ 예제 42 곱셈군 $\mathbb{Q}^*$에서 정의된 준동형사상

$$f : \mathbb{Q}^* \to \mathbb{Q}^*, \qquad f(a) = \frac{1}{a}, \qquad a \in \mathbb{Q}^*$$

에 대하여 $f(1) = 1$이다.

예제 43 곱셈군 $\mathbb{R}^*$에서 정의된 준동형사상

$$f : \mathbb{R}^* \to \mathbb{R}^*, \qquad f(a) = |a|, \qquad a \in \mathbb{R}^*$$

에 대하여 $f(1) = 1$이다.

예제 44 일반선형군 $GL_n(\mathbb{R})$에서 정의된 준동형사상

$$f : GL_n(\mathbb{R}) \to \mathbb{R}^*, \qquad f(A) = \det(A), \qquad A \in GL_n(\mathbb{R})$$

에 대하여 $f(I_n) = 1$이다.

예제 45 덧셈군 $\mathbb{Z}$에서 곱셈군 $G = \left\{ \begin{pmatrix} 1 & n \\ 0 & 1 \end{pmatrix} \middle| \, n \in \mathbb{Z} \right\}$로의 준동형사상

$$f : \mathbb{Z} \to G, \qquad f(n) = \begin{pmatrix} 1 & n \\ 0 & 1 \end{pmatrix}, \qquad n \in \mathbb{Z}$$

에 대하여 $f(0) = I_2$이다.

예제 46 군 G와 군 H에 대하여 군 G에서 군 $G \times \{e_H\}$로의 준동형사상을

$$f : G \to G \times \{e_H\}, \qquad f(a) = (a, e_H), \qquad a \in G$$

로 정의하면 $f(e_G) = (e_G, e_H)$이다.

예제 47 곱셈군 $G = \{2^m 3^n \mid m, n \in \mathbb{Z}\}$에서 덧셈군 $\mathbb{Z} \times \mathbb{Z}$로의 준동형사상을

$$f : G \to \mathbb{Z} \times \mathbb{Z}, \qquad f(2^m 3^n) = (m, n), \qquad 2^m 3^n \in G$$

로 정의하면 $f(1) = (0, 0)$이다.

예제 48 위수가 6인 정이면체군 $D_3 = \{1_X, \sigma, \sigma^2, \tau_1, \tau_2, \tau_3\}$에서 대칭군 S_3로의 준동형사상 $f : D_3 \to S_3$,

$$f(1_X) = 1_{S_3},\quad f(\sigma) = (1\,2\,3),\quad f(\sigma^2) = (1\,3\,2),$$
$$f(\tau_1) = (2\,3),\quad f(\tau_2) = (1\,3),\quad f(\tau_3) = (1\,2)$$

에 대하여 $f(1_X) = 1_{S_3}$이다.

예제 49 대칭군 S_n에서 덧셈군 $\mathbb{Z}_2$로의 준동형사상 $\phi : S_n \to \mathbb{Z}_2$,

$$\phi(f) = \begin{cases} 0 & f\text{는 우치환} \\ 1 & f\text{는 기치환} \end{cases}$$

에 대하여 $f(1_{S_n}) = 0$이다.

정리 5

군 G_1에서 군 G_2로의 준동형사상 $f : G_1 \to G_2$와 임의의 원소 $a \in G_1$에 대하여 $f(a^{-1}) = f(a)^{-1}$이다.

참고 G_1과 G_2가 모두 덧셈군이면 임의의 원소 $a \in G_1$에 대하여 $f(-a) = -f(a)$이다.

증명 f가 준동형사상이므로

$$f(a)f(a^{-1}) = f(aa^{-1}) = f(e_{G_1}) = e_{G_2},$$
$$f(a^{-1})f(a) = f(a^{-1}a) = f(e_{G_1}) = e_{G_2}$$

이다. 따라서 $f(a^{-1}) = f(a)^{-1}$이다. ▣

예제 50 준동형사상 $f : \mathbb{Z} \to 2\mathbb{Z}$, $f(m) = 2m$에 대하여

$$f(-5) = -10 = -f(5)$$

| 예제 51 준동형사상 $f: \mathbb{Z} \to \mathbb{Z}_2$, $f(m) = m \pmod 2$에 대하여

$$f(-12) = 0 = -f(12) \quad (\mathrm{mod}\,2)$$

| 예제 52 준동형사상 $f: \mathbb{C} \to \mathbb{C}$, $f(a+bi) = a - bi$에 대하여

$$f(-i) = -(-i) = -f(i)$$

| 예제 53 준동형사상 $f: 2\mathbb{Z} \to 3\mathbb{Z}$, $f(2m) = 3m$에 대하여

$$f(-10) = -15 = -f(10)$$

| 예제 54 준동형사상 $f: \mathbb{R}[x] \to \mathbb{R}$, $f(g(x)) = g(0)$에 대하여

$$f(-2x+1) = 1 = -f(2x-1)$$

| 예제 55 준동형사상 $f: \mathbb{R}[x] \to \mathbb{R}[x]$, $f(g(x)) = g'(x)$에 대하여

$$f(x^2+2x-5) = 2x+2 = -f(-x^2-2x+5)$$

| 예제 56 준동형사상 $f: \mathbb{Q}^* \to \mathbb{Q}^*$, $f(a) = \dfrac{1}{a}$에 대하여

$$f(3^{-1}) = 3 = f(3)^{-1}$$

| 예제 57 준동형사상 $f: GL_n(\mathbb{R}) \to \mathbb{R}^*$, $f(A) = \det(A)$에 대하여

$$f((2I_n)^{-1}) = 2^{-n} = f(2I_n)^{-1}$$

| 예제 58 덧셈군 $\mathbb{Z}$에서 곱셈군 $G = \left\{ \begin{pmatrix} 1 & n \\ 0 & 1 \end{pmatrix} \mid n \in \mathbb{Z} \right\}$로의 준동형사상 $f: \mathbb{Z} \to G$, $f(n) = \begin{pmatrix} 1 & n \\ 0 & 1 \end{pmatrix}$에 대하여

$$f(-2)=\begin{pmatrix}1 & -2\\ 0 & 1\end{pmatrix}=f(2)^{-1}$$

| 예제 59 대칭군 S_3에서 덧셈군 $\mathbb{Z}_2$로의 준동형사상 $\phi : S_3 \to \mathbb{Z}_2$,

$$\phi(f)=\begin{cases}0 & f\text{는 우치환}\\ 1 & f\text{는 기치환}\end{cases}$$

에 대하여 치환 $g=(1\,2\,3)\in S_3$를 택하면

$$\phi(g^{-1})=0=-\phi(g)$$

정리 6

유한군 G_1에서 유한군 G_2로의 준동형사상 $f : G_1 \to G_2$에 대하여 원소 $a\in G_1$의 위수가 n이고 $f(a)$의 위수가 m이면 n은 m의 배수이다.

증명 f가 준동형사상이므로 $f(a)^n=f(a^n)$이고 a의 위수가 n이므로

$$f(a)^n=f(a^n)=f(e_{G_1})=e_{G_2}$$

이다. 즉, $f(a)^n=e_{G_2}$이고 $f(a)$의 위수가 m이므로 n은 m의 배수이다. ▣

| 예제 60 위수가 n인 유한군 G에서 G로의 준동형사상

$$f : G\to G,\qquad f(a)=e$$

에 대하여 $a\in G$의 위수는 n의 약수이다. 또한 $f(a)=e$이므로 $f(a)$의 위수는 1이다. 따라서 a의 위수는 $f(a)$의 위수의 배수이다.

| 예제 61 덧셈군 $\mathbb{Z}_3$에서 $\mathbb{Z}_{12}$로의 준동형사상

$$f : \mathbb{Z}_3\to\mathbb{Z}_{12},\qquad f(a)=4a$$

에 대하여 원소 $2 \in \mathbb{Z}_3$의 위수는 3이고 $f(2)=8$의 위수는 3이다. 따라서 2의 위수는 $f(2)$의 위수의 배수이다.

예제 62 군 $\mathbb{Z}_5$에서 $\mathbb{Z}_{10}$으로의 준동형사상 $f : \mathbb{Z}_5 \to \mathbb{Z}_{10}$을 다음과 같이 모두 구할 수 있다.

f가 준동형사상이면 임의의 원소 $n \in \mathbb{Z}_5$에 대하여 $f(n)=nf(1)$이므로 f는 원소 $f(1)$에 의하여 결정이 된다. 그런데 $f(1)$의 위수는 $1 \in \mathbb{Z}_5$의 위수의 약수이고 동시에 $\mathbb{Z}_{10}$의 위수의 약수이다. 따라서 $f(1)$의 위수는 5의 약수인 동시에 10의 약수이다. 즉, $f(1)$의 위수는 1 또는 5이다.

(i) $f(1)$의 위수가 1인 경우는 $f(1)=0$이다. 그러므로 모든 $n \in \mathbb{Z}_5$에 대하여 $f(n)=0$이다.

(ii) $f(1)$의 위수가 5인 경우는

$$f(1)=2 \text{ 또는 } f(1)=4 \text{ 또는 } f(1)=6 \text{ 또는 } f(1)=8$$

이다. 그러므로 모든 $n \in \mathbb{Z}_5$에 대하여

$$f(n)=2n \text{ 또는 } f(n)=4n \text{ 또는 } f(n)=6n \text{ 또는 } f(n)=8n$$

이다.

결과적으로 준동형사상 $f : \mathbb{Z}_5 \to \mathbb{Z}_{10}$는 다음과 같이 모두 5가지 존재한다.

$$f(n)=0 \text{ 또는 } f(n)=2n \text{ 또는 } f(n)=4n \text{ 또는 } f(n)=6n \text{ 또는 } f(n)=8n$$

정리 7

군 G_1에서 군 G_2로의 준동형사상 $f : G_1 \to G_2$와 G_1의 부분군 H에 대하여 $f(H)$는 G_2의 부분군이다.

증명 임의의 두 원소 $a, b \in f(H)$에 대하여 $a=f(h)$이고 $b=f(k)$인 원소 $h, k \in H$가 존재한다. 그런데 $hk^{-1} \in H$이므로

$$ab^{-1} = f(h)f(k)^{-1} = f(hk^{-1}) \in f(H)$$

이다. 그러므로 $f(H)$는 G_2의 부분군이다. ▣

예제 63 군 G에서 G로의 준동형사상

$$f : G \to G, \qquad f(a) = e$$

와 G의 부분군 H에 대하여 $f(H) = \{e\}$는 G의 부분군이다.

예제 64 덧셈군 $\mathbb{Z}$에서 $\mathbb{Z}$로의 준동형사상

$$f : \mathbb{Z} \to \mathbb{Z}, \qquad f(m) = 0$$

와 $\mathbb{Z}$의 부분군 H에 대하여 $f(H) = \{0\}$는 $\mathbb{Z}$의 부분군이다.

예제 65 군 G에서 G로의 준동형사상

$$f : G \to G, \qquad f(a) = a$$

와 G의 부분군 H에 대하여 $f(H) = H$는 G의 부분군이다.

예제 65 덧셈군 $\mathbb{Z}$에서 $2\mathbb{Z}$로의 준동형사상

$$f : \mathbb{Z} \to 2\mathbb{Z}, \qquad f(m) = 2m$$

와 $\mathbb{Z}$의 부분군 $5\mathbb{Z}$에 대하여 $f(5\mathbb{Z}) = 10\mathbb{Z}$는 $2\mathbb{Z}$의 부분군이다.

예제 66 덧셈군 $\mathbb{Z}$에서 $\mathbb{Z}_2$로의 준동형사상

$$f : \mathbb{Z} \to \mathbb{Z}_2, \qquad f(m) = r, \qquad m = 2q + r \ \ (0 \le r < 2)$$

와 $\mathbb{Z}$의 부분군 $3\mathbb{Z}$에 대하여 $f(3\mathbb{Z}) = \mathbb{Z}_2$는 $\mathbb{Z}_2$의 부분군이다.

예제 67 덧셈군 $\mathbb{C}$ 에서 $\mathbb{C}$ 로의 준동형사상

$$f : \mathbb{C} \to \mathbb{C}, \qquad f(a+bi) = a-bi$$

와 $\mathbb{C}$ 의 부분군 $\mathbb{Z}$ 에 대하여 $f(\mathbb{Z}) = \mathbb{Z}$ 는 $\mathbb{C}$ 의 부분군이다.

예제 68 덧셈군 $2\mathbb{Z}$ 에서 $3\mathbb{Z}$ 로의 준동형사상

$$f : 2\mathbb{Z} \to 3\mathbb{Z}, \qquad f(2m) = 3m$$

과 $2\mathbb{Z}$ 의 부분군 $10\mathbb{Z}$ 에 대하여 $f(10\mathbb{Z}) = 15\mathbb{Z}$ 는 $3\mathbb{Z}$ 의 부분군이다.

예제 69 군 $\mathbb{R}[x]$에서 정의된 준동형사상

$$f : \mathbb{R}[x] \to \mathbb{R}, \qquad f(g(x)) = g(0)$$

와 $\mathbb{R}[x]$의 부분군 $\mathbb{R}$ 에 대하여 $f(\mathbb{R}) = \mathbb{R}$ 은 $\mathbb{R}$ 의 부분군이다.

예제 70 군 $\mathbb{R}[x]$에서 정의된 준동형사상

$$f : \mathbb{R}[x] \to \mathbb{R}[x], \qquad f(g(x)) = g'(x)$$

와 $\mathbb{R}[x]$의 부분군 $\mathbb{R}$ 에 대하여 $f(\mathbb{R}) = \{0\}$은 $\mathbb{R}[x]$의 부분군이다.

예제 71 덧셈군 $\mathbb{Z}_3$에서 $\mathbb{Z}_{12}$로의 준동형사상

$$f : \mathbb{Z}_3 \to \mathbb{Z}_{12}, \qquad f(a) = 4a$$

와 $\mathbb{Z}_3$의 부분군 $\mathbb{Z}_3$에 대하여 $f(\mathbb{Z}_3) = \{0, 4, 8\}$은 $\mathbb{Z}_{12}$의 부분군이다.

예제 72 곱셈군 $\mathbb{R}^*$에서 $\mathbb{R}^*$로의 준동형사상

$$f : \mathbb{R}^* \to \mathbb{R}^*, \qquad f(a) = |a|$$

와 $\mathbb{R}^*$의 부분군 $\mathbb{Q}^*$에 대하여 $f(\mathbb{Q}^*) = \mathbb{Q}^+$는 $\mathbb{R}^*$의 부분군이다.

| 예제 73 일반선형군 $GL_n(\mathbb{R})$에서 정의된 준동형사상

$$f : GL_n(\mathbb{R}) \to \mathbb{R}^*, \qquad f(A) = \det(A)$$

와 $GL_n(\mathbb{R})$의 부분군 $SL_n(\mathbb{R})$에 대하여 $f(SL_n(\mathbb{R})) = \{1\}$은 $\mathbb{R}^*$의 부분군이다.

| 예제 74 군 G와 H에 대하여 정의된 준동형사상

$$f : G \to G \times \{e_H\}, \qquad f(a) = (a, e_H)$$

에 대하여 K가 G의 부분군일 때 $f(K) = K \times \{e_H\}$는 $G \times \{e_H\}$의 부분군이다.

| 예제 75 군 G와 H에 대하여 군 $G \times H$에서 군 $H \times G$로 정의된 준동형사상

$$f : G \times H \to H \times G, \qquad f(a, b) = (b, a)$$

을 생각할 때 $G_1 \times H_1$이 $G \times H$의 부분군이면 $f(G_1 \times H_1) = H_1 \times G_1$은 $H \times G$의 부분군이다.

| 예제 76 위수가 6인 정이면체군 $D_3 = \{1_X, \sigma, \sigma^2, \tau_1, \tau_2, \tau_3\}$에서 대칭군 S_3으로의 준동형사상 $f : D_3 \to S_3$,

$$f(1_X) = 1_{S_3}, \qquad f(\sigma) = (123), \qquad f(\sigma^2) = (132),$$
$$f(\tau_1) = (23), \qquad f(\tau_2) = (13), \qquad f(\tau_3) = (12)$$

와 D_3의 부분군 $H = \{1_X, \sigma, \sigma^2\}$에 대하여 $f(H) = A_3$는 S_3의 부분군이다.

| 예제 77 대칭군 S_n에서 덧셈군 $\mathbb{Z}_2$로의 준동형사상 $\phi : S_n \to \mathbb{Z}_2$,

$$\phi(f) = \begin{cases} 0 & f\text{는 우치환} \\ 1 & f\text{는 기치환} \end{cases}$$

와 S_n의 부분군 A_n에 대하여 $\phi(A_n) = \{0\}$은 $\mathbb{Z}_2$의 부분군이다.

정리 8

군 G_1에서 군 G_2로의 준동형사상 $f : G_1 \to G_2$와 G_2의 부분군 H에 대하여 $f^{-1}(H) = \{a \in G_1 \mid f(a) \in H\}$는 G_1의 부분군이다.

증명 임의의 두 원소 $a, b \in f^{-1}(H)$에 대하여 $f(a) = h$이고 $f(b) = k$인 원소 $h, k \in H$가 존재한다. 그런데 H가 G_2의 부분군이므로 $hk^{-1} \in H$이다. 따라서

$$f(ab^{-1}) = f(a)f(b)^{-1} = hk^{-1} \in H$$

이므로 $a^{-1}b \in f^{-1}(H)$이다. 즉, $f^{-1}(H)$는 G_1의 부분군이다. ▣

예제 78 군 G에서 G로의 준동형사상

$$f : G \to G, \qquad f(a) = e$$

와 G의 부분군 H에 대하여 $f^{-1}(H) = G$는 G의 부분군이다.

예제 79 덧셈군 $\mathbb{Z}$에서 $\mathbb{Z}$로의 준동형사상

$$f : \mathbb{Z} \to \mathbb{Z}, \qquad f(m) = 0$$

와 $\mathbb{Z}$의 부분군 $5\mathbb{Z}$에 대하여 $f^{-1}(5\mathbb{Z}) = \mathbb{Z}$는 $\mathbb{Z}$의 부분군이다.

예제 80 군 G에서 G로의 준동형사상

$$f : G \to G, \qquad f(a) = a$$

와 G의 부분군 H에 대하여 $f^{-1}(H) = H$는 G의 부분군이다.

예제 81 덧셈군 $\mathbb{Z}$에서 $2\mathbb{Z}$로의 준동형사상

$$f : \mathbb{Z} \to 2\mathbb{Z}, \qquad f(m) = 2m$$

와 $2\mathbb{Z}$ 의 부분군 $12\mathbb{Z}$ 에 대하여 $f^{-1}(12\mathbb{Z}) = 6\mathbb{Z}$ 는 $\mathbb{Z}$ 의 부분군이다.

| 예제 82 덧셈군 $\mathbb{Z}$ 에서 $\mathbb{Z}_6$로의 준동형사상

$$f : \mathbb{Z} \to \mathbb{Z}_6, \qquad f(m) = r, \qquad m = 6q + r \ (0 \le r < 6)$$

와 $\mathbb{Z}_6$의 부분군 $H = \{0, 3\}$에 대하여 $f^{-1}(H) = 3\mathbb{Z}$ 는 $\mathbb{Z}$ 의 부분군이다.

| 예제 83 덧셈군 $\mathbb{C}$ 에서 $\mathbb{C}$ 로의 준동형사상

$$f : \mathbb{C} \to \mathbb{C}, \qquad f(a+bi) = a - bi$$

와 $\mathbb{C}$ 의 부분군 $\mathbb{R}$ 에 대하여 $f^{-1}(\mathbb{R}) = \mathbb{R}$ 은 $\mathbb{C}$ 의 부분군이다.

| 예제 84 덧셈군 $2\mathbb{Z}$ 에서 $3\mathbb{Z}$ 로의 준동형사상

$$f : 2\mathbb{Z} \to 3\mathbb{Z}, \qquad f(2m) = 3m$$

와 $3\mathbb{Z}$ 의 부분군 $9\mathbb{Z}$ 에 대하여 $f^{-1}(9\mathbb{Z}) = 6\mathbb{Z}$ 는 $2\mathbb{Z}$ 의 부분군이다.

| 예제 85 군 $\mathbb{R}[x]$에서 $\mathbb{R}$ 로의 준동형사상

$$f : \mathbb{R}[x] \to \mathbb{R}, \qquad f(g(x)) = g(0)$$

와 $\mathbb{R}$ 의 부분군 $\mathbb{Q}$ 에 대하여 $f^{-1}(\mathbb{Q}) = \mathbb{Q}[x]$는 $\mathbb{R}[x]$의 부분군이다.

| 예제 86 군 $\mathbb{R}[x]$에서 정의된 준동형사상

$$f : \mathbb{R}[x] \to \mathbb{R}[x], \qquad f(g(x)) = g'(x)$$

와 $\mathbb{R}[x]$의 부분군 $\mathbb{R}$ 에 대하여 $f^{-1}(\mathbb{R}) = \{ax + b \mid a, b \in \mathbb{R}\}$은 $\mathbb{R}[x]$의 부분군이다.

| 예제 87 덧셈군 $\mathbb{Z}_3$에서 $\mathbb{Z}_{12}$로의 준동형사상

$$f : \mathbb{Z}_3 \to \mathbb{Z}_{12}, \qquad f(a) = 4a$$

와 $\mathbb{Z}_{12}$의 부분군 $H = \{0, 6\}$에 대하여 $f^{-1}(H) = \{0\}$은 $\mathbb{Z}_3$의 부분군이다.

| 예제 88 곱셈군 $\mathbb{R}^*$에서 $\mathbb{R}^*$로의 준동형사상

$$f : \mathbb{R}^* \to \mathbb{R}^*, \qquad f(a) = |a|$$

와 $\mathbb{R}^*$의 부분군 $\mathbb{Q}^+$에 대하여 $f^{-1}(\mathbb{Q}^+) = \mathbb{Q}^*$는 $\mathbb{R}^*$의 부분군이다.

| 예제 89 군 $GL_n(\mathbb{R})$에서 곱셈군 $\mathbb{R}^*$로의 준동형사상

$$f : GL_n(\mathbb{R}) \to \mathbb{R}^*, \qquad f(A) = \det(A)$$

와 $\mathbb{R}^*$의 부분군 $\{1\}$에 대하여 $f^{-1}(\{1\})$은 $GL_n(\mathbb{R})$의 부분군이다.

| 예제 90 군 G와 H에 대하여 정의된 준동형사상

$$f : G \to G \times \{e_H\}, \qquad f(a) = (a, e_H)$$

을 생각하면 $G \times \{e_H\}$의 부분군 $\{e_G\} \times \{e_H\}$을 택할 때 $f^{-1}(\{e_G\} \times \{e_H\}) = \{e_G\}$는 G의 부분군이다.

| 예제 91 군 G와 H에 대하여 정의된 준동형사상

$$f : G \times H \to H \times G, \qquad f(a, b) = (b, a)$$

에서 $H \times G$의 부분군 $H_1 \times G_1$을 택하면 $f^{-1}(H_1 \times G_1) = G_1 \times H_1$은 $G \times H$의 부분군이다.

| 예제 92 위수가 6인 정이면체군 $D_3 = \{1_X, \sigma, \sigma^2, \tau_1, \tau_2, \tau_3\}$에서 대칭군 S_3으로의 준동형사상 $f : D_3 \to S_3$,

$$f(1_X) = 1_{S_3}, \quad f(\sigma) = (123), \quad f(\sigma^2) = (132),$$
$$f(\tau_1) = (23), \quad f(\tau_2) = (13), \quad f(\tau_3) = (12)$$

와 S_3의 부분군 A_3에 대하여 $f^{-1}(A_3) = \{1_X, \sigma, \sigma^2\}$는 D_3의 부분군이다.

예제 93 대칭군 S_n에서 덧셈군 $\mathbb{Z}_2$로의 준동형사상 $\phi : S_n \to \mathbb{Z}_2$,

$$\phi(f) = \begin{cases} 0 & f\text{는 우치환} \\ 1 & f\text{는 기치환} \end{cases}$$

와 $\mathbb{Z}_2$의 부분군 $H = \{0\}$에 대하여 $\phi^{-1}(H) = A_n$는 S_n의 부분군이다.

정리 9

군 G_1에서 군 G_2로의 준동형사상 $f : G_1 \to G_2$에 대하여 G_1의 부분군 H가 아벨군이면 $f(H)$는 아벨군이다.

증명 임의의 두 원소 $a, b \in f(H)$에 대하여 $a = f(h)$이고 $b = f(k)$인 원소 $h, k \in H$가 존재한다. 그런데 H가 아벨군이므로 $hk = kh$이다. 따라서

$$ab = f(h)f(k) = f(hk) = f(kh) = f(k)f(h) = ba$$

이다. 그러므로 $f(H)$는 아벨군이다. ▣

예제 94 군 G에서 G로의 준동형사상

$$f : G \to G, \qquad f(a) = e$$

에 대하여 G의 부분군 H가 아벨군이면 $f(H) = \{e\}$는 아벨군이다.

예제 95 군 G에서 G로의 준동형사상

$$f : G \to G, \qquad f(a) = a$$

에 대하여 G의 부분군 H가 아벨군이면 $f(H)=H$는 아벨군이다.

예제 96 덧셈군 $\mathbb{Z}$ 에서 $2\mathbb{Z}$ 로의 준동형사상

$$f : \mathbb{Z} \to 2\mathbb{Z}, \qquad f(m) = 2m$$

에 대하여 $\mathbb{Z}$ 의 부분군 $5\mathbb{Z}$ 가 아벨군이므로 $f(5\mathbb{Z}) = 10\mathbb{Z}$ 는 아벨군이다.

예제 97 군 $\mathbb{R}[x]$에서 $\mathbb{R}$ 로의 준동형사상

$$f : \mathbb{R}[x] \to \mathbb{R}, \qquad f(g(x)) = g(0)$$

에 대하여 $\mathbb{R}[x]$의 부분군 $\mathbb{Q}[x]$가 아벨군이므로 $f(\mathbb{Q}[x]) = \mathbb{Q}$ 는 아벨군이다.

예제 98 덧셈군 $\mathbb{Z}_3$에서 $\mathbb{Z}_{12}$로의 준동형사상

$$f : \mathbb{Z}_3 \to \mathbb{Z}_{12}, \qquad f(a) = 4a$$

에 대하여 $\mathbb{Z}_3$의 부분군 $\mathbb{Z}_3$이 아벨군이므로 $f(\mathbb{Z}_3) = \{0, 4, 8\}$은 아벨군이다.

예제 99 곱셈군 $\mathbb{R}^*$에서 $\mathbb{R}^*$로의 준동형사상

$$f : \mathbb{R}^* \to \mathbb{R}^*, \qquad f(a) = |a|$$

에 대하여 $\mathbb{R}^*$의 부분군 $\mathbb{Q}^*$가 아벨군이므로 $f(\mathbb{Q}^*) = \mathbb{Q}^+$는 아벨군이다.

예제 100 위수가 6인 정이면체군 $D_3 = \{1_X, \sigma, \sigma^2, \tau_1, \tau_2, \tau_3\}$에서 대칭군 S_3으로의 준동형사상 $f : D_3 \to S_3$,

$$f(1_X) = 1_{S_3}, \qquad f(\sigma) = (1\,2\,3), \qquad f(\sigma^2) = (1\,3\,2),$$
$$f(\tau_1) = (2\,3), \qquad f(\tau_2) = (1\,3), \qquad f(\tau_3) = (1\,2)$$

에 대하여 D_3의 부분군 $H = \{1_X, \sigma, \sigma^2\}$가 아벨군이므로 $f(H) = A_3$는 아벨군이다.

예제 101 대칭군 S_5에서 덧셈군 $\mathbb{Z}_2$로의 준동형사상 $\phi : S_5 \to \mathbb{Z}_2$,

$$\phi(f) = \begin{cases} 0 & f\text{는 우치환} \\ 1 & f\text{는 기치환} \end{cases}$$

에 대하여 S_5의 부분군 $H = \langle (12345) \rangle$가 아벨군이므로 $\phi(H) = \{0\}$은 아벨군이다.

정리 10

군 G_1에서 군 G_2로의 준동형사상 $f : G_1 \to G_2$에 대하여 G_1의 부분군 H가 순환군이면 $f(H)$는 순환군이다.

증명 임의의 원소 $b \in f(H)$를 택하면 $b = f(h)$인 원소 $h \in H$가 존재한다. 한편 가정에 의하여 H가 순환군이므로 적당한 원소 $a \in H$가 존재하여 $H = \langle a \rangle$이다. 따라서 $h = a^i$인 i가 존재하고

$$b = f(h) = f(a^i) = f(a)^i$$

이다. 따라서 $b \in \langle f(a) \rangle$이므로 $f(H) \subset \langle f(a) \rangle$이다. 한편 $a \in H$이므로 명백히 포함관계 $\langle f(a) \rangle \subset f(H)$가 성립한다. 결과적으로

$$f(H) = \langle f(a) \rangle$$

이므로 $f(H)$는 순환군이다. ▣

예제 102 군 G에서 G로의 준동형사상

$$f : G \to G, \qquad f(a) = e$$

에 대하여 G의 부분군 H가 $H = \langle a \rangle$인 순환군이면

$$f(H) = \langle f(a) \rangle = \langle e \rangle$$

는 순환군이다.

| 예제 103 군 G에서 G로의 준동형사상

$$f : G \to G, \qquad f(a) = a$$

에 대하여 G의 부분군 H가 $H = \langle a \rangle$인 순환군이면

$$f(H) = \langle f(a) \rangle = \langle a \rangle = H$$

는 순환군이다.

| 예제 104 덧셈군 $\mathbb{Z}$에서 $2\mathbb{Z}$로의 준동형사상

$$f : \mathbb{Z} \to 2\mathbb{Z}, \qquad f(m) = 2m$$

에 대하여 $\mathbb{Z}$의 부분군 $5\mathbb{Z} = \langle 5 \rangle$가 순환군이므로

$$f(5\mathbb{Z}) = 10\mathbb{Z} = \langle 10 \rangle$$

는 순환군이다.

| 예제 105 군 $\mathbb{R}[x]$에서 $\mathbb{R}$로의 준동형사상

$$f : \mathbb{R}[x] \to \mathbb{R}, \qquad f(g(x)) = g(0)$$

에 대하여 $\mathbb{R}[x]$의 부분군 $\mathbb{Z} = \langle 1 \rangle$이 순환군이므로

$$f(\mathbb{Z}) = \mathbb{Z} = \langle 1 \rangle$$

는 순환군이다.

| 예제 106 덧셈군 $\mathbb{Z}_3$에서 $\mathbb{Z}_{12}$로의 준동형사상

$$f : \mathbb{Z}_3 \to \mathbb{Z}_{12}, \qquad f(a) = 4a$$

에 대하여 $\mathbb{Z}_3$의 부분군 $\mathbb{Z}_3 = \langle 1 \rangle$이 순환군이므로

$$f(\mathbb{Z}_3) = \{0, 4, 8\} = \langle 4 \rangle$$

는 순환군이다.

| 예제 107 군 G와 H에 대하여 군 $G\times H$에서 군 $H\times G$로의 준동형사상을

$$f: G\times H \to H\times G, \qquad f(a,b)=(b,a)$$

로 정의하면 $G\times H$의 부분군 $G_1\times H_1$이 순환군일 때 $G_1\times H_1=\langle (c,d)\rangle$이라면

$$f(G_1\times H_1)=H_1\times G_1=\langle (d,c)\rangle$$

는 순환군이다.

| 예제 108 위수가 6인 정이면체군 $D_3=\{1_X,\sigma,\sigma^2,\tau_1,\tau_2,\tau_3\}$에서 대칭군 S_3으로의 준동형사상 $f: D_3 \to S_3$,

$$f(1_X)=1_{S_3},\qquad f(\sigma)=(1\,2\,3),\qquad f(\sigma^2)=(1\,3\,2),$$
$$f(\tau_1)=(2\,3),\qquad f(\tau_2)=(1\,3),\qquad f(\tau_3)=(1\,2)$$

에 대하여 D_3의 부분군 $H=\{1_X,\sigma,\sigma^2\}=\langle\sigma\rangle$가 순환군이므로

$$f(H)=A_3=\langle (1\,2\,3)\rangle$$

은 순환군이다.

| 예제 109 대칭군 S_5에서 덧셈군 $\mathbb{Z}_2$로의 준동형사상 $\phi: S_5 \to \mathbb{Z}_2$,

$$\phi(f)=\begin{cases}0 & f\text{는 우치환}\\ 1 & f\text{는 기치환}\end{cases}$$

에 대하여 S_5의 부분군 $H=\langle (1\,2\,4\,3)\rangle$는 순환군이므로

$$\phi(H)=\{1\}=\langle 1\rangle$$

은 순환군이다.

정리 11

군 G_1에서 군 G_2로의 준동형사상 $f: G_1 \to G_2$와 G_1의 정규부분군 H에 대하여 $f(H)$는 $f(G_1)$의 정규부분군이다.

증명 $f(H)$가 $f(G_1)$의 부분군이 됨은 명백하다. 이제 임의의 원소 $a \in f(G_1)$와 $b \in f(H)$를 택하면 $a = f(h)$이고 $b = f(k)$인 원소 $h \in G_1, k \in H$가 존재한다. 가정에 의하여 H가 G_1의 정규부분군이므로 $hkh^{-1} \in H$이고

$$aba^{-1} = f(h)f(k)f(h)^{-1} = f(hkh^{-1}) \in f(H)$$

이다. 그러므로 $f(H)$는 $f(G_1)$의 정규부분군이다. ▣

예제 110 군 G에서 G로의 준동형사상

$$f: G \to G, \qquad f(a) = e$$

와 G의 정규부분군 H에 대하여 $f(H) = \{e\}$는 $f(G) = \{e\}$의 정규부분군이다.

예제 111 덧셈군 $\mathbb{Z}$에서 $\mathbb{Z}$로의 준동형사상

$$f: \mathbb{Z} \to \mathbb{Z}, \qquad f(m) = 0$$

와 $\mathbb{Z}$의 정규부분군 $2\mathbb{Z}$에 대하여 $f(2\mathbb{Z}) = \{0\}$는 $f(\mathbb{Z}) = \{0\}$의 정규부분군이다.

예제 112 군 G에서 G로의 준동형사상

$$f: G \to G, \qquad f(a) = a$$

와 G의 정규부분군 H에 대하여 $f(H) = H$는 $f(G) = G$의 정규부분군이다.

예제 113 덧셈군 $\mathbb{Z}$에서 $2\mathbb{Z}$로의 준동형사상

$$f : \mathbb{Z} \to 2\mathbb{Z}, \qquad f(m) = 2m$$

와 $\mathbb{Z}$의 정규부분군 $5\mathbb{Z}$에 대하여 $f(5\mathbb{Z}) = 10\mathbb{Z}$는 $f(\mathbb{Z}) = 2\mathbb{Z}$의 정규부분군이다.

| 예제 114 덧셈군 $\mathbb{Z}$에서 $\mathbb{Z}_2$로의 준동형사상

$$f : \mathbb{Z} \to \mathbb{Z}_2, \qquad f(m) = r, \qquad m = 2q + r \quad (0 \le r < 2)$$

와 $\mathbb{Z}$의 정규부분군 $3\mathbb{Z}$에 대하여 $f(3\mathbb{Z}) = \mathbb{Z}_2$는 $f(\mathbb{Z}) = \mathbb{Z}_2$의 정규부분군이다.

| 예제 115 덧셈군 $\mathbb{C}$에서 $\mathbb{C}$로의 준동형사상

$$f : \mathbb{C} \to \mathbb{C}, \qquad f(a+bi) = a - bi$$

와 $\mathbb{C}$의 정규부분군 $\mathbb{R}$에 대하여 $f(\mathbb{R}) = \mathbb{R}$는 $f(\mathbb{C}) = \mathbb{C}$의 정규부분군이다.

| 예제 116 덧셈군 $2\mathbb{Z}$에서 $3\mathbb{Z}$로의 준동형사상

$$f : 2\mathbb{Z} \to 3\mathbb{Z}, \qquad f(2m) = 3m$$

과 $2\mathbb{Z}$의 정규부분군 $10\mathbb{Z}$에 대하여 $f(10\mathbb{Z}) = 15\mathbb{Z}$는 $f(2\mathbb{Z}) = 3\mathbb{Z}$의 정규부분군이다.

| 예제 117 덧셈군 $\mathbb{R}[x]$에서 $\mathbb{R}$로의 준동형사상

$$f : \mathbb{R}[x] \to \mathbb{R}, \qquad f(g(x)) = g(0)$$

와 $\mathbb{R}[x]$의 정규부분군 $\mathbb{R}$에 대하여 $f(\mathbb{R}) = \mathbb{R}$은 $f(\mathbb{R}[x]) = \mathbb{R}$의 정규부분군이다.

| 예제 118 덧셈군 $\mathbb{R}[x]$에서 $\mathbb{R}[x]$로의 준동형사상

$$f : \mathbb{R}[x] \to \mathbb{R}[x], \qquad f(g(x)) = g'(x)$$

와 $\mathbb{R}[x]$의 정규부분군 $\mathbb{R}$에 대하여 $f(\mathbb{R}) = \{0\}$은 $f(\mathbb{R}[x]) = \mathbb{R}[x]$의 정규부분군이다.

| 예제 119 덧셈군 $\mathbb{Z}_3$에서 $\mathbb{Z}_{12}$로의 준동형사상

$$f : \mathbb{Z}_3 \to \mathbb{Z}_{12}, \qquad f(a) = 4a$$

와 $\mathbb{Z}_3$의 정규부분군 $\{0\}$에 대하여 $f(\{0\}) = \{0\}$은 $f(\mathbb{Z}_3) = \{0, 4, 8\}$의 정규부분군이다.

| 예제 120 곱셈군 $\mathbb{R}^*$에서 $\mathbb{R}^*$로의 준동형사상

$$f : \mathbb{R}^* \to \mathbb{R}^*, \qquad f(a) = |a|$$

와 $\mathbb{R}^*$의 정규부분군 $\mathbb{Q}^*$에 대하여 $f(\mathbb{Q}^*) = \mathbb{Q}^+$는 $f(\mathbb{R}^*) = \mathbb{R}^+$의 정규부분군이다.

| 예제 121 일반선형군 $GL_n(\mathbb{R})$에서 곱셈군 $\mathbb{R}^*$로의 준동형사상

$$f : GL_n(\mathbb{R}) \to \mathbb{R}^*, \qquad f(A) = \det(A)$$

와 일반선형군 $GL_n(\mathbb{R})$의 정규부분군 $SL_n(\mathbb{R})$에 대하여 $f(SL_n(\mathbb{R})) = \{1\}$은 $f(GL_n(\mathbb{R})) = \mathbb{R}^*$의 정규부분군이다.

| 예제 122 위수가 6인 정이면체군 $D_3 = \{1_X, \sigma, \sigma^2, \tau_1, \tau_2, \tau_3\}$에서 대칭군 S_3으로의 준동형사상 $f : D_3 \to S_3$,

$$f(1_X) = 1_{S_3}, \qquad f(\sigma) = (1\,2\,3), \qquad f(\sigma^2) = (1\,3\,2),$$
$$f(\tau_1) = (2\,3), \qquad f(\tau_2) = (1\,3), \qquad f(\tau_3) = (1\,2)$$

와 D_3의 정규부분군 $H = \{1_X, \sigma, \sigma^2\}$에 대하여 $f(H) = A_3$는 $f(D_3) = S_3$의 정규부분군이다.

| 예제 123 대칭군 S_5에서 덧셈군 $\mathbb{Z}_2$로의 준동형사상 $\phi : S_5 \to \mathbb{Z}_2$,

$$\phi(f) = \begin{cases} 0 & f\text{는 우치환} \\ 1 & f\text{는 기치환} \end{cases}$$

와 S_5의 정규부분군 A_5에 대하여 $\phi(A_5)=\{0\}$는 $\phi(S_5)=\mathbb{Z}_2$의 정규부분군이다.

정리 12

군 G_1에서 군 G_2로의 준동형사상 $\phi : G_1 \to G_2$에 대하여 다음 명제는 거짓명제이다.

"H가 G_1의 정규부분군이면 $f(H)$는 G_2의 정규부분군이다."

증명 주어진 명제의 반례를 다음과 같이 제시할 수 있다.
군 $G_1=S_3$, $G_2=S_4$에 대하여 준동형사상 $\phi : S_3 \to S_4$를

$$\phi(f)=g \quad (\text{단, } g(n)=f(n), n=1,2,3\text{이고 } g(4)=4)$$

로 정의하자. 그러면 A_3는 G_1의 정규부분군이다. 또한 $\phi((1\,2\,3))\in\phi(A_3)$와 $(3\,4)\in S_4$에 대하여

$$h=(3\,4)\phi((1\,2\,3))(3\,4)^{-1}=(3\,4)\phi((1\,2\,3))(3\,4)$$

으로 놓으면 $h(4)=1\neq 4$이다. 즉, $h\notin\phi(A_3)$이다. 따라서 $\phi(A_3)$는 S_4의 정규부분군이 될 수 없다. ▣

정리 13

군 G_1에서 군 G_2로의 준동형사상 $f : G_1 \to G_2$와 G_2의 정규부분군 H에 대하여 $f^{-1}(H)=\{a\in G_1 \mid f(a)\in H\}$는 G_1의 정규부분군이다.

증명 우선 $f^{-1}(H)$가 G_1의 부분군임은 명백하다. 한편 임의의 원소 $a\in G_1$와 $b\in f^{-1}(H)$에 대하여 $f(b)=h$인 원소 $h\in H$가 존재한다. 그런데 H가 G_2의 정규부분군이므로 $f(a)hf(a)^{-1}\in H$이고

$$f(aba^{-1})=f(a)f(b)f(a)^{-1}=f(a)hf(a)^{-1}$$

이므로 $f(aba^{-1})\in H$이다. 따라서 $aba^{-1}\in f^{-1}(H)$이므로 $f^{-1}(H)$는 G_1의 정규

부분군이다. ▣

예제 124 군 G에서 G로의 준동형사상

$$f : G \to G, \qquad f(a) = e$$

와 G의 정규부분군 H에 대하여 $f^{-1}(H) = G$는 G의 정규부분군이다.

예제 125 덧셈군 $\mathbb{Z}$에서 $\mathbb{Z}$로의 준동형사상

$$f : \mathbb{Z} \to \mathbb{Z}, \qquad f(m) = 0$$

와 $\mathbb{Z}$의 정규부분군 $5\mathbb{Z}$에 대하여 $f^{-1}(5\mathbb{Z}) = \mathbb{Z}$는 $\mathbb{Z}$의 정규부분군이다.

예제 126 군 G에서 G로의 준동형사상

$$f : G \to G, \qquad f(a) = a$$

와 G의 정규부분군 H에 대하여 $f^{-1}(H) = H$는 G의 정규부분군이다.

예제 127 덧셈군 $\mathbb{Z}$에서 $2\mathbb{Z}$로의 준동형사상

$$f : \mathbb{Z} \to 2\mathbb{Z}, \qquad f(m) = 2m$$

와 $2\mathbb{Z}$의 정규부분군 $12\mathbb{Z}$에 대하여 $f^{-1}(12\mathbb{Z}) = 6\mathbb{Z}$는 $\mathbb{Z}$의 정규부분군이다.

예제 128 덧셈군 $\mathbb{Z}$에서 $\mathbb{Z}_6$로의 준동형사상

$$f : \mathbb{Z} \to \mathbb{Z}_6, \qquad f(m) = r, \qquad m = 6q + r \ \ (0 \le r < 6)$$

와 $\mathbb{Z}_6$의 정규부분군 $H = \{0, 3\}$에 대하여 $f^{-1}(H) = 3\mathbb{Z}$는 $\mathbb{Z}$의 정규부분군이다.

예제 129 덧셈군 $\mathbb{C}$에서 $\mathbb{C}$로의 준동형사상

$$f : \mathbb{C} \to \mathbb{C}, \qquad f(a+bi) = a-bi$$

와 $\mathbb{C}$ 의 정규부분군 $\mathbb{R}$ 에 대하여 $f^{-1}(\mathbb{R}) = \mathbb{R}$ 는 $\mathbb{C}$ 의 정규부분군이다.

예제 130 덧셈군 $2\mathbb{Z}$ 에서 $3\mathbb{Z}$ 로의 준동형사상

$$f : 2\mathbb{Z} \to 3\mathbb{Z}, \qquad f(2m) = 3m$$

와 $3\mathbb{Z}$ 의 정규부분군 $9\mathbb{Z}$ 에 대하여 $f^{-1}(9\mathbb{Z}) = 6\mathbb{Z}$ 는 $2\mathbb{Z}$ 의 정규부분군이다.

예제 131 군 $\mathbb{R}[x]$에서 $\mathbb{R}$ 로의 준동형사상

$$f : \mathbb{R}[x] \to \mathbb{R}, \qquad f(g(x)) = g(0)$$

와 $\mathbb{R}$ 의 정규부분군 $\mathbb{R}$ 에 대하여 $f^{-1}(\mathbb{R}) = \mathbb{R}[x]$는 $\mathbb{R}[x]$의 정규부분군이다.

예제 132 덧셈군 $\mathbb{R}[x]$에서 $\mathbb{R}[x]$로의 준동형사상

$$f : \mathbb{R}[x] \to \mathbb{R}[x], \qquad f(g(x)) = g'(x)$$

와 $\mathbb{R}[x]$의 정규부분군 $\mathbb{R}$ 에 대하여 $f^{-1}(\mathbb{R}) = \{ax+b \mid a, b \in \mathbb{R}\}$은 $\mathbb{R}[x]$의 정규부분군이다.

예제 133 덧셈군 $\mathbb{Z}_3$에서 $\mathbb{Z}_{12}$로의 준동형사상

$$f : \mathbb{Z}_3 \to \mathbb{Z}_{12}, \qquad f(a) = 4a$$

와 $\mathbb{Z}_{12}$의 정규부분군 $H = \{0, 6\}$에 대하여 $f^{-1}(H) = \{0\}$은 $\mathbb{Z}_3$의 정규부분군이다.

예제 134 곱셈군 $\mathbb{R}^*$에서 $\mathbb{R}^*$로의 준동형사상

$$f : \mathbb{R}^* \to \mathbb{R}^*, \qquad f(a) = |a|$$

와 $\mathbb{R}^*$의 정규부분군 $H = \mathbb{Q}^+$에 대하여 $f^{-1}(H) = \mathbb{Q}^*$는 $\mathbb{R}^*$의 정규부분군이다.

예제 135 군 $GL_n(\mathbb{R})$에서 곱셈군 $\mathbb{R}^*$로의 준동형사상

$$f : GL_n(\mathbb{R}) \to \mathbb{R}^*, \qquad f(A) = \det(A)$$

와 $\mathbb{R}^*$의 정규부분군 $H = \{1\}$에 대하여 $f^{-1}(H)$는 $GL_n(\mathbb{R})$의 정규부분군이다.

예제 136 위수가 6인 정이면체군 $D_3 = \{1_X, \sigma, \sigma^2, \tau_1, \tau_2, \tau_3\}$에서 대칭군 S_3으로의 준동형사상 $f : D_3 \to S_3$,

$$f(1_X) = 1_{S_3}, \qquad f(\sigma) = (1\,2\,3), \qquad f(\sigma^2) = (1\,3\,2),$$
$$f(\tau_1) = (2\,3), \qquad f(\tau_2) = (1\,3), \qquad f(\tau_3) = (1\,2)$$

와 S_3의 정규부분군 A_3에 대하여 $f^{-1}(A_3) = \{1_X, \sigma, \sigma^2\}$는 D_3의 정규부분군이다.

예제 137 대칭군 S_5에서 덧셈군 $\mathbb{Z}_2$로의 준동형사상 $\phi : S_5 \to \mathbb{Z}_2$,

$$\phi(f) = \begin{cases} 0 & f\text{는 우치환} \\ 1 & f\text{는 기치환} \end{cases}$$

와 $\mathbb{Z}_2$의 정규부분군 $H = \{0\}$에 대하여 $\phi^{-1}(H) = A_5$는 S_5의 정규부분군이다.

정의 14

군 G_1에서 군 G_2로의 준동형사상 $f : G_1 \to G_2$에 대하여 G_1의 부분집합

$$\ker f = \{a \in G_1 \mid f(a) = e_{G_2}\}$$

를 f의 **핵**(kernel)이라고 한다.

예제 138 군 G에 대하여

$$f : G \to G, \qquad f(a) = e$$

로 정의된 준동형사상의 $\ker f$는

$$\ker f = \{a \in G \mid f(a) = e\} = G$$

예제 139 덧셈군 $\mathbb{Z}$에 대하여

$$f: \mathbb{Z} \to \mathbb{Z}, \qquad f(m) = 0$$

로 정의된 준동형사상의 $\ker f$는

$$\ker f = \{a \in \mathbb{Z} \mid f(a) = 0\} = \mathbb{Z}$$

예제 140 군 G에 대하여

$$f: G \to G, \qquad f(a) = a$$

로 정의된 준동형사상의 $\ker f$는

$$\ker f = \{a \in G \mid f(a) = e\} = \{a \in G \mid a = e\} = \{e\}$$

예제 141 덧셈군 $\mathbb{Z}$와 $2\mathbb{Z}$에 대하여

$$f: \mathbb{Z} \to 2\mathbb{Z}, \qquad f(m) = 2m$$

으로 정의된 준동형사상의 $\ker f$는

$$\ker f = \{m \in \mathbb{Z} \mid f(m) = 0\} = \{m \in \mathbb{Z} \mid 2m = 0\} = \{0\}$$

예제 142 군 $\mathbb{Z}$와 $\mathbb{Z}_2$에 대하여

$$f: \mathbb{Z} \to \mathbb{Z}_2, \qquad f(m) = r, \qquad m = 2q + r\ (0 \le r < 2)$$

로 정의된 준동형사상의 $\ker f$는

$$\ker f = \{m \in \mathbb{Z} \mid f(m) = 0\} = \{2q + r \in \mathbb{Z} \mid r = 0\} = 2\mathbb{Z}$$

예제 143 덧셈군 $\mathbb{C}$ 에 대하여

$$f : \mathbb{C} \to \mathbb{C}, \qquad f(a+bi) = a-bi$$

로 정의된 준동형사상의 $\ker f$는

$$\ker f = \{a+bi \in \mathbb{C} \mid f(a+bi) = 0\} = \{a+bi \in \mathbb{C} \mid a-bi = 0\} = \{0\}$$

예제 144 덧셈군 $2\mathbb{Z}$ 와 $3\mathbb{Z}$ 에 대하여

$$f : 2\mathbb{Z} \to 3\mathbb{Z}, \qquad f(2m) = 3m$$

으로 정의된 준동형사상의 $\ker f$는

$$\ker f = \{2m \in 2\mathbb{Z} \mid f(2m) = 0\} = \{2m \in 2\mathbb{Z} \mid 3m = 0\} = \{0\}$$

예제 145 덧셈군 $\mathbb{R}[x]$과 $\mathbb{R}$ 에 대하여

$$f : \mathbb{R}[x] \to \mathbb{R}, \qquad f(g(x)) = g(0)$$

으로 정의된 준동형사상의 $\ker f$는

$$\begin{aligned}\ker f &= \{g(x) \in \mathbb{R}[x] \mid f(g(x)) = 0\} = \{g(x) \in \mathbb{R}[x] \mid g(0) = 0\} \\ &= \{xh(x) \in \mathbb{R}[x] \mid h(x) \in \mathbb{R}[x]\}\end{aligned}$$

예제 146 덧셈군 $\mathbb{R}[x]$에 대하여

$$f : \mathbb{R}[x] \to \mathbb{R}[x], \qquad f(g(x)) = g'(x)$$

로 정의된 준동형사상의 $\ker f$는

$$\begin{aligned}\ker f &= \{g(x) \in \mathbb{R}[x] \mid f(g(x)) = 0\} = \{g(x) \in \mathbb{R}[x] \mid g'(x) = 0\} \\ &= \{g(x) \in \mathbb{R}[x] \mid g(x) \in \mathbb{R}\} = \mathbb{R}\end{aligned}$$

예제 147 덧셈군 $\mathbb{Z}_3$와 $\mathbb{Z}_{12}$에 대하여

$$f : \mathbb{Z}_3 \to \mathbb{Z}_{12}, \qquad f(a) = 4a$$

로 정의된 준동형사상의 $\ker f$는

$$\ker f = \{a \in \mathbb{Z}_3 \mid f(a) = 0\} = \{a \in \mathbb{Z}_3 \mid 4a = 0\} = \{0\}$$

예제 148 곱셈군 $\mathbb{Q}^*$에 대하여

$$f : \mathbb{Q}^* \to \mathbb{Q}^*, \qquad f(a) = \frac{1}{a}$$

로 정의된 준동형사상 의 $\ker f$는

$$\ker f = \{a \in \mathbb{Q}^* \mid f(a) = 1\} = \left\{a \in \mathbb{Q}^* \mid \frac{1}{a} = 1\right\} = \{1\}$$

예제 149 곱셈군 $\mathbb{R}^+$와 덧셈군 $\mathbb{R}$에 대하여

$$f : \mathbb{R}^+ \to \mathbb{R}, \qquad f(a) = \log_2 a$$

로 정의된 준동형사상의 $\ker f$는

$$\ker f = \{a \in \mathbb{R}^+ \mid f(a) = 0\} = \{a \in \mathbb{R}^+ \mid \log_2 a = 0\} = \{1\}$$

예제 150 곱셈군 $\mathbb{R}^*$에 대하여

$$f : \mathbb{R}^* \to \mathbb{R}^*, \qquad f(a) = |a|$$

로 정의된 준동형사상의 $\ker f$는

$$\ker f = \{a \in \mathbb{R}^* \mid f(a) = 1\} = \{a \in \mathbb{R}^* \mid |a| = 1\} = \{-1, 1\}$$

예제 151 곱셈군 $\mathbb{C}^*$에 대하여

$$f : \mathbb{C}^* \to \mathbb{C}^*, \qquad f(a+bi) = (a+bi)^2$$

로 정의된 준동형사상의 $\ker f$는

$$\ker f = \{a+bi \in \mathbb{C}^* \mid f(a+bi) = 0\} = \{a+bi \in \mathbb{C}^* \mid (a+bi)^2 = 0\} = \{0\}$$

▎예제 152 덧셈군 $\mathbb{Z}$와 곱셈군 $G = \left\{\begin{pmatrix}1 & n\\0 & 1\end{pmatrix} \mid n \in \mathbb{Z}\right\}$에 대하여

$$f : \mathbb{Z} \to G, \qquad f(n) = \begin{pmatrix}1 & n\\0 & 1\end{pmatrix}$$

으로 정의된 준동형사상의 $\ker f$는

$$\ker f = \{n \in \mathbb{Z} \mid f(n) = I_2\} = \{0\}$$

▎예제 153 일반선형군 $GL_n(\mathbb{R})$와 곱셈군 $\mathbb{R}^*$에 대하여

$$f : GL_n(\mathbb{R}) \to \mathbb{R}^*, \qquad f(A) = \det(A)$$

로 정의된 준동형사상의 $\ker f$는

$$\ker f = \{A \in GL_n(\mathbb{R}) \mid f(A) = 1\} = \{A \in GL_n(\mathbb{R}) \mid \det(A) = 1\} = SL_n(\mathbb{R})$$

▎예제 154 특별선형군 $SL_n(\mathbb{R})$에 속한 행렬 A를 이용하여 정의된 준동형사상

$$f : SL_n(\mathbb{R}) \to SL_n(\mathbb{R}), \qquad f(B) = ABA^{-1}$$

의 $\ker f$는

$$\ker f = \{B \in SL_n(\mathbb{R}) \mid f(B) = I_n\} = \{B \in SL_n(\mathbb{R}) \mid ABA^{-1} = I_n\} = \{I_n\}$$

▎예제 155 군 G, H, $G \times H$에 대하여

$$f : G \to G \times \{e_H\}, \qquad f(a) = (a, e_H)$$

로 정의된 준동형사상의 $\ker f$는

$$\ker f = \{a \in G \mid f(a) = (e_G, e_H)\} = \{a \in G \mid (a, e_G) = (e_G, e_H)\} = \{e_G\}$$

예제 156 군 G와 군 H에 대하여

$$f : G\times H \to H\times G, \qquad f(a,b)=(b,a)$$

로 정의된 준동형사상의 $\ker f$는

$$\begin{aligned}\ker f &= \{(a,b)\in G\times H \mid f(a,b)=(e_H, e_G)\}\\ &= \{(a,b)\in G\times H \mid (b,a)=(e_H, e_G)\}\\ &= \{(e_G, e_H)\}\end{aligned}$$

예제 157 곱셈군 $G=\{2^m3^n \mid m,n\in \mathbb{Z}\}$와 덧셈군 $\mathbb{Z}\times\mathbb{Z}$에 대하여

$$f : G\to \mathbb{Z}\times\mathbb{Z}, \qquad f(2^m3^n)=(m,n)$$

으로 정의된 준동형사상의 $\ker f$는

$$\ker f = \{2^m3^n\in G \mid f(2^m3^n)=(0,0)\}=\{2^m3^n\in G \mid (m,n)=(0,0)\}=\{1\}$$

예제 158 위수가 6인 정이면체군 $D_3=\{1_X, \sigma, \sigma^2, \tau_1, \tau_2, \tau_3\}$에서 대칭군 S_3으로의 준동형사상 $f : D_3\to S_3$

$$\begin{aligned}&f(1_X)=1_{S_3}, \qquad f(\sigma)=(1\,2\,3), \qquad f(\sigma^2)=(1\,3\,2),\\ &f(\tau_1)=(2\,3), \qquad f(\tau_2)=(1\,3), \qquad f(\tau_3)=(1\,2)\end{aligned}$$

에 대하여

$$\ker f = \{\rho\in D_3 \mid f(\rho)=1_{S_3}\}=\{1_X\}$$

예제 159 대칭군 S_5에서 덧셈군 $\mathbb{Z}_2$로의 준동형사상 $\phi : S_5\to\mathbb{Z}_2$,

$$\phi(f)=\begin{cases}0 & f\text{는 우치환}\\ 1 & f\text{는 기치환}\end{cases}$$

에 대하여

$$\ker\phi = \{f \in S_5 \mid \phi(f) = 0\} = A_5$$

정리 15

군 G_1에서 군 G_2로의 준동형사상 $f: G_1 \to G_2$에 대하여 $\ker f = \{e_{G_1}\}$이기 위한 필요충분조건은 f가 일대일사상이다.

증명 우선 $\ker f = \{e_{G_1}\}$이라고 가정하자. $f(a) = f(b)$이라면 $f(a)^{-1}f(b) = e_{G_2}$이고 f가 준동형사상이므로 $f(a^{-1}b) = e_{G_2}$이다. 따라서

$$a^{-1}b \in \ker f = \{e_{G_1}\}$$

이므로 $a^{-1}b = e_{G_1}$이고 $a = b$이다. 그러므로 f는 일대일사상이다.

역으로 f가 일대일사상이라고 가정하자. 만일 $a \in \ker f$이라면 $f(a) = e_{G_2}$이다. 그런데 f가 준동형사상이므로 $f(e_{G_1}) = e_{G_2}$이다. 따라서 $a = e_{G_1}$이므로

$$\ker f \subset \{e_{G_1}\}$$

이다. 한편 $\{e_{G_1}\} \subset \ker f$임은 명백하므로 결과적으로 $\ker f = \{e_{G_1}\}$이 성립한다.

▣

예제 160 군 G에 대하여

$$f: G \to G, \qquad f(a) = e$$

로 정의된 준동형사상은 $G \neq \{e\}$일 때 $\ker f = G \neq \{e\}$이므로 f는 일대일사상이 아니다.

예제 161 덧셈군 $\mathbb{Z}$에 대하여

$$f: \mathbb{Z} \to \mathbb{Z}, \qquad f(m) = 0$$

로 정의된 준동형사상은 $\ker f = \mathbb{Z} \neq \{0\}$이므로 f는 일대일사상이 아니다.

예제 162 군 G에 대하여

$$f : G \to G, \qquad f(a) = a$$

로 정의된 준동형사상은 $\ker f = \{e\}$을 만족시키므로 f는 일대일사상이다.

예제 163 덧셈군 $\mathbb{Z}$에서 $2\mathbb{Z}$로의 준동형사상

$$f : \mathbb{Z} \to 2\mathbb{Z}, \qquad f(m) = 2m$$

에 대하여 $\ker f = \{0\}$이므로 f는 일대일사상이다.

예제 164 덧셈군 $\mathbb{Z}$에서 $\mathbb{Z}_2$로의 준동형사상

$$f : \mathbb{Z} \to \mathbb{Z}_2, \qquad f(m) = r, \qquad m = 2q + r \ (0 \le r < 2)$$

에 대하여 $\ker f = 2\mathbb{Z} \neq \{0\}$이므로 f는 일대일사상이 될 수 없다.

예제 165 덧셈군 $\mathbb{C}$에서 $\mathbb{C}$로의 준동형사상

$$f : \mathbb{C} \to \mathbb{C}, \qquad f(a+bi) = a - bi$$

에 대하여 $\ker f = \{0\}$이므로 f는 일대일사상이다.

예제 166 덧셈군 $2\mathbb{Z}$에서 $3\mathbb{Z}$로의 준동형사상

$$f : 2\mathbb{Z} \to 3\mathbb{Z}, \qquad f(2m) = 3m$$

에 대하여 $\ker f = \{0\}$이므로 f는 일대일사상이다.

예제 167 군 $\mathbb{R}[x]$에서 $\mathbb{R}$로의 준동형사상

$$f : \mathbb{R}[x] \to \mathbb{R}, \qquad f(g(x)) = g(0)$$

에 대하여 $x \neq 0 \in \ker f$이므로 $\ker f \neq \{0\}$이다. 따라서 f는 일대일사상이 아니다.

▌예제 168 군 $\mathbb{R}[x]$에서 정의된 준동형사상

$$f : \mathbb{R}[x] \to \mathbb{R}[x], \qquad f(g(x)) = g'(x)$$

에 대하여 $2 \neq 0 \in \ker f$이므로 $\ker f \neq \{0\}$이다. 따라서 f는 일대일사상이 아니다.

▌예제 169 덧셈군 $\mathbb{Z}_3$에서 $\mathbb{Z}_{12}$로의 준동형사상

$$f : \mathbb{Z}_3 \to \mathbb{Z}_{12}, \qquad f(a) = 4a$$

에 대하여 $\ker f = \{0\}$이므로 f는 일대일사상이다.

▌예제 170 곱셈군 $\mathbb{Q}^*$에서 $\mathbb{Q}^*$로의 준동형사상

$$f : \mathbb{Q}^* \to \mathbb{Q}^*, \qquad f(a) = \frac{1}{a}$$

에 대하여 $\ker f = \{1\}$이므로 f는 일대일사상이다.

▌예제 171 곱셈군 $\mathbb{R}^*$에서 $\mathbb{R}^*$로의 준동형사상

$$f : \mathbb{R}^* \to \mathbb{R}^*, \qquad f(a) = |a|$$

에 대하여 $-1 \neq 1 \in \ker f$이므로 $\ker f \neq \{1\}$이다. 따라서 f는 일대일사상이 아니다.

▌예제 172 곱셈군 $\mathbb{R}^+$에서 덧셈군 $\mathbb{R}$으로의 준동형사상

$$f : \mathbb{R}^+ \to \mathbb{R}, \qquad f(a) = \log_2 a$$

에 대하여 $\ker f = \{1\}$이므로 f는 일대일사상이다.

예제 173 곱셈군 $\mathbb{C}^*$에서 $\mathbb{C}^*$로의 준동형사상

$$f : \mathbb{C}^* \to \mathbb{C}^*, \qquad f(a+bi) = (a+bi)^2$$

에 대하여 $-1 \neq 1 \in \ker f$이므로 $\ker f \neq \{1\}$이다. 그러므로 f는 일대일사상이 아니다.

예제 174 덧셈군 $\mathbb{Z}$에서 곱셈군 $G = \left\{ \begin{pmatrix} 1 & n \\ 0 & 1 \end{pmatrix} \mid n \in \mathbb{Z} \right\}$로의 준동형사상

$$f : \mathbb{Z} \to G, \qquad f(n) = \begin{pmatrix} 1 & n \\ 0 & 1 \end{pmatrix}$$

에 대하여 $\ker f = \{0\}$이므로 f는 일대일사상이다.

예제 175 곱셈군 $GL_2(\mathbb{R})$에서 군 $\mathbb{R}^*$으로의 준동형사상

$$f : GL_2(\mathbb{R}) \to \mathbb{R}^*, \qquad f(A) = \det(A)$$

에 대하여 $\begin{pmatrix} 2 & 1 \\ 1 & 1 \end{pmatrix} \neq I_2 \in \ker f$이므로 $\ker f \neq \{I_2\}$이다. 따라서 f는 일대일사상이 아니다.

예제 176 특별선형군 $SL_n(\mathbb{R})$에 속한 행렬 A를 이용하여 $SL_n(\mathbb{R})$에서 정의된 준동형사상

$$f : SL_n(\mathbb{R}) \to SL_n(\mathbb{R}), \qquad f(B) = ABA^{-1}$$

에 대하여 $\ker f = \{I_n\}$이므로 f는 일대일사상이다.

예제 177 군 G, H, $G \times H$에 대하여

$$f : G \to G \times \{e_H\}, \qquad f(a) = (a, e_H)$$

로 정의된 준동형사상에서 $\ker f = \{e_G\}$이므로 f는 일대일사상이다.

예제 178 군 G와 군 H에 대하여

$$f : G \times H \to H \times G, \qquad f(a, b) = (b, a)$$

로 정의된 준동형사상에서 $\ker f = \{(e_G, e_H)\}$이므로 f는 일대일사상이다.

예제 179 곱셈군 $G = \{2^m 3^n \mid m, n \in \mathbb{Z}\}$와 덧셈군 $\mathbb{Z} \times \mathbb{Z}$에 대하여

$$f : G \to \mathbb{Z} \times \mathbb{Z}, \qquad f(2^m 3^n) = (m, n)$$

으로 정의된 준동형사상에서 $\ker f = \{1\}$이므로 f는 일대일사상이다.

예제 180 위수가 6인 정이면체군 $D_3 = \{1_X, \sigma, \sigma^2, \tau_1, \tau_2, \tau_3\}$와 대칭군 S_3에 대하여 준동형사상 $f : D_3 \to S_3$를

$$f(1_X) = 1_{S_3}, \qquad f(\sigma) = (1\,2\,3), \qquad f(\sigma^2) = (1\,3\,2),$$
$$f(\tau_1) = (2\,3), \qquad f(\tau_2) = (1\,3), \qquad f(\tau_3) = (1\,2)$$

로 정의하면 $\ker f = \{1_X\}$이므로 f는 일대일사상이다.

예제 181 대칭군 S_5에서 덧셈군 $\mathbb{Z}_2$로의 준동형사상 $\phi : S_5 \to \mathbb{Z}_2$,

$$\phi(f) = \begin{cases} 0 & f\text{는 우치환} \\ 1 & f\text{는 기치환} \end{cases}$$

에 대하여 $\ker \phi = A_5 \neq \{1_{S_5}\}$이므로 f는 일대일사상이 아니다.

정리 16

군 G_1, G_2에서 정의된 준동형사상 $f : G_1 \to G_2$에 대하여 $\ker f$는 G_1의 정규부분군이다.

증명 $\ker f$가 G_1의 정규부분군임을 다음과 같이 보일 수 있다.

(i) 임의의 원소 $a, b \in \ker f$에 대하여 $f(a) = f(b) = e_{G_2}$이다. 따라서

$$\begin{aligned} f(ab^{-1}) &= f(a)f(b^{-1}) = f(a)f(b)^{-1} \\ &= e_{G_2}e_{G_2}^{-1} = e_{G_2}e_{G_2} \\ &= e_{G_2} \end{aligned}$$

이므로 $ab^{-1} \in \ker f$이다. 그러므로 $\ker f$는 G_1의 부분군이다.

(ii) 임의의 원소 $a \in G_1$과 $b \in \ker f$에 대하여

$$\begin{aligned} f(aba^{-1}) &= f(a)f(b)f(a^{-1}) = f(a)e_{G_2}f(a^{-1}) \\ &= f(a)f(a^{-1}) = f(aa^{-1}) = f(e_{G_1}) \\ &= e_{G_2} \end{aligned}$$

따라서 $aba^{-1} \in \ker f$이다.

결과적으로 (i)과 (ii)에 의하여 $\ker f$는 G_1의 정규부분군이다. ▣

예제 182 덧셈군 $\mathbb{Z}$와 $\mathbb{Z}_2$에 대하여

$$f : \mathbb{Z} \to \mathbb{Z}_2, \qquad f(m) = r, \qquad m = 2q + r \ \ (0 \le r < 2)$$

로 정의된 준동형사상 f에서

$$\ker f = 2\mathbb{Z}$$

는 $\mathbb{Z}$의 정규부분군이다.

예제 183 덧셈군 $\mathbb{R}[x]$과 $\mathbb{R}$에 대하여

$$f : \mathbb{R}[x] \to \mathbb{R}, \qquad f(g(x)) = g(0)$$

로 정의된 준동형사상 f에서

$$\ker f = \{xh(x) \in \mathbb{R}[x] \mid h(x) \in \mathbb{R}[x]\}$$

는 $\mathbb{R}[x]$의 정규부분군이다.

예제 184 덧셈군 $\mathbb{R}[x]$에 대하여

$$f : \mathbb{R}[x] \to \mathbb{R}[x], \qquad f(g(x)) = g'(x)$$

로 정의된 준동형사상 f에서

$$\ker f = \mathbb{R}$$

는 $\mathbb{R}[x]$의 정규부분군이다.

예제 185 곱셈군 $\mathbb{R}^*$에 대하여

$$f : \mathbb{R}^* \to \mathbb{R}^*, \qquad f(a) = |a|$$

로 정의된 준동형사상 f에서

$$\ker f = \{-1, 1\}$$

는 $\mathbb{R}^*$의 정규부분군이다.

예제 186 일반선형군 $GL_n(\mathbb{R})$와 곱셈군 $\mathbb{R}^*$에 대하여

$$f : GL_n(\mathbb{R}) \to \mathbb{R}^*, \qquad f(A) = \det(A)$$

로 정의된 준동형사상 f에서

$$\ker f = SL_n(\mathbb{R})$$

는 $GL_n(\mathbb{R})$의 정규부분군이다.

예제 187 군 G와 군 H에 대하여

$$f : G \times H \to H \times G, \qquad f(a, b) = (b, a)$$

로 정의된 준동형사상 f에서

$$\ker f = \{(e_G, e_H)\}$$

는 $G \times H$의 정규부분군이다.

▌예제 188 위수가 6인 정이면체군 $D_3 = \{1_X, \sigma, \sigma^2, \tau_1, \tau_2, \tau_3\}$와 대칭군 S_3에 대하여 $f : D_3 \to S_3$가

$$f(1_X) = 1_{S_3}, \qquad f(\sigma) = (1\,2\,3), \qquad f(\sigma^2) = (1\,3\,2),$$
$$f(\tau_1) = (2\,3), \qquad f(\tau_2) = (1\,3), \qquad f(\tau_3) = (1\,2)$$

로 정의된 준동형사상일 때 $\ker f = \{1_X\}$는 D_3의 정규부분군이다.

▌예제 189 대칭군 S_5에서 덧셈군 $\mathbb{Z}_2$로의 준동형사상 $\phi : S_5 \to \mathbb{Z}_2$,

$$\phi(f) = \begin{cases} 0 & f\text{는 우치환} \\ 1 & f\text{는 기치환} \end{cases}$$

에 대하여 $\ker\phi = A_5$는 S_5의 정규부분군이다.

정리 17

군 G_1에서 군 G_2로의 준동형사상 $f : G_1 \to G_2$에 대하여 $f(a) = f(b)$이기 위한 필요충분조건은 $a\ker f = b\ker f$이다.

참고 군 G_1이 덧셈군이면 준동형사상 $f : G_1 \to G_2$에 대하여 $f(a) = f(b)$이기 위한 필요충분조건은 $a + \ker f = b + \ker f$이다.

증명 우선 $f(a) = f(b)$라고 가정하면

$$f(a^{-1}b) = f(a^{-1})f(b) = f(a)^{-1}f(b) = e$$

이다. 따라서 $a^{-1}b \in \ker f$이므로 $a\ker f = b\ker f$이다.

역으로 $a\ker f = b\ker f$이라 가정하면 $a^{-1}b \in \ker f$이므로 $f(a^{-1}b) = e$이다. 따라서 $f(a)^{-1}f(b) = e$이므로 $f(a) = f(b)$이다. ▣

정리 18

군 G_1에서 군 G_2로의 준동형사상 $f : G_1 \to G_2$에 대하여

$f(a)=b$이면 $f^{-1}(b)=\{c\in G_1 \mid f(c)=b\}=a\ker f$이다.

참고 (1) 임의의 원소 $b\in G_2$로 대응되는 G_1에 속하는 원소의 개수는 $f^{-1}(b)$에 속하는 원소의 개수이고 이는 $\ker f$의 위수와 같다. 즉, $\ker f$의 위수가 n이라고 가정하면 f에 의하여 G_1에 속한 n개의 원소가 G_2내의 동일한 원소에 대응이 됨을 알 수 있다. 결과적으로 G_1내의 $\ker f$의 좌잉여류의 개수는 $f(G_1)$의 원소의 개수와 같다.

(2) G_1이 덧셈군이면 $f^{-1}(b)=a+\ker f$이다.

증명 우선 $c\in f^{-1}(b)$라고 가정하면 $f(c)=b$이다. 그런데 가정에 의하여 $f(a)=b$이므로 $f(a)=f(c)$이고 $f(a^{-1}c)=e$이다. 즉, $a^{-1}c\in\ker f$이므로 $c\in a\ker f$이다. 따라서 $f^{-1}(b)\subset a\ker f$이다.

이제 $c\in a\ker f$이라면 $a^{-1}c\in\ker f$이고 $f(a^{-1}c)=e$이므로 $f(a)=f(c)$이다. 그런데 $f(a)=b$이므로 $f(c)=b$이고 $c\in f^{-1}(b)$이다. 즉, $a\ker f\subset f^{-1}(b)$이다. 결과적으로 $f^{-1}(b)=a\ker f$이다. ▣

예제 190 군 G에서 G로의 준동형사상

$$f : G\to G,\qquad f(a)=e$$

에 대하여 임의의 원소 $b\in G$를 택하면

$$f^{-1}(e)=b\ker f$$

예제 191 군 G에서 G로의 준동형사상

$$f : G\to G,\qquad f(a)=a$$

에 대하여 $f(e)=e$이므로

$$f^{-1}(e)=e\ker f=\ker f$$

| 예제 192 덧셈군 $\mathbb{Z}_3$에서 $\mathbb{Z}_{12}$로의 준동형사상

$$f:\mathbb{Z}_3\to\mathbb{Z}_{12},\qquad f(a)=4a$$

에 대하여 $f(2)=8$이므로

$$f^{-1}(8)=2+\ker f$$

| 예제 193 덧셈군 $\mathbb{Z}$에서 $\mathbb{Z}_2$로의 준동형사상

$$f:\mathbb{Z}\to\mathbb{Z}_2,\qquad f(m)=r,\qquad m=2q+r\ \ (0\le r<2)$$

에 대하여 $f(25)=1$이므로

$$f^{-1}(1)=25+\ker f$$

| 예제 194 덧셈군 $\mathbb{C}$에서 $\mathbb{C}$로의 준동형사상

$$f:\mathbb{C}\to\mathbb{C},\qquad f(a+bi)=a-bi$$

에 대하여 $f(2i)=-2i$이므로

$$f^{-1}(-2i)=2i+\ker f$$

| 예제 195 덧셈군 $2\mathbb{Z}$에서 $3\mathbb{Z}$로의 준동형사상

$$f:2\mathbb{Z}\to3\mathbb{Z},\qquad f(2m)=3m$$

에 대하여 $f(8)=12$이므로

$$f^{-1}(12)=8+\ker f$$

| 예제 196 군 $\mathbb{R}[x]$에서 $\mathbb{R}$로의 준동형사상

$$f : \mathbb{R}[x] \to \mathbb{R}, \qquad f(g(x)) = g(0)$$

에 대하여 $f(x^2-3x+5)=5$이므로

$$f^{-1}(5) = (x^2-3x+5)+\ker f$$

| 예제 197 군 $\mathbb{R}[x]$에서 정의된 준동형사상

$$f : \mathbb{R}[x] \to \mathbb{R}[x], \qquad f(g(x)) = g'(x)$$

에 대하여 $f(x^2-3x+5)=2x-3$이므로

$$f^{-1}(2x-3) = (x^2-3x+5)+\ker f$$

| 예제 198 곱셈군 $\mathbb{Q}^*$에서 $\mathbb{Q}^*$로의 준동형사상

$$f : \mathbb{Q}^* \to \mathbb{Q}^*, \qquad f(a) = \frac{1}{a}$$

에 대하여 $f(3)=\frac{1}{3}$이므로

$$f^{-1}\left(\frac{1}{3}\right) = 3\ker f$$

| 예제 199 곱셈군 $\mathbb{R}^*$에서 $\mathbb{R}^*$로의 준동형사상

$$f : \mathbb{R}^* \to \mathbb{R}^*, \qquad f(a) = |a|$$

에 대하여 $f(-10)=10$이므로

$$f^{-1}(10) = (-10)\ker f$$

| 예제 200 곱셈군 $\mathbb{R}^+$에서 덧셈군 $\mathbb{R}$으로의 준동형사상

$$f : \mathbb{R}^+ \to \mathbb{R}, \qquad f(a) = \log_2 a$$

에 대하여 $f(8) = 3$이므로

$$f^{-1}(3) = 8 + \ker f$$

예제 201 곱셈군 $\mathbb{C}^*$에서 $\mathbb{C}^*$로의 준동형사상

$$f : \mathbb{C}^* \to \mathbb{C}^*, \qquad f(a+bi) = (a+bi)^2$$

에 대하여 $f(8) = 64$이므로

$$f^{-1}(64) = 8\ker f$$

예제 202 덧셈군 $\mathbb{Z}$에서 곱셈군 $G = \left\{ \begin{pmatrix} 1 & n \\ 0 & 1 \end{pmatrix} \mid n \in \mathbb{Z} \right\}$로의 준동형사상

$$f : \mathbb{Z} \to G, \qquad f(n) = \begin{pmatrix} 1 & n \\ 0 & 1 \end{pmatrix}$$

에 대하여 $f(2) = \begin{pmatrix} 1 & 2 \\ 0 & 1 \end{pmatrix}$이므로

$$f^{-1}\begin{pmatrix} 1 & 2 \\ 0 & 1 \end{pmatrix} = 2 + \ker f$$

예제 203 곱셈군 $GL_2(\mathbb{R})$에서 군 $\mathbb{R}^*$으로의 준동형사상

$$f : GL_2(\mathbb{R}) \to \mathbb{R}^*, \qquad f(A) = \det(A)$$

에 대하여 $f\begin{pmatrix} 5 & 2 \\ 5 & 4 \end{pmatrix} = 10$이므로

$$f^{-1}(10) = \begin{pmatrix} 5 & 2 \\ 5 & 4 \end{pmatrix} \ker f$$

예제 204 특별선형군 $SL_n(\mathbb{R})$에 속한 행렬 A를 이용하여 $SL_n(\mathbb{R})$에서 정의된 준동

형사상

$$f : SL_n(\mathbb{R}) \to SL_n(\mathbb{R}), \qquad f(B) = ABA^{-1}$$

에 대하여 $f(I_n) = I_n$이므로

$$f^{-1}(I_n) = I_n \ker f = \ker f$$

| 예제 205 군 $\mathbb{Z} \times \mathbb{Z}_5$와 군 $\mathbb{Z}_5 \times \mathbb{Z}$에 대하여

$$f : \mathbb{Z} \times \mathbb{Z}_5 \to \mathbb{Z}_5 \times \mathbb{Z}, \qquad f(a, b) = (b, a)$$

로 정의된 준동형사상을 생각하면 $f(10, 2) = (2, 10)$이므로

$$f^{-1}(2, 10) = (10, 2) + \ker f$$

| 예제 206 곱셈군 $G = \{2^m 3^n \mid m, n \in \mathbb{Z}\}$와 덧셈군 $\mathbb{Z} \times \mathbb{Z}$에 대하여

$$f : G \to \mathbb{Z} \times \mathbb{Z}, \qquad f(2^m 3^n) = (m, n)$$

으로 정의된 준동형사상에서 $f(2^3 3^5) = (3, 5)$이므로

$$f^{-1}(3, 5) = (2^3 3^5)\ker f$$

| 예제 207 위수가 6인 정이면체군 $D_3 = \{1_X, \sigma, \sigma^2, \tau_1, \tau_2, \tau_3\}$와 대칭군 S_3에 대하여 준동형사상 $f : D_3 \to S_3$를

$$f(1_X) = 1_{S_3},\ f(\sigma) = (1\,2\,3),\ f(\sigma^2) = (1\,3\,2),$$
$$f(\tau_1) = (2\,3),\ f(\tau_2) = (1\,3),\ f(\tau_3) = (1\,2)$$

로 정의하면 $f(\sigma) = (1\,2\,3)$이므로 $f^{-1}(1\,2\,3) = \sigma \ker f$이다.

| 예제 208 대칭군 S_5에서 덧셈군 $\mathbb{Z}_2$로의 준동형사상 $\phi : S_5 \to \mathbb{Z}_2$,

$$\phi(f) = \begin{cases} 0 & f\text{는 우치환} \\ 1 & f\text{는 기치환} \end{cases}$$

에 대하여 $\phi(2315) = 1$이므로 $\phi^{-1}(1) = (2315)\ker\phi$이다.

정리 19

군 G_1에서 G_2로의 준동형사상 $f : G_1 \to G_2$와 G_1의 부분군 H에 대하여 $f(H)$의 위수는 H의 위수의 약수이다.

증명 준동형사상 f를 이용하여 $g : H \to G_2$를 모든 $a \in H$에 대하여 $g(a) = f(a)$로 정의하자. 원소 $b \in g(H)$에 대하여 $g(c) = b$이면 $g^{-1}(b) = c\ker g$이므로

$$|g^{-1}(b)| = |c\ker g| = |\ker g|$$

이다. 따라서 $g(H)$에 속한 각각의 원소에는 H에 속하는 $|\ker f|$와 같은 개수의 원소가 대응된다. 그러므로

$$|H| = |\ker g| \times |g(H)|$$

이다. 그런데 $|f(H)| = |g(H)|$이므로

$$|H| = |\ker g| \times |f(H)|$$

이다. 결과적으로 $f(H)$의 위수는 H의 위수의 약수이다. ▣

예제 209 유한군 G에서 G로의 준동형사상

$$f : G \to G, \qquad f(a) = e$$

와 G의 부분군 H에 대하여

$$f(H) = \{e\}$$

이다. 따라서 $f(H)$의 위수는 1이므로 $f(H)$의 위수는 H의 위수의 약수이다.

예제 210 유한군 G에서 G로의 준동형사상

$$f : G \to G, \qquad f(a) = a$$

와 G의 부분군 H에 대하여

$$f(H) = H$$

이다. 따라서 $f(H)$의 위수는 H의 위수의 약수이다.

예제 211 덧셈군 $\mathbb{Z}_3$에서 $\mathbb{Z}_{12}$로의 준동형사상

$$f : \mathbb{Z}_3 \to \mathbb{Z}_{12}, \qquad f(a) = 4a$$

와 $\mathbb{Z}_3$의 부분군 $H = \mathbb{Z}_3$에 대하여

$$f(H) = \{0, 4, 8\}$$

이다. 따라서 $f(H)$의 위수는 3이므로 $f(H)$의 위수는 H의 위수의 약수이다.

예제 212 위수가 6인 정이면체군 $D_3 = \{1_X, \sigma, \sigma^2, \tau_1, \tau_2, \tau_3\}$와 대칭군 S_3에 대하여 준동형사상 $f : D_3 \to S_3$를

$$f(1_X) = 1_{S_3},\ f(\sigma) = (1\,2\,3),\ f(\sigma^2) = (1\,3\,2),$$
$$f(\tau_1) = (2\,3),\ f(\tau_2) = (1\,3),\ f(\tau_3) = (1\,2)$$

로 정의하면 D_3의 부분군 $H = \{1_X, \sigma, \sigma^2\}$에 대하여

$$f(H) = \{1_{S_3}, (1\,2\,3), (1\,3\,2)\}$$

이다. 따라서 $f(H)$의 위수는 3이므로 $f(H)$의 위수는 H의 위수의 약수이다.

예제 213 대칭군 S_5에서 덧셈군 $\mathbb{Z}_2$로의 준동형사상 $\phi : S_5 \to \mathbb{Z}_2$,

$$\phi(f) = \begin{cases} 0 & f\text{는 우치환} \\ 1 & f\text{는 기치환} \end{cases}$$

에 대하여 S_5의 부분군 $H = A_5$에 대하여

$$f(H) = \{0\}$$

이다. 따라서 $f(H)$의 위수는 1이므로 $f(H)$의 위수는 H의 위수의 약수이다.

연습문제

1. 다음에 주어진 사상이 준동형사상인지 판정하고 이를 증명하시오.

(1) $f : \mathbb{Z} \to \mathbb{Z},\ f(m) = 10m$

(2) $f : \mathbb{Z} \to \mathbb{Z},\ f(m) = 256$

(3) $f : \mathbb{Z} \to \mathbb{Z}_7,\ f(a) = r,\ a = 7q + r\ \ (0 \le r < 7)$

(4) $f : \mathbb{R} \to \mathbb{R},\ f(a) = 5a + \sqrt{2}$

(5) $f : 5\mathbb{Z} \to \mathbb{Z},\ f(5m) = m$

(6) $f : \mathbb{R}[x] \to \mathbb{R},\ \ f(g(x)) = g(12)$

(7) $f : \mathbb{Z}_4 \to \mathbb{Z}_{20},\ f(a) = 5a$

(8) $f : \mathbb{R} \to \mathbb{R}^+,\ f(a) = 34^a$

(9) $f : \mathbb{R}^+ \to \mathbb{R},\ f(a) = \ln a$

(10) $f : GL_n(\mathbb{R}) \to \mathbb{R}^*,\ f(A) = \dfrac{1}{\det(A)}$

(11) $f : \mathbb{Z} \times \mathbb{Z} \to \mathbb{Z},\ f(m, n) = 7^m 2^n$

(12) $\phi : S_3 \to \mathbb{Z}_{10},\ \phi(f) = \begin{cases} 0 & f\text{는 우치환} \\ 5 & f\text{는 기치환} \end{cases}$

(13) $f : \mathbb{Z} \times 5\mathbb{Z} \to \mathbb{Z} \times \mathbb{Z},\ f(n, 5m) = (n, m)$

2. 다음에 정의된 준동형사상 f에 대하여 $\ker f$를 구하고 $\ker f$를 이용하여 f가 일대일 사상인지 판정하시오.

(1) $f : \mathbb{Z} \to \mathbb{Z},\ f(m) = 10m$

(2) $f : \mathbb{Z} \to \mathbb{Z}_7,\ f(a) = r,\ a = 7q + r\ (0 \le r < 7)$

(3) $f : 5\mathbb{Z} \to \mathbb{Z},\ f(5m) = m$

(4) $f : \mathbb{R}[x] \to \mathbb{R},\ f(g(x)) = g(12)$

(5) $f : \mathbb{Z}_4 \to \mathbb{Z}_{20},\ f(a) = 5a$

(6) $f : \mathbb{R} \to \mathbb{R}^+,\ f(a) = 34^a$

(7) $f : \mathbb{R}^+ \to \mathbb{R}$, $f(a) = \ln a$

(8) $f : GL_n(\mathbb{R}) \to \mathbb{R}^*$, $f(A) = \dfrac{1}{\det(A)}$

(9) $\phi : S_3 \to \mathbb{Z}_{10}$, $\phi(f) = \begin{cases} 0 & f\text{는 우치환} \\ 5 & f\text{는 기치환} \end{cases}$

(10) $f : \mathbb{Z} \times 5\mathbb{Z} \to \mathbb{Z} \times \mathbb{Z}$, $f(n, 5m) = (n, m)$

3. 군 $\mathbb{Z}_5$에서 $\mathbb{Z}_5$로의 준동형사상 $f : \mathbb{Z}_5 \to \mathbb{Z}_5$를 모두 구하시오.

4. 군 $\mathbb{Z}_5$에서 $\mathbb{Z}_5 \times \mathbb{Z}_5$로의 준동형사상 $f : \mathbb{Z}_5 \to \mathbb{Z}_5 \times \mathbb{Z}_5$를 모두 구하시오.

5. 덧셈군 $\mathbb{Z}$와 대칭군 S_3에 대하여 정의된 준동형사상 $\phi : \mathbb{Z} \to S_3$를 모두 구하시오.

6. 군 $\mathbb{Z}_5$에서 대칭군 S_5로의 준동형사상 $f : \mathbb{Z}_5 \to S_5$가 일대일사상이 아닐 때 f를 모두 구하시오.

7. 군 $\mathbb{Z}_{11}$에서 군 $\mathbb{Z}_5 \times \mathbb{Z}_5$로의 준동형사상 $f : \mathbb{Z}_{11} \to \mathbb{Z}_5 \times \mathbb{Z}_5$가 일대일사상이 아닐 때 $f(5)$를 구하시오.

8. 군 $\mathbb{Z}_{11}$에서 위수가 m인 유한군 G로의 준동형사상 $f : \mathbb{Z}_{11} \to G$에 대하여 $f(\mathbb{Z}_{11}) = G$일 때 G가 순환군인지 판정하고 이를 증명하시오.

CHAPTER 9

군 동형사상 (Group isomorphisms)

이 장에서는 군 G_1와 군 G_2의 구조를 비교할 수 있는 개념인 동형사상의 정의 및 성질에 대하여 살펴본다.

정의 1

군 G_1에서 G_2로의 준동형사상 $f : G_1 \to G_2$가 일대일대응이면 f를 **군 동형사상**(group isomorphism) 또는 **동형사상**(isomorphism)이라고 한다.
이때 G_1과 G_2는 서로 동형인 군이라 하고 $G_1 \simeq G_2$(또는 $G_1 \cong G_2$)로 나타낸다. 만일 G_1과 G_2가 동형이 아니면 $G_1 \not\simeq G_2$로 나타낸다.

참고 1. 군 G_1과 G_2가 동형인 군임을 보이기 위해서는 G_1과 G_2 사이에 적당한 동형사상이 존재함을 보이면 된다.
2. 군 G_1과 G_2가 동형이 아닌 군임을 보이기 위해서는 G_1과 G_2가 동형인 군이라 가정하고 G_1과 G_2가 군으로서 서로 다른 성질이 존재한다는 것을 증명하면 된다.

예제 1 군 $G \neq \{e\}$에 대하여

$$f : G \to G, \qquad f(a) = e$$

로 정의된 준동형사상에서 $\ker f = G$이므로 f는 일대일사상이 아니다. 따라서 f는 동형사상이 아니다.
한편,

$$g : G \to G, \qquad g(a) = a$$

로 정의된 준동형사상 g는 동형사상이다. 따라서 $G \simeq G$이다.

예제 2 덧셈군 $\mathbb{Z}$에 대하여

$$f : \mathbb{Z} \to \mathbb{Z}, \qquad f(m) = 2m$$

으로 정의된 준동형사상에서 $f(a) = 1$을 만족시키는 원소 $a \in \mathbb{Z}$가 존재하지 않으므로

$f(\mathbb{Z}) \neq \mathbb{Z}$ 이다. 따라서 f는 동형사상이 아니다.
한편,

$$g : \mathbb{Z} \to \mathbb{Z}, \qquad g(m) = m$$

으로 정의된 준동형사상 g는 동형사상이므로 $\mathbb{Z} \simeq \mathbb{Z}$ 이다.

| 예제 3 덧셈군 $\mathbb{Z}$ 와 $7\mathbb{Z}$ 에 대하여

$$f : \mathbb{Z} \to 7\mathbb{Z}, \qquad f(m) = 7m$$

으로 정의된 준동형사상에서

$$\ker f = \{0\}, \qquad f(\mathbb{Z}) = 7\mathbb{Z}$$

이므로 f는 동형사상이다. 즉, $\mathbb{Z} \simeq 7\mathbb{Z}$ 이다.

| 예제 4 덧셈군 $\mathbb{Z}$ 와 $\mathbb{Q}$ 가 서로 동형인 군이 아님을 다음과 같이 보일 수 있다. 만일 $\mathbb{Z}$ 와 $\mathbb{Q}$ 가 서로 동형인 군이라고 가정하면 적당한 동형사상 $f : \mathbb{Z} \to \mathbb{Q}$ 가 존재한다. 그런데 $f(1) \neq 0$이므로 만일 $f(1) = a$라면 원소 $\frac{a}{2} \in \mathbb{Q}$ 에 대하여 $f(n) = \frac{a}{2}$ 인 원소 $n \in \mathbb{Z}$ 이 존재하지 않는다. 이는 f가 동형사상이라는 가정에 모순이므로 $\mathbb{Z}$ 와 $\mathbb{Q}$ 는 서로 동형인 군이 아님을 알 수 있다. 즉, $\mathbb{Z} \not\simeq \mathbb{Q}$ 이다.

| 예제 5 덧셈군 $\mathbb{Z}$ 와 $\mathbb{Z}_2$에 대하여

$$f : \mathbb{Z} \to \mathbb{Z}_2, \qquad f(m) = r, \qquad m = 2q + r \ \ (0 \leq r < 2)$$

으로 정의된 사상 f에서 $\ker f = 2\mathbb{Z} \neq \{0\}$이므로 f는 일대일사상이 아니다. 따라서 f는 동형사상이 아니다.
한편, 덧셈군 $\mathbb{Z}$ 와 $\mathbb{Z}_2$는 동형이 아닌 군임을 다음과 같이 증명할 수 있다.
만일 덧셈군 $\mathbb{Z}$ 와 $\mathbb{Z}_2$가 동형이라 가정하면 적당한 동형사상 $g : \mathbb{Z} \to \mathbb{Z}_2$가 존재한다. 그러면 $g(0) = 0$이고 $g(1) \neq 0$이므로 $g(1) = 1$이다. 따라서

$$g(2)=g(1)+g(1)=1+1=0$$

이므로 $2\in\ker g$이다. 이는 g가 동형사상이라는 가정에 모순이므로 결과적으로 덧셈군 $\mathbb{Z}$와 $\mathbb{Z}_2$는 서로 동형이 아니다.

예제 6 덧셈군 $\mathbb{C}$에서 $\mathbb{C}$로의 준동형사상

$$f:\mathbb{C}\to\mathbb{C},\qquad f(a+bi)=a-bi$$

에 대하여

$$\ker f=\{0\},\qquad f(\mathbb{C})=\mathbb{C}$$

이므로 f는 일대일대응이고 따라서 f는 동형사상이다.

예제 7 덧셈군 $2\mathbb{Z}$에서 $3\mathbb{Z}$로의 준동형사상

$$f:2\mathbb{Z}\to3\mathbb{Z},\qquad f(2m)=3m$$

에 대하여

$$\ker f=\{0\},\qquad f(2\mathbb{Z})=3\mathbb{Z}$$

이므로 f는 일대일대응이고 따라서 f는 동형사상이다. 즉, $2\mathbb{Z}\simeq 3\mathbb{Z}$이다.

예제 8 군 $\mathbb{R}[x]$에서 $\mathbb{R}$로의 준동형사상

$$f:\mathbb{R}[x]\to\mathbb{R},\qquad f(g(x))=g(0)$$

에 대하여 $x\in\ker f$이므로 $\ker f\neq\{0\}$이다. 따라서 f는 일대일사상이 아니므로 f는 동형사상이 아니다.

예제 9 군 $\mathbb{R}[x]$에서 정의된 준동형사상

$$f:\mathbb{R}[x]\to\mathbb{R}[x],\qquad f(g(x))=g'(x)$$

에 대하여 $2 \in \ker f$이므로 $\ker f \neq \{0\}$이다. 따라서 f는 일대일사상이 아니므로 f는 동형사상이 아니다.

| 예제 10 덧셈군 $\mathbb{Z}_3$에서 $\mathbb{Z}_{12}$로의 준동형사상

$$f : \mathbb{Z}_3 \to \mathbb{Z}_{12}, \qquad f(a) = 4a$$

에 대하여 $\ker f = \{0\}$이므로 f는 일대일사상이다. 그런데 $1 \notin f(\mathbb{Z}_3)$이므로 $f(\mathbb{Z}_3) \neq \mathbb{Z}_{12}$이다. 따라서 f가 일대일대응이 아니므로 f는 동형사상이 아니다.

| 예제 11 곱셈군 $\mathbb{Q}^*$에서 $\mathbb{Q}^*$로의 준동형사상

$$f : \mathbb{Q}^* \to \mathbb{Q}^*, \qquad f(a) = \frac{1}{a}$$

에 대하여

$$\ker f = \{1\}, \qquad f(\mathbb{Q}^*) = \mathbb{Q}^*$$

이므로 f는 일대일대응이고 결과적으로 f는 동형사상이다.

| 예제 12 곱셈군 $\mathbb{R}^*$에서 $\mathbb{R}^*$로의 준동형사상

$$f : \mathbb{R}^* \to \mathbb{R}^*, \qquad f(a) = |a|$$

에 대하여 $-1 \in \ker f$이므로 $\ker f \neq \{1\}$이다. 따라서 f가 일대일사상이 아니므로 f는 동형사상이 아니다.

| 예제 13 덧셈군 $\mathbb{R}$에서 곱셈군 $\mathbb{R}^+$으로의 준동형사상

$$f : \mathbb{R} \to \mathbb{R}^+, \qquad f(a) = 5^a$$

에 대하여

$$\ker f = \{0\}, \qquad f(\mathbb{R}) = \mathbb{R}^+$$

이므로 f는 일대일대응이고 따라서 f는 동형사상이다. 그러므로 $\mathbb{R} \simeq \mathbb{R}^+$이다.

예제 14 곱셈군 $\mathbb{R}^+$에서 덧셈군 $\mathbb{R}$으로의 준동형사상

$$f : \mathbb{R}^+ \to \mathbb{R}, \qquad f(a) = \log_2 a$$

에 대하여

$$\ker f = \{1\}, \qquad f(\mathbb{R}^+) = \mathbb{R}$$

이므로 f는 일대일대응이고 따라서 f는 동형사상이다. 그러므로 $\mathbb{R}^+ \simeq \mathbb{R}$이다.

예제 15 곱셈군 $\mathbb{C}^*$에서 $\mathbb{C}^*$로의 준동형사상

$$f : \mathbb{C}^* \to \mathbb{C}^*, \qquad f(a+bi) = (a+bi)^4$$

에 대하여 $-1 \in \ker f$이므로 $\ker f \neq \{1\}$이다. 따라서 f는 일대일대응이 아니므로 f는 동형사상이 아니다.

예제 16 덧셈군 $\mathbb{Q}$와 곱셈군 $\mathbb{Q}^*$는 서로 동형이 아님을 다음과 같이 보일 수 있다. 만일 덧셈군 $\mathbb{Q}$와 곱셈군 $\mathbb{Q}^*$가 서로 동형인 군이라고 가정하면 적당한 동형사상 $f : \mathbb{Q} \to \mathbb{Q}^*$이 존재한다. 따라서 원소 $-1 \in \mathbb{Q}^*$에 대하여 적당한 원소 $a \in \mathbb{Q}$가 존재하여 $f(a) = -1$이다. 그런데 f가 준동형사상이므로

$$f(a) = f\left(\frac{1}{2}a + \frac{1}{2}a\right) = f\left(\frac{1}{2}a\right)^2$$

이다. 그러므로 $f\left(\frac{1}{2}a\right)^2 = -1$이 되어 모순을 얻는다. 따라서 덧셈군 $\mathbb{Q}$와 곱셈군 $\mathbb{Q}^*$는 서로 동형인 군이 될 수 없다.

예제 17 곱셈군 $GL_2(\mathbb{R})$에서 곱셈군 $\mathbb{R}^*$로의 준동형사상

$$f : GL_2(\mathbb{R}) \to \mathbb{R}^*, \qquad f(A) = \det(A)$$

에 대하여 $\begin{pmatrix} 2 & 1 \\ 1 & 1 \end{pmatrix} \in \ker f$ 이므로 $\ker f \neq \{I_2\}$ 이다. 따라서 f는 일대일대응이 아니므로 f는 동형사상이 아니다.

| 예제 18 군 $\mathbb{Z}$ 에서 곱셈군 $G = \left\{ \begin{pmatrix} 1 & n \\ 0 & 1 \end{pmatrix} \mid n \in \mathbb{Z} \right\}$ 로의 준동형사상

$$f : \mathbb{Z} \to G, \qquad f(n) = \begin{pmatrix} 1 & n \\ 0 & 1 \end{pmatrix}$$

에 대하여

$$\ker f = \{0\}, \qquad f(\mathbb{Z}) = G$$

이므로 f는 동형사상이다.

| 예제 19 특별선형군 $SL_n(\mathbb{R})$에 속한 행렬 A를 이용하여 $SL_n(\mathbb{R})$에서 정의된 준동형사상

$$f : SL_n(\mathbb{R}) \to SL_n(\mathbb{R}), \qquad f(B) = ABA^{-1}$$

을 생각하면 $\ker f = \{I_n\}$이므로 f는 일대일사상이다. 또한 임의의 행렬 $C \in SL_n(\mathbb{R})$에 대하여 행렬 $A^{-1}CA \in SL_n(\mathbb{R})$가 존재하여

$$f(A^{-1}CA) = AA^{-1}CAA^{-1} = C$$

이므로 $f(SL_n(\mathbb{R})) = SL_n(\mathbb{R})$이다. 따라서 f는 동형사상이다.

| 예제 20 덧셈군 $\mathbb{R} \times \mathbb{R}$ 에서 군 $\mathbb{C}$ 로의 준동형사상

$$f : \mathbb{R} \times \mathbb{R} \to \mathbb{C}, \qquad f(a, b) = a + bi$$

에 대하여

$$\ker f = \{(0, 0)\}, \qquad f(\mathbb{R} \times \mathbb{R}) = \mathbb{C}$$

이므로 f는 동형사상이다. 따라서 $\mathbb{R} \times \mathbb{R} \simeq \mathbb{C}$ 이다.

| 예제 21 군 G와 군 H에 대하여 군 G에서 $G\times\{e_H\}$로의 준동형사상

$$f : G \to G\times\{e_H\}, \qquad f(a)=(a, e_H)$$

을 생각하면

$$\ker f=\{e_G\}, \qquad f(G)=G\times\{e_H\}$$

이므로 f는 동형사상이다. 따라서 $G\simeq G\times\{e_H\}$이다.

| 예제 22 군 G와 군 H에 대하여 군 $G\times H$에서 군 $H\times G$로의 준동형사상

$$f : G\times H \to H\times G, \qquad f(a, b)=(b, a)$$

을 생각하면

$$\ker f=\{(e_G, e_H)\}, \qquad f(G\times H)=H\times G$$

이므로 f는 동형사상이다. 즉, $G\times H\simeq H\times G$이다.

| 예제 23 곱셈군 $G=\{2^m3^n \mid m, n\in\mathbb{Z}\}$에서 덧셈군 $\mathbb{Z}\times\mathbb{Z}$로의 준동형사상

$$f : G \to \mathbb{Z}\times\mathbb{Z}, \qquad f(2^m3^n)=(m, n)$$

에 대하여

$$\ker f=\{1\}, \qquad f(G)=\mathbb{Z}\times\mathbb{Z}$$

이므로 f는 동형사상이다. 따라서 $G\simeq\mathbb{Z}\times\mathbb{Z}$이다.

| 예제 24 위수가 6인 정이면체군 $D_3=\{1_X, \sigma, \sigma^2, \tau_1, \tau_2, \tau_3\}$와 대칭군 S_3에 대하여 정의된 준동형사상 $f : D_3 \to S_3$

$$f(1_X)=1_{S_3}, \qquad f(\sigma)=(1\,2\,3), \qquad f(\sigma^2)=(1\,3\,2),$$
$$f(\tau_1)=(2\,3), \qquad f(\tau_2)=(1\,3), \qquad f(\tau_3)=(1\,2)$$

을 생각하면

$$\ker f = \{1_X\}, \qquad f(D_3) = S_3$$

이므로 f는 동형사상이다. 따라서 $D_3 \simeq S_3$이다.

❙ 예제 25 대칭군 S_5에서 덧셈군 $\mathbb{Z}_2$로의 준동형사상 $\phi : S_5 \to \mathbb{Z}_2$,

$$\phi(f) = \begin{cases} 0 & f\text{는 우치환} \\ 1 & f\text{는 기치환} \end{cases}$$

에 대하여 $\ker\phi = A_3 \neq \{0\}$이므로 ϕ는 일대일대응이 아니다. 따라서 ϕ는 동형사상이 아니다.

❙ 예제 26 군 $\mathbb{Z}_2 \times \mathbb{Z}_2$와 군 $\mathbb{Z}_4$는 서로 동형이 아닌 군임을 다음과 같이 보일 수 있다. 만일 군 $\mathbb{Z}_4$와 $\mathbb{Z}_2 \times \mathbb{Z}_2$는 서로 동형이라고 가정하면 적당한 동형사상 $f : \mathbb{Z}_2 \times \mathbb{Z}_2 \to \mathbb{Z}_4$가 존재한다. 그러면 적당한 원소 $(a, b) \in \mathbb{Z}_2 \times \mathbb{Z}_2$에 대하여 $f(a, b) = 1$이다. 원소 1의 위수는 4이므로 (a, b)의 위수는 4이다. 그런데 $\mathbb{Z}_2 \times \mathbb{Z}_2$에 속하는 원소의 위수는 모두 1 또는 2이다. 이는 모순이므로 군 $\mathbb{Z}_2 \times \mathbb{Z}_2$와 군 $\mathbb{Z}_4$는 서로 동형이 아닌 군이다.

정리 2

군 G_1에서 군 G_2로의 동형사상 $f : G_1 \to G_2$에 대하여 $f^{-1} : G_2 \to G_1$은 동형사상이다.

증명 f가 동형사상이므로 f는 일대일대응이다. 따라서 f^{-1}는 일대일대응이므로 f^{-1}가 준동형사상임을 보이면 된다. 임의의 원소 $a, b \in G_2$에 대하여 적당한 원소 $c, d \in G_1$가 존재하여 $f(c) = a$이고 $f(d) = b$이다. 따라서

$$a + b = f(c) + f(d) = f(c + d)$$

이므로 $c+d=f^{-1}(a+b)$이다. 그런데 $c=f^{-1}(a)$이고 $d=f^{-1}(b)$이므로

$$f^{-1}(a+b)=c+d=f^{-1}(a)+f^{-1}(b)$$

이다. 따라서 f^{-1}는 준동형사상이고 결과적으로 f^{-1}는 동형사상이다. ▣

| 예제 27 덧셈군 $\mathbb{Z}$ 에서 $7\mathbb{Z}$ 로의 동형사상

$$f : \mathbb{Z} \to 7\mathbb{Z}, \qquad f(m)=7m$$

에 대하여

$$f^{-1} : 7\mathbb{Z} \to \mathbb{Z}, \qquad f(7m)=m$$

는 동형사상이다.

| 예제 28 덧셈군 $\mathbb{C}$ 에서 $\mathbb{C}$ 로의 동형사상

$$f : \mathbb{C} \to \mathbb{C}, \qquad f(a+bi)=a-bi$$

에 대하여

$$f^{-1} : \mathbb{C} \to \mathbb{C}, \qquad f(c+di)=c-di$$

는 동형사상이다.

| 예제 29 덧셈군 $2\mathbb{Z}$ 에서 $3\mathbb{Z}$ 로의 동형사상

$$f : 2\mathbb{Z} \to 3\mathbb{Z}, \qquad f(2m)=3m$$

에 대하여

$$f^{-1} : 3\mathbb{Z} \to 2\mathbb{Z}, \qquad f(3n)=2n$$

는 동형사상이다.

| 예제 30 곱셈군 $\mathbb{Q}^*$에서 $\mathbb{Q}^*$로의 동형사상

$$f : \mathbb{Q}^* \to \mathbb{Q}^*, \qquad f(a) = \frac{1}{a}$$

에 대하여

$$f^{-1} : \mathbb{Q}^* \to \mathbb{Q}^*, \qquad f(b) = \frac{1}{b}$$

는 동형사상이다.

| 예제 31 덧셈군 $\mathbb{R}$에서 곱셈군 $\mathbb{R}^+$으로의 동형사상

$$f : \mathbb{R} \to \mathbb{R}^+, \qquad f(a) = 5^a$$

에 대하여

$$f^{-1} : \mathbb{R}^+ \to \mathbb{R}, \qquad f(b) = \log_5 b$$

는 동형사상이다.

| 예제 32 군 $\mathbb{Z}$에서 곱셈군 $G = \left\{ \begin{pmatrix} 1 & n \\ 0 & 1 \end{pmatrix} \mid n \in \mathbb{Z} \right\}$로의 동형사상

$$f : \mathbb{Z} \to G, \qquad f(n) = \begin{pmatrix} 1 & n \\ 0 & 1 \end{pmatrix}$$

에 대하여

$$f^{-1} : G \to \mathbb{Z}, \qquad f^{-1}\begin{pmatrix} 1 & n \\ 0 & 1 \end{pmatrix} = n$$

은 동형사상이다.

| 예제 33 특별선형군 $SL_n(\mathbb{R})$에 속한 행렬 A를 이용하여 $SL_n(\mathbb{R})$에서 정의된 동형사상

$$f : SL_n(\mathbb{R}) \to SL_n(\mathbb{R}), \qquad f(B) = ABA^{-1}$$

에 대하여

$$f^{-1} : SL_n(\mathbb{R}) \to SL_n(\mathbb{R}), \qquad f(C) = A^{-1}CA$$

는 동형사상이다.

▎예제 34 덧셈군 $\mathbb{R} \times \mathbb{R}$ 에서 군 $\mathbb{C}$ 로의 동형사상

$$f : \mathbb{R} \times \mathbb{R} \to \mathbb{C}, \qquad f(a, b) = a + bi$$

에 대하여

$$f^{-1} : \mathbb{C} \to \mathbb{R} \times \mathbb{R}, \qquad f(a + bi) = (a, b)$$

는 동형사상이다.

▎예제 35 군 G와 군 H에 대하여 군 G에서 군 $G \times \{e_H\}$로의 준동형사상

$$f : G \to G \times \{e_H\}, \qquad f(a) = (a, e_H)$$

가 동형사상이므로

$$f^{-1} : G \times \{e_H\} \to G, \qquad f^{-1}(a, e_H) = a$$

는 동형사상이다.

▎예제 36 군 G와 군 H에 대하여 군 $G \times H$에서 군 $H \times G$로의 준동형사상

$$f : G \times H \to H \times G, \qquad f(a, b) = (b, a)$$

가 동형사상이므로

$$f^{-1} : H \times G \to G \times H, \qquad f^{-1}(c, d) = (d, c)$$

는 동형사상이다.

| 예제 37 곱셈군 $G = \{2^m 3^n \mid m, n \in \mathbb{Z}\}$에서 덧셈군 $\mathbb{Z} \times \mathbb{Z}$로의 동형사상

$$f : G \to \mathbb{Z} \times \mathbb{Z}, \qquad f(2^m 3^n) = (m, n)$$

에 대하여

$$f^{-1} : \mathbb{Z} \times \mathbb{Z} \to G, \qquad f^{-1}(m, n) = 2^m 3^n$$

는 동형사상이다.

| 예제 38 위수가 6인 정이면체군 $D_3 = \{1_X, \sigma, \sigma^2, \tau_1, \tau_2, \tau_3\}$와 대칭군 S_3에 대하여 정의된 동형사상 $f : D_3 \to S_3$

$$f(1_X) = 1_{S_3}, \qquad f(\sigma) = (1\,2\,3), \qquad f(\sigma^2) = (1\,3\,2),$$
$$f(\tau_1) = (2\,3), \qquad f(\tau_2) = (1\,3), \qquad f(\tau_3) = (1\,2)$$

에 대하여 $f^{-1} : S_3 \to D_3$

$$f^{-1}(1_{S_3}) = 1_X, \qquad f^{-1}(1\,2\,3) = \sigma, \qquad f^{-1}(1\,3\,2) = \sigma^2,$$
$$f^{-1}(1\,2) = \tau_3, \qquad f^{-1}(1\,3) = \tau_2, \qquad f^{-1}(2\,3) = \tau_1$$

는 동형사상이다.

정리 3

군 G_1에서 군 G_2로의 동형사상 $f : G_1 \to G_2$와 군 G_2에서 군 G_3로의 동형사상 $g : G_2 \to G_3$에 대하여 합성사상 $gf : G_1 \to G_3$는 동형사상이다.

증명 우선 f와 g가 일대일대응이므로 gf는 일대일대응이다. 또한 임의의 원소 $a, b \in G_1$에 대하여

$$gf(ab) = g(f(a)f(b)) = g(f(a))g(f(b)) = gf(a)gf(b)$$

이므로 gf는 준동형사상이고 따라서 gf는 동형사상이다. ▣

예제 39 덧셈군 $\mathbb{Z}$ 에서 $2\mathbb{Z}$ 로의 동형사상

$$f : \mathbb{Z} \to 2\mathbb{Z}, \qquad f(m) = 2m$$

와 덧셈군 $2\mathbb{Z}$ 에서 $10\mathbb{Z}$ 로의 동형사상

$$g : 2\mathbb{Z} \to 10\mathbb{Z}, \qquad g(2n) = 10n$$

에 대하여

$$gf : \mathbb{Z} \to 10\mathbb{Z}, \qquad gf(m) = 10m$$

는 동형사상이다.

예제 40 덧셈군 $\mathbb{Z}$ 에서 $7\mathbb{Z}$ 로의 동형사상

$$f : \mathbb{Z} \to 7\mathbb{Z}, \qquad f(m) = 7m$$

와 덧셈군 $7\mathbb{Z}$ 에서 $7\mathbb{Z} \times \{0\}$로의 동형사상

$$g : 7\mathbb{Z} \to 7\mathbb{Z} \times \{0\}, \qquad g(7n) = (7n, 0)$$

에 대하여

$$gf : \mathbb{Z} \to 7\mathbb{Z} \times \{0\}, \qquad gf(m) = (7m, 0)$$

는 동형사상이다.

예제 41 덧셈군 $\mathbb{R}$ 에서 곱셈군 $\mathbb{R}^+$으로의 동형사상

$$f : \mathbb{R} \to \mathbb{R}^+, \qquad f(a) = 5^a$$

와 곱셈군 $\mathbb{R}^+$에서 덧셈군 $\mathbb{R}$ 으로의 동형사상

$$g : \mathbb{R}^+ \to \mathbb{R}, \qquad g(b) = \log_5 b$$

에 대하여

$$gf : \mathbb{R} \to \mathbb{R}, \qquad gf(a) = a$$

는 동형사상이다.

| 예제 42 덧셈군 $\mathbb{R} \times \mathbb{R}$ 에서 군 $\mathbb{C}$ 로의 동형사상

$$f : \mathbb{R} \times \mathbb{R} \to \mathbb{C}, \qquad f(a, b) = a + bi$$

와 군 $\mathbb{C}$ 에서 $\mathbb{C}$ 로의 동형사상

$$g : \mathbb{C} \to \mathbb{C}, \qquad g(a + bi) = a - bi$$

에 대하여

$$gf : \mathbb{R} \times \mathbb{R} \to \mathbb{C}, \qquad f(a, b) = a - bi$$

는 동형사상이다.

정리 4

유한군 G_1에서 유한군 G_2로의 동형사상 $f : G_1 \to G_2$에 대하여 $a \in G_1$의 위수가 n이고 $f(a)$의 위수가 m이면 $n = m$이다.

증명 f가 준동형사상이므로 $a \in G_1$의 위수 n은 $f(a)$의 위수 m의 배수이다. 또한

$$e_{G_2} = f(a)^m = f(a^m)$$

이고 $f(e_{G_1}) = e_{G_2}$이다. 그런데 f가 동형사상이므로 $a^m = e_{G_1}$이다. 즉, m은 n의 배수이다. 결과적으로 $n = m$이다. ▣

| 예제 43 덧셈군 $\mathbb{Z}_3$에서 A_3로 정의된 함수

$$f : \mathbb{Z}_3 \to A_3, \qquad f(0) = 1, \qquad f(1) = (1\,2\,3), \qquad f(2) = (1\,3\,2)$$

는 동형사상이다. 원소 $1 \in \mathbb{Z}_3$의 위수는 3이고 $f(1) = (123)$의 위수는 3이다. 따라서 1의 위수는 $f(1)$의 위수와 같다. 또한 원소 $2 \in \mathbb{Z}_3$의 위수는 3이고 $f(2) = (132)$의 위수

는 3이다. 따라서 2의 위수는 $f(2)$의 위수와 같다.

예제 44 위수가 6인 정이면체군 $D_3 = \{1_X, \sigma, \sigma^2, \tau_1, \tau_2, \tau_3\}$와 대칭군 S_3에 대하여 정의된 동형사상 $f : D_3 \rightarrow S_3$

$$f(1_X) = 1_{S_3}, \quad f(\sigma) = (123), \quad f(\sigma^2) = (132),$$
$$f(\tau_1) = (23), \quad f(\tau_2) = (13), \quad f(\tau_3) = (12)$$

에 대하여 σ의 위수는 3이고 $f(\sigma) = (123)$의 위수는 3이다. 또한 τ_1의 위수는 2이고 $f(\tau_1) = (23)$의 위수는 2이다.

정리 5

군 G_1에서 군 G_2로의 동형사상 $f : G_1 \rightarrow G_2$에 대하여

$G_1 = \langle a \rangle$이기 위한 필요충분조건은 $G_2 = \langle f(a) \rangle$이다.

증명 우선 $G_1 = \langle a \rangle$라고 가정하자. 임의의 원소 $b \in G_2$를 택하면 f가 동형사상이므로 $f(c) = b$인 원소 $c \in G_1$이 존재한다. 가정에 의하여 $G_1 = \langle a \rangle$이므로 $c = a^m$인 적당한 $m \in \mathbb{Z}$이 존재한다. 따라서 $b = f(c) = f(a^m)$이므로 $b \in \langle f(a) \rangle$이다. 즉, $G_2 \subset \langle f(a) \rangle$이 성립한다. 그런데 $\langle f(a) \rangle \subset G_2$는 명백하므로 결과적으로 $G_2 = \langle f(a) \rangle$이다.

역으로 $G_2 = \langle f(a) \rangle$라고 가정하자. 임의의 원소 $c \in G_1$를 택하면 $f(c) \in G_2$이므로 적당한 정수 n이 존재하여 $f(c) = f(a)^n$이다. 따라서 $f(c) = f(a^n)$이고 f는 동형사상이므로 $c = a^n$이다. 즉, $c \in \langle a \rangle$이므로 $G_1 \subset \langle a \rangle$이다. 한편, $\langle a \rangle \subset G_1$는 명백하므로 결과적으로 $G_1 = \langle a \rangle$가 성립한다. ▣

예제 45 덧셈군 $\mathbb{Z}$에서 $7\mathbb{Z}$로의 동형사상

$$f : \mathbb{Z} \rightarrow 7\mathbb{Z}, \quad f(m) = 7m$$

에 대하여

$$\mathbb{Z} = \langle 1 \rangle, \qquad 7\mathbb{Z} = \langle 7 \rangle = \langle f(1) \rangle$$

| 예제 46 덧셈군 $\mathbb{Z}_3$에서 A_3으로의 동형사상

$$f : \mathbb{Z}_3 \to A_3, \qquad f(0) = 1, \qquad f(1) = (1\,2\,3), \qquad f(2) = (1\,3\,2)$$

에 대하여 다음이 성립한다.

$$\mathbb{Z}_3 = \langle 1 \rangle, \qquad A_3 = \langle (1\,2\,3) \rangle = \langle f(1) \rangle$$
$$\mathbb{Z}_3 = \langle 2 \rangle, \qquad A_3 = \langle (1\,3\,2) \rangle = \langle f(2) \rangle$$

| 예제 47 군 $\mathbb{Z}$에서 곱셈군 $G = \left\{ \begin{pmatrix} 1 & n \\ 0 & 1 \end{pmatrix} \mid n \in \mathbb{Z} \right\}$로의 동형사상

$$f : \mathbb{Z} \to G, \qquad f(n) = \begin{pmatrix} 1 & n \\ 0 & 1 \end{pmatrix}$$

에 대하여

$$\mathbb{Z} = \langle 1 \rangle, \qquad G = \left\langle \begin{pmatrix} 1 & 1 \\ 0 & 1 \end{pmatrix} \right\rangle = \langle f(1) \rangle$$

정리 6

위수가 n인 군 G가 순환군이면 G는 $\mathbb{Z}_n$과 동형이다.

증명 G가 순환군이므로 적당한 원소 $a \in G$가 존재하여 $G = \langle a \rangle$이다. 덧셈군 $\mathbb{Z}_n$에서 G로의 함수 $f : \mathbb{Z}_n \to G$를 모든 원소 $m \in \mathbb{Z}_n$에 대하여 $f(m) = a^m$으로 정의하면 임의의 원소 $m_{1,} m_2 \in \mathbb{Z}$에 대하여

$$f(m_1 + m_2) = a^{m_1 + m_2} = a^{m_1} a^{m_2} = f(m_1) f(m_2)$$

이므로 f는 준동형사상이다. 또한 $m \in \ker f$이면 $f(m) = a^m = e$이다. 그러므로 m

은 n의 배수이므로 $m=0$이다. 따라서 $\ker f=\{0\}$이므로 f는 일대일사상이다. 한편 $f(\mathbb{Z}_n)=G$이므로 결과적으로 f는 동형사상이 되어 G는 $\mathbb{Z}_n$과 동형이다. ▣

| 예제 48 군 A_3는 위수가 3인 순환군이므로 A_3는 $\mathbb{Z}_3$와 동형인 군이다.

| 예제 49 군 G가 위수 12인 순환군이면 G는 $\mathbb{Z}_{12}$와 동형인 군이다.

정리 7

군 G가 순환군이고 G의 위수가 무한이면 G는 덧셈군 $\mathbb{Z}$와 동형이다.

증명 G가 순환군이므로 적당한 원소 $a\in G$가 존재하여 $G=\langle a\rangle$이다. 덧셈군 $\mathbb{Z}$에서 G로의 함수 f를 임의의 원소 $m\in\mathbb{Z}$에 대하여

$$f:\mathbb{Z}\to G,\qquad f(m)=a^m$$

으로 정의하면

$$f(m+n)=a^{m+n}=a^m a^n=f(m)f(n)$$

이므로 f는 준동형사상이다. 또한 $m\in\ker f$이면 $a^m=e$이다. 만일 $m\neq 0$이라면 G의 위수는 m이하가 되므로 G의 위수가 무한이라는 가정에 모순이다. 따라서 $m=0$이고 $\ker f=\{0\}$이다. 즉, f는 일대일사상이다. 한편 임의의 원소 $b\in G$를 택하면 적당한 $k\in\mathbb{Z}$가 존재하여 $b=a^k$이다. 그러므로 $f(k)=a^k$이므로 f는 동형사상이다. 결과적으로 G는 $\mathbb{Z}$와 동형이다. ▣

| 예제 50 덧셈군 $5\mathbb{Z}$는 원소 $5\in 5\mathbb{Z}$에 의하여 생성되는 순환군이고 군 $5\mathbb{Z}$의 위수는 무한이다. 따라서 군 $5\mathbb{Z}$는 덧셈군 $\mathbb{Z}$와 동형인 군이다.

| 예제 51 군 G와 덧셈군 $2\mathbb{Z}$에 대하여 군 $\{e_G\}\times 2\mathbb{Z}$는 원소 $(e_{G,}\,2)$에 의하여 생성

되는 순환군이고 $\{e_G\}\times 2\mathbb{Z}$ 의 위수는 무한이다. 따라서 군 $\{e_G\}\times 2\mathbb{Z}$ 는 덧셈군 $\mathbb{Z}$ 와 동형인 군이다.

| 예제 52 곱셈군 $G=\left\{\begin{pmatrix}1 & n\\ 0 & 1\end{pmatrix} \mid n\in\mathbb{Z}\right\}$는 행렬 $\begin{pmatrix}1 & 1\\ 0 & 1\end{pmatrix}$에 의하여 생성되는 순환군이고 G의 위수는 무한이다. 따라서 G는 덧셈군 $\mathbb{Z}$ 와 동형인 군이다.

정리 8

군 G와 군 H가 모두 위수가 n인 순환군이면 G와 H는 동형이다.

증명 G와 H가 모두 순환군이므로 적당한 원소 $a\in G$와 $b\in H$가 존재하여 $G=\langle a\rangle$이고 $H=\langle b\rangle$이다. 군 G에서 H로의 함수 f를 임의의 원소 $a^i\in G$에 대하여

$$f: G\to H, \qquad f(a^i)=b^i$$

로 정의하면 임의의 원소 $a^i, a^j\in G$에 대하여

$$f(a^ia^j)=f(a^{i+j})=b^{i+j}=b^ib^j=f(a^i)f(a^j)$$

이므로 f는 준동형사상이다. 또한 $a^k\in\ker f$이면

$$b^k=f(a^k)=e_H$$

이다. 따라서 k는 n의 배수이고 $0\le k<n$이므로 $k=0$이고 $a^k=e_G$이다. 즉, $\ker f=\{e_G\}$이므로 f는 일대일사상이다. 한편, 임의의 원소 $c\in H$에 대하여 $c=b^s$인 $s\in\mathbb{Z}$가 존재하고 $f(a^s)=b^s=c$이므로 $f(G)=H$이다. 결과적으로 f는 동형사상이므로 G는 H와 동형이다. ▣

| 예제 53 군 $\mathbb{Z}_3$와 군 A_3는 모두 위수가 3인 순환군이므로 서로 동형이다.

| 예제 54 군 $\mathbb{Z}_6$와 $\mathbb{Z}_2\times\mathbb{Z}_3$는 모두 위수가 6인 순환군이므로 서로 동형이다.

| 예제 55 서로 다른 임의의 소수 p, q에 대하여 군 $\mathbb{Z}_{pq}$와 $\mathbb{Z}_p \times \mathbb{Z}_q$는 모두 위수가 pq인 순환군이므로 서로 동형이다.

| 예제 56 군 $\mathbb{Z}_5 \times \mathbb{Z}_7$와 $\mathbb{Z}_{35}$는 위수가 35인 순환군이므로 서로 동형인 군이다. 또한 이를 이용하면 군 $\mathbb{Z}_5 \times \mathbb{Z}_7 \times \mathbb{Z}_{32}$는 군 $\mathbb{Z}_{35} \times \mathbb{Z}_{32}$와 서로 동형임을 알 수 있다.

| 예제 57 군 $\mathbb{Z}_{27}$과 $\mathbb{Z}_3 \times \mathbb{Z}_9$는 모두 위수가 27인 군이지만 서로 동형이 아닌 군임을 다음과 같이 보일 수 있다. 만일 $\mathbb{Z}_{27}$과 $\mathbb{Z}_3 \times \mathbb{Z}_9$이 서로 동형인 군이면 $\mathbb{Z}_{27}$이 순환군이므로 $\mathbb{Z}_3 \times \mathbb{Z}_9$는 순환군이다. 따라서 $\mathbb{Z}_3 \times \mathbb{Z}_9 = \langle (a, b) \rangle$인 원소 (a, b)가 존재한다. 한편 a의 위수는 3의 약수이고 b의 위수는 9의 약수이므로 (a, b)의 위수는 $\text{lcm}(|a|, |b|) \neq 27$이다. 이는 $\mathbb{Z}_3 \times \mathbb{Z}_9 = \langle (a, b) \rangle$에 모순이므로 $\mathbb{Z}_{27}$과 $\mathbb{Z}_3 \times \mathbb{Z}_9$는 서로 동형이 아니다.

정리 9

군 G와 원소 $a \in G$에 대하여 함수 $T_a : G \to G$를

$$T_a(b) = ab, \qquad a \in G$$

라고 정의하면 다음이 성립한다.

(1) T_a는 G에서 정의된 치환이다.

(2) 집합 $S = \{T_a \mid a \in G\}$는 함수의 합성연산에 대하여 군이다.

증명 (1) 임의의 원소 $b, c \in G$에 대하여 $T_a(b) = T_a(c)$이면 $ab = ac$이다. 따라서 $b = c$이므로 T_a는 일대일사상이다.

또한 임의의 원소 $d \in G$에 대하여 $a^{-1}d \in G$이고

$$T_a(a^{-1}d) = aa^{-1}d = d$$

이다. 결과적으로 T_a는 일대일대응이므로 T_a는 G에서 정의된 치환이다.

(2) (i) 임의의 원소 $T_a, T_b, T_c \in S$에 대하여

$$T_a(T_bT_c)(d) = (T_aT_b)T_c(d), \qquad d \in G$$

이므로 $T_a(T_bT_c) = (T_aT_b)T_c$이다. 따라서 S는 함수의 합성연산에 대하여 결합법칙이 성립한다.

(ii) 원소 $T_e \in S$는 모든 원소 $T_a \in S$에 대하여

$$T_eT_a(d) = ad = T_aT_e(d), \qquad d \in G$$

를 만족시키므로 $T_eT_a = T_aT_e$이다. 따라서 T_e는 항등원이다.

(iii) 원소 $T_a \in S$에 대하여

$$T_aT_{a^{-1}}(d) = T_e(d) = T_{a^{-1}}T_a(d), \qquad d \in G$$

이므로 $T_aT_{a^{-1}} = T_e = T_{a^{-1}}T_a$이다. 따라서 $T_a^{-1} = T_{a^{-1}}$이므로 원소 T_a의 역원이 존재한다.

(i), (ii), (iii)에 의하여 결과적으로 집합 S는 함수의 합성연산에 대하여 군이 됨을 알 수 있다. ▣

정리 10 Cayley 정리

군 G는 군 $S = \{T_a \mid a \in G\}$와 동형이다.

증명 군 G에서 군 S로의 함수 $f : G \to S$를

$$f(a) = T_a, \qquad a \in G$$

로 정의하자. 그러면 f가 동형사상임을 다음과 같이 보일 수 있다.

(i) 임의의 원소 $b, c \in G$에 대하여

$$f(bc) = T_{bc} = T_bT_c = f(b)f(c)$$

이므로 f는 준동형사상이다.

(ii) 임의의 원소 $a \in \ker f$에 대하여

$$T_a = f(a) = T_e$$

이다. 따라서 $T_a(e) = T_e(e)$이므로 $a = e$이다. 그러므로 $\ker f = \{e\}$이므로 f는 일대일사상이다.

(iii) 임의의 원소 $T_a \in S$에 대하여 $a \in G$이고 $f(a) = T_a$이므로 $f(G) = S$이 성립한다.

(i), (ii), (iii)에 의하여 f는 동형사상이므로 G는 S와 동형인 군이다. ▣

정의 11

군 G에서 G로의 동형사상 $f : G \to G$를 G의 **자기동형사상**(automorphism of G)이라고 한다.

예제 58 군 G에서 정의된 동형사상

$$f : G \to G,\ f(a) = a$$

는 G의 자기동형사상이다.

예제 59 아벨군 G에서 정의된 동형사상

$$f : G \to G, \qquad f(a) = a^{-1}$$

는 G의 자기동형사상이다.

예제 60 덧셈군 $\mathbb{Z}$에서 정의된 동형사상

$$f : \mathbb{Z} \to \mathbb{Z}, \qquad f(m) = -m$$

은 $\mathbb{Z}$의 자기동형사상이다.

| 예제 61 곱셈군 $\mathbb{Q}^*$에서 정의된 동형사상

$$f : \mathbb{Q}^* \to \mathbb{Q}^*, \qquad f(a) = \frac{1}{a}$$

는 $\mathbb{Q}^*$의 자기동형사상이다.

| 예제 62 곱셈군 $\mathbb{R}^+$에서 정의된 동형사상

$$f : \mathbb{R}^+ \to \mathbb{R}^+, \qquad f(a) = \sqrt{a}$$

는 $\mathbb{R}^+$의 자기동형사상이다.

| 예제 63 특별선형군 $SL_n(\mathbb{R})$에 속한 행렬 A를 이용하여 $SL_n(\mathbb{R})$에서 정의된 동형사상

$$f : SL_n(\mathbb{R}) \to SL_n(\mathbb{R}), \qquad f(B) = ABA^{-1}$$

는 $SL_n(\mathbb{R})$의 자기동형사상이다.

| 예제 64 덧셈군 $\mathbb{C}$ 에서 $\mathbb{C}$ 로의 동형사상

$$f : \mathbb{C} \to \mathbb{C}, \qquad f(a+bi) = a - bi$$

는 $\mathbb{C}$ 의 자기동형사상이다.

| 예제 65 군 G에 대하여 군 $G\times G$에서 군 $G\times G$로의 동형사상

$$f : G \times G \to G \times G, \qquad f(a, b) = (b, a)$$

는 $G\times G$의 자기동형사상이다.

정리 12

군 G에 속한 원소 a에 대하여 $f : G \to G$를

$$f(b) = aba^{-1}, \qquad b \in G$$

로 정의하면 f는 동형사상이다.

증명 임의의 두 원소 $b, c \in G$에 대하여

$$f(bc) = abca^{-1} = aba^{-1}aca^{-1} = f(b)f(c)$$

이므로 f는 준동형사상이다. 또한 $b \in \ker f$라면

$$e = f(b) = aba^{-1}$$

이므로 $b = e$이다. 따라서 $\ker f = \{e\}$이므로 f는 일대일사상이다. 또한 임의의 원소 $d \in G$에 대하여 $a^{-1}da \in G$이고

$$f(a^{-1}da) = aa^{-1}daa^{-1} = d$$

이므로 $f(G) = G$이다. 따라서 f는 일대일대응이고 결과적으로 f는 동형사상이다.

▣

정의 13

군 G에 속한 원소 a에 대하여 $f : G \to G$, $f(b) = aba^{-1}$로 정의된 동형사상을 원소 a에 의하여 유도된 G의 **내부자기동형사상**(inner automorphism of G)이라고 한다.

참고 원소 a에 의하여 유도된 G의 내부자기동형사상을 f_a로 나타내기도 한다.

예제 66 군 $\mathbb{Z}$에서 원소 $m \in \mathbb{Z}$을 이용하여 정의된 동형사상

$$f_n : \mathbb{Z} \to \mathbb{Z}, \qquad f_n(m) = n + m + (-n) = m$$

은 $m \in \mathbb{Z}$ 에 의하여 유도된 $\mathbb{Z}$ 의 내부자기동형사상이다.

| 예제 67 특별선형군 $SL_n(\mathbb{R})$에 속한 행렬 A를 이용하여 $SL_n(\mathbb{R})$에서 정의된 동형사상

$$f_A : SL_n(\mathbb{R}) \to SL_n(\mathbb{R}), \qquad f_A(B) = ABA^{-1}$$

는 A에 의하여 유도된 $SL_n(\mathbb{R})$의 내부자기동형사상이다.

정리 14

군 G가 아벨군일 때 $f : G \to G$가 원소 $a \in G$에 의하여 유도된 G의 내부자기동형사상이면 f는 G에서의 항등사상 1_G이다.

증명 f가 원소 $a \in G$에 의하여 유도된 G의 내부자기동형사상이므로 임의의 원소 $b \in G$에 대하여

$$f(b) = aba^{-1} = aa^{-1}b = b$$

이다. 따라서 $f = 1_G$이다. ▣

| 예제 68 아벨군 $\mathbb{Z}$ 에 대하여 $f : \mathbb{Z} \to \mathbb{Z}$ 가 원소 $5 \in \mathbb{Z}$ 에 의하여 유도된 $\mathbb{Z}$ 의 내부자기동형사상이면 $f = 1_{\mathbb{Z}}$ 이다.

정리 15

군 G에 대하여 집합

$$Aut(G) = \{f \mid f\text{는 } G\text{의 자기동형사상}\}$$

는 함수의 합성연산에 대하여 군이다.

증명 임의의 원소 $f, g, h \in Aut(G)$에 대하여 다음이 성립한다.

(i) fg는 동형사상이므로 집합 $Aut(G)$는 연산에 대하여 닫혀있다.

(ii) $f(gh) = (fg)h$이므로 연산에 대하여 결합법칙이 성립한다.

(iii) 항등사상 $1_G : G \to G,\ 1_G(a) = a$는 $Aut(G)$에 속하는 항등원이다.

(iv) 원소 $f \in Aut(G)$에 대하여 $f^{-1} \in Aut(G)$이므로 f의 역원 f^{-1}가 존재한다.

결과적으로 $Aut(G)$는 군이다. ▣

정의 16

군 G에 대하여 정의된 군

$$Aut(G) = \{f \mid f\text{는 } G\text{의 자기동형사상}\}$$

를 G의 **자기동형군**(automorphism group of G)이라고 한다.

| 예제 69 덧셈군 $\mathbb{Z}$에서 정의된 자기동형군 $Aut(\mathbb{Z})$를 다음과 같이 구체적으로 구할 수 있다.

자기동형사상 $f \in Aut(\mathbb{Z})$를 택하면 임의의 $n \in \mathbb{Z}$에 대하여 $f(n) = nf(1)$이다. 따라서 f는 $f(1)$에 의하여 모두 결정이 된다. 만일

$$f(1) = m, \qquad m \neq 1, \qquad m \neq -1$$

이라면 임의의 $n \in \mathbb{Z}$에 대하여 $f(n) = nf(1) = nm$이다. 따라서 $f(t) = 1$인 원소 $t \in \mathbb{Z}$는 존재하지 않는다. 이는 f가 동형사상이라는 가정에 모순이므로 결과적으로 $f(1) = 1$ 또는 $f(1) = -1$이다.

(i) $f(1) = 1$이면 모든 $n \in \mathbb{Z}$에 대하여 $f(n) = n$이다. 이때 f는 $\mathbb{Z}$의 자기동형사상이다.

(ii) $f(1) = -1$이면 모든 $n \in \mathbb{Z}$에 대하여 $f(n) = -n$이다. 이때 f는 $\mathbb{Z}$의 자기동형사상이다.

(i)과 (ii)로부터 덧셈군 $\mathbb{Z}$에서 정의된 자기동형사상은 모두 2개 존재한다. 즉, $\mathbb{Z}$의 자기동형군 $Aut(\mathbb{Z})$는 위수가 2인 군이다.

| 예제 70 덧셈군 $\mathbb{Z}_3$에서 정의된 자기동형군 $Aut(\mathbb{Z}_3)$를 다음과 같이 구체적으로 구할 수 있다.

자기동형사상 $f \in Aut(\mathbb{Z}_3)$를 택하면 임의의 $n \in \mathbb{Z}_3$에 대하여 $f(n) = nf(1)$이다. 그런데 f는 동형사상이므로 $f(1)$의 위수는 $1 \in \mathbb{Z}_3$의 위수와 같다. 그런데 1의 위수는 3이므로 $f(1)$의 위수는 3이어야 한다. 그런데 $\mathbb{Z}_3$에 속한 원소들 중에 위수가 3인 원소는 1과 2이다. 각각의 경우를 살펴보면 다음과 같다.

(i) $f(1) = 1$이면 $f(2) = 2$이고 $f(0) = 0$이므로 f는 항등사상이다.

(ii) $f(1) = 2$이면 $f(2) = 1$이고 $f(0) = 0$이므로 f는 일대일대응이다. 따라서 모든 $m \in \mathbb{Z}_3$에 대하여 $f(m) = 2m$으로 나타낼 수 있다. 한편

$$f(m+n) = 2(m+n) = 2m + 2n = f(m) + f(n)$$

이 성립하므로 f는 준동형사상이고 결과적으로 f는 동형사상이다.

(i)과 (ii)로부터 덧셈군 $\mathbb{Z}_3$에서 정의된 자기동형사상은 모두 2개 존재한다. 즉, $\mathbb{Z}_3$의 자기동형군 $Aut(\mathbb{Z}_3)$는 위수가 2인 군이다.

또한 $Aut(\mathbb{Z}_3)$는 $\mathbb{Z}_2$와 동형인 군이다.

정리 17

자연수 n에 대하여 덧셈군 $\mathbb{Z}_n$의 자기동형군 $Aut(\mathbb{Z}_n)$과 군

$$U(n) = \{m \in \mathbb{Z} \mid 1 \le m < n \text{ 이고 } (n, m) = 1\}$$

은 서로 동형이다.

증명 $Aut(\mathbb{Z}_n)$에서 $U(n)$으로의 함수 $\phi : Aut(\mathbb{Z}_n) \to U(n)$를

$$\phi(f) = f(1), \qquad f \in Aut(\mathbb{Z}_n)$$

으로 정의하자. 그러면 ϕ는 동형사상이 됨을 다음과 같이 보일 수 있다.

(i) 임의의 원소 $f, g \in Aut(\mathbb{Z}_n)$를 택하면 적당한 원소 $k \in \mathbb{Z}_n$가 존재하여 $g(1) = k$이다. 따라서

$$\phi(fg) = fg(1) = f(k) = f(1)k = f(1)g(1) = \phi(f)\phi(g)$$

이다. 그러므로 ϕ는 준동형사상이다.

(ii) 원소 $f, g \in Aut(\mathbb{Z}_n)$에 대하여 $\phi(f) = \phi(g)$이면 $f(1) = g(1)$이다. 따라서 임의의 원소 $m \in \mathbb{Z}_n$에 대하여 $f(m) = g(m)$이므로 $f = g$이다. 즉, ϕ는 일대일사상이다.

(iii) 원소 $t \in U(n)$에 대하여 함수 $h : \mathbb{Z}_n \to \mathbb{Z}_n$를

$$h(a) = ta \pmod n, \qquad a \in \mathbb{Z}_n$$

으로 정의하자. 그러면

$$h(a+b) = t(a+b) = ta + tb = h(a) + h(b) \pmod n$$

이므로 h는 준동형사상이다.

만일 $a \in \ker h$이면

$$h(a) = ta = 0 \pmod n$$

이다. 그런데 $t \in U(n)$이므로 $t^{-1} = s \in U(n)$이 존재하고 양변에 $t^{-1} = s$를 연산하면 $a = 0 \pmod n$이다. 즉, $\ker h = \{0\}$이므로 h는 일대일사상이다.

또한 임의의 원소 $c \in \mathbb{Z}_n$에 대하여 $t^{-1}c \in \mathbb{Z}_n$이고

$$h(t^{-1}c) = tt^{-1}c = c$$

이므로 $h(\mathbb{Z}_n) = \mathbb{Z}_n$이다. 즉, $h \in Aut(\mathbb{Z}_n)$이다.

한편, $\phi(h) = h(1) = t$이므로 $\phi(Aut(\mathbb{Z}_n)) = U(n)$이다.

따라서 ϕ는 일대일대응이다.

결과적으로 (i), (ii), (iii)에 의하여 ϕ는 동형사상이 되므로 $Aut(\mathbb{Z}_n)$과 $U(n)$은 서로 동형인 군임을 알 수 있다. ▣

예제 71 군 $Aut(\mathbb{Z}_5)$는 $U(5)$와 동형이다. 그런데 $U(5) = \{1, 2, 3, 4\}$이므로 군 $Aut(\mathbb{Z}_5)$의 위수는 4이다.

| 예제 72 소수 p에 대하여 군 $Aut(\mathbb{Z}_p)$는 $U(p)=\{1, 2, \cdots, p-1\}$와 동형이다. 그런데 $U(p)$의 위수는 $p-1$이므로 군 $Aut(\mathbb{Z}_p)$의 위수는 $p-1$이다.

정리 18

군 G에 대하여 집합

$$Inn(G)=\{f \mid f\text{는 } G\text{의 내부자기동형사상}\}=\{f_a \mid a\in G\}$$

는 함수의 합성연산에 대하여 군이다.

증명 임의의 원소 $f_a, f_b, f_c \in Inn(G)$에 대하여 다음이 성립한다.

(i) 임의의 원소 $x\in G$에 대하여

$$f_af_b(x)=f_a(bxb^{-1})=abxb^{-1}a^{-1}=f_{ab}(x)$$

이므로 $f_af_b=f_{ab}\in Inn(G)$이다. 따라서 집합 $Inn(G)$는 연산에 대하여 닫혀 있다.

(ii) $f_a(f_bf_c)=(f_af_b)f_c$이므로 연산에 대하여 결합법칙이 성립한다.

(iii) 항등사상 $f_e: G\to G,\ f_e(a)=a$는 $Inn(G)$의 항등원이다.

(iv) 원소 $f_a\in Inn(G)$에 대하여 $f_{a^{-1}}\in Inn(G)$이고

$$f_af_{a^{-1}}=f_e=f_{a^{-1}}f_a$$

이므로 f_a의 역원 $f_a^{-1}=f_{a^{-1}}$이 존재한다.

결과적으로 $Inn(G)$는 군이다. ▣

| 예제 73 덧셈군 $\mathbb{R}$에 대하여 $Inn(\mathbb{R})=\{f_a \mid a\in\mathbb{R}\}$는 군이다. 여기서, $\mathbb{R}$의 내부자기동형사상 $f_a:\mathbb{R}\to\mathbb{R}$는 임의의 원소 $b\in\mathbb{R}$에 대하여

$$f_a(b)=a+b+(-a)=b$$

를 만족시키므로 모든 $a\in G$에 대하여 f_a는 항등사상 $1_{\mathbb{R}}$이다. 그러므로

$$Inn(\mathbb{R}) = \{1_{\mathbb{R}}\}$$

이다.

예제 74 특별선형군 $SL_n(\mathbb{R})$에 대하여 $Inn(SL_n(\mathbb{R})) = \{f_A \mid A \in SL_n(\mathbb{R})\}$는 군이다.

정의 19

군 G에 대하여 정의된 군

$$Inn(G) = \{f \mid f\text{는 } G\text{의 내부자기동형사상}\} = \{f_a \mid a \in G\}$$

를 G의 **내부자기동형군**(inner automorphism group of G)이라고 한다.

예제 75 덧셈군 $\mathbb{R}$ 의 내부자기동형군은 $Inn(\mathbb{R}) = \{1_{\mathbb{R}}\}$이다.

예제 76 군 G가 아벨군이면 G의 내부자기동형군은 $Inn(G) = \{1_G\}$이다.

정리 20

군 G에 대하여 G의 내부자기동형군 $Inn(G)$는 G의 자기동형군 $Aut(G)$의 정규부분군이다.

증명 우선 G의 내부자기동형군 $Inn(G)$가 $Aut(G)$의 부분집합임은 명백하다.
만일 임의의 원소 $f_a, f_b \in Inn(G)$와 임의의 원소 $x \in G$를 택하면

$$f_a f_b^{-1}(x) = f_a f_{b^{-1}}(x) = f_{ab^{-1}}(x)$$

이므로 $f_a f_b^{-1} = f_{ab^{-1}} \in Inn(G)$이다. 그러므로 $Inn(G)$은 $Aut(G)$의 부분군이다.
또한 임의의 원소 $g \in Aut(G)$와 $f_a \in Inn(G)$에 대하여 $x \in G$일 때

$$gf_a g^{-1}(x) = g(ag^{-1}(x)a^{-1}) = g(a)g(g^{-1}(x))g(a^{-1})$$
$$= g(a)xg(a)^{-1} = f_{g(a)}(x)$$

이다. 따라서 $gf_a g^{-1} = f_{g(a)}$이므로 $gf_a g^{-1} \in Inn(G)$이다. 그러므로 $Inn(G)$는 $Aut(G)$의 정규부분군이다. ▣

| 예제 77 덧셈군 $\mathbb{Z}$에 대하여 $f: \mathbb{Z} \to \mathbb{Z}$를 임의의 원소 $n \in \mathbb{Z}$에 대하여 $f(n) = -n$으로 정의할 때 $\mathbb{Z}$의 자기동형군과 $\mathbb{Z}$의 내부자기동형군은 각각

$$Aut(\mathbb{Z}) = \{1_{\mathbb{Z}}, f\}, \qquad Inn(\mathbb{Z}) = \{1_{\mathbb{Z}}\}$$

이므로 $Inn(\mathbb{Z})$는 $Aut(\mathbb{Z})$의 정규부분군이다.

| 예제 78 덧셈군 $\mathbb{Z}_3$에 대하여 $g: \mathbb{Z}_3 \to \mathbb{Z}_3$를 임의의 원소 $m \in \mathbb{Z}_3$에 대하여 $g(m) = 2m$으로 정의할 때 $\mathbb{Z}_3$의 자기동형군과 $\mathbb{Z}_3$의 내부자기동형군은 각각

$$Aut(\mathbb{Z}_3) = \{1_{\mathbb{Z}_3}, g\}, \qquad Inn(\mathbb{Z}_3) = \{1_{\mathbb{Z}_3}\}$$

이므로 $Inn(\mathbb{Z}_3)$는 $Aut(\mathbb{Z}_3)$의 정규부분군이다.

정리 21 제1동형정리(First isomorphism Theorem)

군 G_1에서 군 G_2로의 준동형사상 $f: G_1 \to G_2$에 대하여

$$G_1/\ker f \simeq f(G_1)$$

증명 상군 $G_1/\ker f$에서 군 $f(G_1)$으로의 함수 $\phi: G_1/\ker f \to f(G_1)$를 임의의 원소 $a\ker f \in G_1/\ker f$에 대하여

$$\phi(a\ker f) = f(a)$$

로 정의하자. 그러면 ϕ가 동형사상임을 다음과 같이 보일 수 있다.

(i) $a\ker f = b\ker f$이라고 가정하면 $a^{-1}b \in \ker f$이므로 $f(a^{-1}b) = e_{G_2}$이다. 또

한 f는 준동형사상이므로 $f(a^{-1}b)=f(a)^{-1}f(b)$이고 $f(a)^{-1}f(b)=e_{G_2}$이다. 따라서 $f(a)=f(b)$이므로 ϕ는 잘 정의된 사상이다.

(ii) 임의의 원소 $a\ker f, b\ker f \in G_1/\ker f$에 대하여

$$\begin{aligned}\phi(a\ker f\, b\ker f) &= \phi(ab\ker f)=f(ab)=f(a)f(b)\\ &= \phi(a\ker f)\phi(b\ker f)\end{aligned}$$

이므로 ϕ는 준동형사상이다.

(iii) 임의의 원소 $a\ker f \in \ker\phi$에 대하여 $\phi(a\ker f)=e_{G_2}$이므로 $f(a)=e_{G_2}$이다. 따라서 $a\in\ker f$이므로 $a\ker f = e_{G_1}\ker f$이다. 즉,

$$\ker\phi = \{e_{G_1}\ker f\}$$

이므로 ϕ는 일대일사상이다.

또한 임의의 원소 $f(a)\in f(G_1)$에 대하여 $a\ker f\in G_1/\ker f$이고 $\phi(a\ker f)=f(a)$이다. 그러므로 $\phi(G_1/\ker f)=f(G_1)$이다.

즉, ϕ는 일대일대응이다.

(i), (ii), (iii)에 의하여 ϕ는 동형사상이므로 상군 $G_1/\ker f$는 군 $f(G_1)$과 동형인 군이다. ▣

| 예제 79 군 G와 준동형사상 $f: G\to G,\ f(a)=a$에 대하여

$$\ker f=\{e\}, \qquad f(G)=G$$

이므로 $G/\{e\}\simeq G$이다.

| 예제 80 군 G와 준동형사상 $f: G\to G,\ f(a)=e$에 대하여

$$\ker f=G, \qquad f(G)=\{e\}$$

이므로 $G/G\simeq\{e\}$이다.

| 예제 81 준동형사상 $f : \mathbb{R} \to \mathbb{C}$, $f(a) = a$에 대하여

$$\ker f = \{0\}, \qquad f(\mathbb{R}) = \mathbb{R}$$

이므로 $\mathbb{R}/\{0\} \simeq \mathbb{R}$ 이다.

| 예제 82 준동형사상 $f : \mathbb{C} \to \mathbb{C}$, $f(a+bi) = a-bi$에 대하여

$$\ker f = \{0\}, \qquad f(\mathbb{C}) = \mathbb{C}$$

이므로 $\mathbb{C}/\{0\} \simeq \mathbb{C}$ 이다.

| 예제 83 준동형사상 $f : \mathbb{Z}[x] \to \mathbb{Z}$, $f(g(x)) = g(0)$에 대하여

$$\ker f = \langle x \rangle, \qquad f(\mathbb{Z}[x]) = \mathbb{Z}$$

이므로 $\mathbb{Z}[x]/\langle x \rangle \simeq \mathbb{Z}$ 이다.

| 예제 84 준동형사상 $f : \mathbb{Z}_3 \to \mathbb{Z}_{12}$, $f(a) = 4a$에 대하여

$$\ker f = \{0\}, \qquad f(\mathbb{Z}_3) = \{0, 4, 8\}$$

이므로 $\mathbb{Z}_3/\{0\} \simeq \{0, 4, 8\}$이다.

| 예제 85 준동형사상 $f : \mathbb{Z} \to \mathbb{Z}_n$, $f(m) = r$, $m = nq + r$ $(0 \le r < n)$에 대하여

$$\ker f = n\mathbb{Z}, \qquad f(\mathbb{Z}) = \mathbb{Z}_n$$

이므로 $\mathbb{Z}/n\mathbb{Z} \simeq \mathbb{Z}_n$이다.

| 예제 86 준동형사상 $f : 2\mathbb{Z} \to 3\mathbb{Z}$, $f(2m) = 3m$에 대하여

$$\ker f = \{0\}, \qquad f(2\mathbb{Z}) = 3\mathbb{Z}$$

이므로 $2\mathbb{Z}/\{0\} \simeq 3\mathbb{Z}$ 이다.

예제 87 준동형사상 $f : \mathbb{R}[x] \to \mathbb{R}[x]$, $f(g(x)) = g'(x)$에 대하여

$$\ker f = \mathbb{R}, \qquad f(\mathbb{R}[x]) = \mathbb{R}[x]$$

이므로 $\mathbb{R}[x]/\mathbb{R} \simeq \mathbb{R}[x]$이다.

예제 88 준동형사상 $f : \mathbb{R}^* \to \mathbb{R}^*$, $f(a) = |a|$에 대하여

$$\ker f = \{1, -1\}, \qquad f(\mathbb{R}) = \mathbb{R}^+$$

이므로 $\mathbb{R}^*/\{1, -1\} \simeq \mathbb{R}^+$이다.

예제 89 준동형사상 $f : GL_n(\mathbb{R}) \to \mathbb{R}^*$, $f(A) = \det(A)$에 대하여

$$\ker f = SL_n(\mathbb{R}), \qquad f(GL_n(\mathbb{R})) = \mathbb{R}^*$$

이므로 $GL_n(\mathbb{R})/SL_n(\mathbb{R}) \simeq \mathbb{R}^*$이다.

정리 22

위수가 m인 군 G에서 $\mathbb{Z}_n$으로의 준동형사상 $f : G \to \mathbb{Z}_n$에 대하여 $f(G) = \mathbb{Z}_n$이면 m은 n의 배수이다.

증명 상군 $G/\ker f$는 $f(G)$와 동형이므로

$$|G/\ker f| = |f(G)|$$

이다. 그런데 가정에 의하여 $f(G) = \mathbb{Z}_n$이므로 $|f(G)| = n$이고

$$m = |G| = |f(G)||\ker f| = n|\ker f|$$

이다. 따라서 m은 n의 배수이다. ▣

예제 90 위수가 m인 유한군 G에서 $\mathbb{Z}_{12}$로의 준동형사상 $f : G \to \mathbb{Z}_{12}$에 대하여

$f(G) = \mathbb{Z}_{12}$이면 m은 12의 배수이다.

| 예제 91 $\mathbb{Z}_7$에서 위수가 m인 유한군 G로의 준동형사상 $f : \mathbb{Z}_7 \to G$에 대하여 $f(\mathbb{Z}_7) = G$이면 m은 7의 약수이므로 $m = 1$ 또는 $m = 7$이다.

정리 23

위수가 m인 군 G_1에서 위수가 n인 군 G_2로의 준동형사상 $f : G_1 \to G_2$에 대하여 $f(G_1)$의 위수는 m과 n의 공약수이다.

증명 상군 $G_1/\ker f$는 $f(G_1)$과 동형이므로 $f(G_1)$의 위수는 m의 약수이다. 또한 $f(G_1)$는 G_2의 부분군이므로 $f(G_1)$의 위수는 n의 약수이다. 따라서 $f(G_1)$의 위수는 m과 n의 공약수이다. ▣

| 예제 92 위수가 n인 군 G에서 정의된 준동형사상

$$f : G \to G, \qquad f(a) = e_G, \qquad a \in G$$

에 대하여 $f(G) = \{e_G\}$이므로 $f(G)$의 위수는 1이다. 따라서 $f(G)$의 위수는 G의 위수 n과 G의 위수 n의 공약수이다.

| 예제 93 준동형사상 $f : \mathbb{Z}_4 \to \mathbb{Z}_{12}$, $f(n) = 3n$에 대하여 $f(\mathbb{Z}_4) = \{0, 3, 6, 9\}$이므로 $f(\mathbb{Z}_4)$의 위수는 4이다. 따라서 $f(\mathbb{Z}_4)$의 위수는 $\mathbb{Z}_4$의 위수 4와 $\mathbb{Z}_{12}$의 위수 12의 공약수이다.

| 예제 94 준동형사상 $f : \mathbb{Z}_2 \times \mathbb{Z}_5 \to \mathbb{Z}_5 \times \mathbb{Z}_3$를 모든 원소 $(a, b) \in \mathbb{Z}_2 \times \mathbb{Z}_5$에 대하여 $f(a, b) = (b, 0)$으로 정의하면

$$f(\mathbb{Z}_2 \times \mathbb{Z}_5) = \{(0,0), (1,0), (2,0), (3,0), (4,0)\}$$

이므로 $f(\mathbb{Z}_2\times\mathbb{Z}_5)$의 위수는 5이다. 따라서 $f(\mathbb{Z}_2\times\mathbb{Z}_5)$의 위수는 $\mathbb{Z}_2\times\mathbb{Z}_5$의 위수 10과 $\mathbb{Z}_5\times\mathbb{Z}_3$의 위수 15의 공약수이다.

예제 95 위수가 6인 정이면체군 $D_3=\{1_X,\sigma,\sigma^2,\tau_1,\tau_2,\tau_3\}$와 대칭군 S_3에 대하여 준동형사상 $f: D_3 \to S_3$를

$$f(1_X)=1_{S_3},\qquad f(\sigma)=(1\,2\,3),\qquad f(\sigma^2)=(1\,3\,2),$$
$$f(\tau_1)=(2\,3),\qquad f(\tau_2)=(1\,3),\qquad f(\tau_3)=(1\,2)$$

로 정의하면 $f(D_3)$의 위수 6은 D_3의 위수 6과 S_3의 위수 6의 공약수이다.

예제 96 대칭군 S_5에서 덧셈군 $\mathbb{Z}_2$로의 준동형사상 $\phi: S_5 \to \mathbb{Z}_2$,

$$\phi(f)=\begin{cases}0 & f\text{는 우치환}\\ 1 & f\text{는 기치환}\end{cases}$$

에 대하여 $\phi(S_5)$의 위수 2는 S_5의 위수 5!과 $\mathbb{Z}_2$의 위수 2의 공약수이다.

예제 97 만일 $f:\mathbb{Z}_4\to\mathbb{Z}_{12}$가 준동형사상이라고 가정하면 다음과 같은 방법으로 가능한 f를 구할 수 있다.

우선 $f(\mathbb{Z}_4)$의 위수를 m이라 놓으면 m은 $\mathbb{Z}_4$의 위수 4와 $\mathbb{Z}_{12}$의 위수 12의 공약수이다. 그러므로

$$m=1 \text{ 또는 } m=2 \text{ 또는 } m=4$$

이다.

(i) $m=1$이면 $f(\mathbb{Z}_4)=\{0\}$이므로 모든 원소 $a\in\mathbb{Z}_4$에 대하여 $f(a)=0$으로 정의된 f는 주어진 조건을 만족시킨다.

(ii) $m=2$이면 $f(\mathbb{Z}_4)=\{0,6\}$이므로 모든 원소 $a\in\mathbb{Z}_4$에 대하여 $f(a)=6a$로 정의된 f는 주어진 조건을 만족시킨다.

(iii) $m=4$이면 $f(\mathbb{Z}_4)=\{0,3,6,9\}$이므로 모든 원소 $a\in\mathbb{Z}_4$에 대하여 $f(a)=3a$로 정의된 f는 주어진 조건을 만족시킨다.

결과적으로 준동형사상 $f : \mathbb{Z}_4 \to \mathbb{Z}_{12}$는 (i), (ii), (iii) 등 3가지 존재한다.

정리 24

군 G와 $Z(G) = \{a \in G \mid$ 모든 $b \in G$에 대하여 $ab = ba\}$에 대하여

$$G/Z(G) \simeq Inn(G)$$

증명 상군 G에서 군 $Inn(G)$로의 함수 $\phi : G \to Inn(G)$를

$$\phi(a) = f_a, \qquad a \in G$$

로 정의하자. 그러면 다음이 성립한다.

(i) 임의의 원소 $a, b \in G$에 대하여

$$\phi(ab) = f_{ab} = f_a f_b = \phi(a)\phi(b)$$

이므로 ϕ는 준동형사상이다.

(ii) 임의의 원소 $a \in \ker\phi$를 택하면 $\phi(a) = f_e$이다. 그러므로 $f_a = f_e$이므로 모든 원소 $b \in G$에 대하여

$$aba^{-1} = f_a(b) = f_e(b) = b$$

이다. 따라서 모든 $b \in G$에 대하여 $ab = ba$이므로 $a \in Z(G)$이다. 그러므로 $\ker\phi \subset Z(G)$이다. 한편, 임의의 원소 $c \in Z(G)$를 택하면 임의의 원소 $d \in G$에 대하여 $cd = dc$이므로

$$f_c(d) = cdc^{-1} = d = f_e(d)$$

이다. 따라서 $\phi(c) = f_c = f_e$이므로 $c \in \ker\phi$이다. 즉, $Z(G) \subset \ker\phi$이다. 결과적으로 $\ker\phi = Z(G)$이다.

(iii) ϕ의 정의에 의하여 $\phi(G) = Inn(G)$이다.

제 1 동형정리를 적용하면 (i), (ii), (iii)에 의하여

$$G/Z(G) \simeq Inn(G)$$

임을 알 수 있다. ▣

예제 98 덧셈군 $\mathbb{Z}_{10}$에 대하여

$$\mathbb{Z}_{10}/Z(\mathbb{Z}_{10}) \simeq Inn(\mathbb{Z}_{10})$$

이다. 그런데 $Z(\mathbb{Z}_{10}) = \mathbb{Z}_{10}$이므로 $\mathbb{Z}_{10}/\mathbb{Z}_{10} \simeq Inn(\mathbb{Z}_{10})$이다. 따라서 $Inn(\mathbb{Z}_{10})$의 위수는 1이므로 $Inn(\mathbb{Z}_{10}) = \{f_0\}$이다.

예제 99 3차의 대칭군 S_3에 대하여

$$S_3/Z(S_3) \simeq Inn(S_3)$$

이다. 그런데 $Z(S_3) = \{1_{S_3}\}$이므로 $S_3/\{1_{S_3}\} \simeq Inn(S_3)$이다. 따라서 $Inn(S_3)$의 위수는 6이다.

정리 25

H가 군 G의 부분군이고 $C(H)$와 $N(H)$를

$$C(H) = \{a \in G \mid \text{모든 } h \in H\text{에 대하여 } aha^{-1} = h\}$$
$$N(H) = \{a \in G \mid aHa^{-1} = H\}$$

로 놓을 때 다음이 성립한다.

(1) $C(H)$는 $N(H)$의 정규부분군이다.

(2) $Aut(H)$의 적당한 부분군 K가 존재하여

$$N(H)/C(H) \simeq K \subset Aut(H)$$

증명 (1) 우선 $C(H) \subset N(H)$임은 명백하다. 임의의 원소 $a, b \in C(H)$와 임의의 원소 $h \in H$를 택하면 $ah = ha$이고 $bh = hb$이다. 그러므로

$$(ab^{-1})h(ab^{-1})^{-1} = ab^{-1}hba^{-1} = ab^{-1}bha^{-1} = aha^{-1} = haa^{-1} = h$$

이다. 따라서 $ab^{-1} \in C(H)$이므로 $C(H)$는 $N(H)$의 부분군이다.

이제 $C(H)$가 $N(H)$의 정규부분군임을 보이기 위하여 임의의 원소 $a \in N(H)$와 $b \in C(H)$에 대하여 $aba^{-1} \in C(H)$임을 보이면 된다. 즉, 임의의 원소 $h \in H$에 대하여 $(aba^{-1})h = h(aba^{-1})$임을 보이면 된다. 그런데

$$(aba^{-1})h(aba^{-1})^{-1} = aba^{-1}hab^{-1}a^{-1}$$

이고 $a^{-1}ha \in H$이므로 $b(a^{-1}ha) = (a^{-1}ha)b$이다. 그러므로

$$\begin{aligned}(aba^{-1})h(aba^{-1})^{-1} &= ab(a^{-1}ha)b^{-1}a^{-1} \\ &= a(a^{-1}ha)bb^{-1}a^{-1} = h\end{aligned}$$

이다. 따라서 $(aba^{-1})h = h(aba^{-1})$이므로 $C(H)$는 $N(H)$의 정규부분군이다.

(2) 군 $N(H)$에서 군 $Aut(H)$로의 함수 $\phi : N(H) \to Aut(H)$를

$$\phi(a) = f_a, \qquad a \in N(H)$$

로 정의하자. 여기서 $f_a \in Inn(H)$는 내부자기동형사상이다. 그러면 임의의 원소 $a, b \in N(H)$에 대하여

$$\phi(ab) = f_{ab} = f_a f_b = \phi(a)\phi(b)$$

이므로 ϕ는 준동형사상이다.

만일 $a \in \ker\phi$이면 $\phi(a) = f_a = f_e$이므로 임의의 원소 $x \in H$에 대하여

$$f_a(x) = f_e(x)$$

이다. 따라서

$$axa^{-1} = exe^{-1} = x$$

이므로 임의의 원소 $x \in H$에 대하여 $ax = xa$이고 $a \in C(H)$이다. 그러므로 $\ker\phi \subset C(H)$이다.

역으로 $b \in C(H)$이면 임의의 $x \in H$에 대하여 $bx = xb$이므로 $bxb^{-1} = x$이다. 따라서 임의의 원소 $x \in H$에 대하여 $f_b(x) = f_e(x)$이므로

$$\phi(b) = f_b = f_e$$

이다. 즉, $b \in \ker\phi$이므로 $C(H) \subset \ker\phi$이고 결과적으로

$$\ker\phi = C(H)$$

이다. 이제 $K = \phi(N(H))$으로 놓으면 K는 $Aut(H)$의 부분군이고 제1동형정리에 의하여

$$N(H)/C(H) \simeq K \subset Aut(H)$$

이 성립한다. ▣

정리 26

H가 군 G의 정규부분군일 때 $f: G \to G/H$를

$$f(a) = aH, \qquad a \in G$$

로 정의하면 다음이 성립한다.

(1) f는 준동형사상이다.

(2) $\ker f = H$.

증명 (1) 임의의 원소 $a, b \in G$에 대하여

$$f(ab) = (ab)H = (aH)(bH) = f(a)f(b)$$

이므로 f는 준동형사상이다.

(2) 만일 $a \in \ker f$이라면

$$f(a) = aH = eH$$

이므로 $a \in H$이다. 즉, $\ker f \subset H$이다.

한편, $a \in H$이면

$$f(a) = aH = eH$$

이므로 $a \in \ker f$이다. 따라서 $H \subset \ker f$이다.

결과적으로 $\ker f = H$이다. ▣

┃예제 100 군 G에 대하여 $f: G \to G/\{e\}$를

$$f(a) = a\{e\}, \qquad a \in G$$

로 정의하면 f는 준동형사상이고 $\ker f = \{e\}$이므로 f는 일대일사상이다. 또한 $f(G) = G/\{e\}$이므로 결과적으로 f는 동형사상이다.

┃예제 101 군 $\mathbb{Z}$에 대하여 $f: \mathbb{Z} \to \mathbb{Z}/2\mathbb{Z}$를

$$f(n) = n + 2\mathbb{Z}, \qquad n \in \mathbb{Z}$$

로 정의하면 f는 준동형사상이고 $\ker f = 2\mathbb{Z}$이다.

┃예제 102 군 $\mathbb{Z}[x]$에 대하여 $f: \mathbb{Z}[x] \to \mathbb{Z}[x]/\mathbb{Z}$를

$$f(g(x)) = g(x) + \mathbb{Z}, \qquad g(x) \in \mathbb{Z}[x]$$

로 정의하면 f는 준동형사상이고 $\ker f = \mathbb{Z}$이다.

┃예제 103 군 $\mathbb{Z}[x]$에 대하여 $f: GL_n(\mathbb{R}) \to GL_n(\mathbb{R})/SL_n(\mathbb{R})$를

$$f(A) = A\,SL_n(\mathbb{R}), \qquad A \in GL_n(\mathbb{R})$$

로 정의하면 f는 준동형사상이고 $\ker f = SL_n(\mathbb{R})$이다.

┃예제 104 군 S_3에 대하여 $\phi: S_3 \to S_3/A_3$를

$$\phi(f) = fA_3, \qquad f \in S_3$$

로 정의하면 ϕ는 준동형사상이고 $\ker \phi = A_3$이다.

정리 27 제2동형정리(Second isomorphism Theorem)

군 G의 정규부분군 H와 G의 부분군 K에 대하여

$$K/K\cap H \simeq KH/H$$

참고 G가 덧셈군이면 주어진 동형관계는 $K/K\cap H \simeq (K+H)/H$으로 나타낼 수 있다.

증명 함수 $f: K \to G/H$를

$$f(a) = aH, \qquad a \in K$$

로 정의하면 다음이 성립한다.

(i) 임의의 원소 $a, b \in K$에 대하여

$$f(ab) = abH = (aH)(bH) = f(a)f(b)$$

이므로 f는 준동형사상이다.

(ii) $\ker f = \{a \in K \mid f(a) = eH\} = \{a \in K \mid aH = eH\} = \{a \in K \mid a \in H\} = K \cap H$ 이고

$$f(K) = \{f(a) \mid a \in K\} = \{aH \mid a \in K\} = \{abH \mid a \in K, b \in H\} = KH/H$$

이다.

따라서 제 1 동형정리에 의하여 $K/K\cap H \simeq KH/H$이다. ▣

예제 105 군 $\mathbb{Z}$의 정규부분군 $10\mathbb{Z}$와 부분군 $3\mathbb{Z}$에 대하여

$$3\mathbb{Z}/(3\mathbb{Z}\cap 10\mathbb{Z}) \simeq (3\mathbb{Z}+10\mathbb{Z})/10\mathbb{Z}$$

이다. 그런데

$$3\mathbb{Z}\cap 10\mathbb{Z} = 30\mathbb{Z}, \qquad 3\mathbb{Z}+10\mathbb{Z} = \mathbb{Z}$$

이므로

$$3\mathbb{Z}/30\mathbb{Z} \simeq \mathbb{Z}/10\mathbb{Z}$$

예제 106 군 $\mathbb{Z}_{12}$의 정규부분군 $H = \{0, 6\}$와 부분군 $K = \{0, 4, 8\}$에 대하여 제 2 동형정리를 적용하면

$$H \cap K = \{0\}, \qquad H + K = \{0, 2, 4, 6, 8, 10\}$$

이므로

$$\{0, 4, 8\}/\{0\} \simeq \{0, 2, 4, 6, 8, 10\}/\{0, 6\}$$

| 예제 107 군 $\mathbb{Z}[x]$의 부분군 $5\mathbb{Z}$와 $\mathbb{Z}[x]$의 정규부분군 $3\mathbb{Z}[x]$에 대하여

$$5\mathbb{Z}/(5\mathbb{Z} \cap 3\mathbb{Z}[x]) \simeq (5\mathbb{Z} + 3\mathbb{Z}[x])/3\mathbb{Z}[x]$$

이다. 그런데 $5\mathbb{Z} \cap 3\mathbb{Z}[x] \simeq 15\mathbb{Z}$ 이므로

$$5\mathbb{Z}/15\mathbb{Z} \simeq (5\mathbb{Z} + 3\mathbb{Z}[x])/3\mathbb{Z}[x]$$

정리 28　제3동형정리(Third isomorphism Theorem)

군 G의 정규부분군 H와 K에 대하여 $H \subset K$이면

$$(G/H)/(K/H) \simeq G/K$$

증명 함수 $f : G/H \to G/K$를

$$f(aH) = aK, \qquad a \in G$$

로 정의하자. 그러면 다음이 성립한다.

(i) 만일 원소 $a, b \in G$에 대하여 $aH = bH$라고 가정하면 $a^{-1}b \in H$이다. 그런데 가정에 의하여 $H \subset K$이므로 $a^{-1}b \in K$이다. 따라서 $aK = bK$이므로 f는 잘 정의된 사상이다.

(ii) 임의의 원소 $aH, bH \in G/H$에 대하여

$$f(aH\,bH) = f(abH) = abK = aKbK = f(aH)f(bH)$$

이므로 f는 준동형사상이다.

(iii) $\ker f = \{aH \in G/H \mid f(aH) = eK\} = \{aH \in G/H \mid aK = eK\}$
$= \{aH \in G/H \mid a \in K\} = K/H$

이고

$$f(G/H)=\{f(aH)\mid a\in G\}=\{aK\mid a\in G\}=G/K$$

이다. 따라서 제 1 동형정리에 의하여 동형관계

$$(G/H)/(K/H)\simeq G/K$$

가 성립한다. ▣

| 예제 108 덧셈군 $\mathbb{Z}$ 의 정규부분군 $3\mathbb{Z}$ 와 $15\mathbb{Z}$ 에 대하여 $15\mathbb{Z}\subset 3\mathbb{Z}$ 이므로

$$(\mathbb{Z}/15\mathbb{Z})/(3\mathbb{Z}/15\mathbb{Z})\simeq \mathbb{Z}/3\mathbb{Z}$$

| 예제 109 덧셈군 $\mathbb{Z}[x]$의 정규부분군 $2\mathbb{Z}[x]$와 $4\mathbb{Z}[x]$에 대하여 $4\mathbb{Z}[x]\subset 2\mathbb{Z}[x]$이므로

$$(\mathbb{Z}[x]/4\mathbb{Z}[x])/(2\mathbb{Z}[x]/4\mathbb{Z}[x])\simeq \mathbb{Z}[x]/2\mathbb{Z}[x]$$

| 예제 110 덧셈군 $\mathbb{Z}\times\mathbb{Z}$ 의 정규부분군 $\mathbb{Z}\times 3\mathbb{Z}$ 와 $2\mathbb{Z}\times 12\mathbb{Z}$ 에 대하여 $2\mathbb{Z}\times 12\mathbb{Z}$ $\subset \mathbb{Z}\times 3\mathbb{Z}$ 이므로

$$(\mathbb{Z}\times\mathbb{Z}/2\mathbb{Z}\times 12\mathbb{Z})/(\mathbb{Z}\times 3\mathbb{Z}/2\mathbb{Z}\times 12\mathbb{Z})\simeq(\mathbb{Z}\times\mathbb{Z})/(\mathbb{Z}\times 3\mathbb{Z})$$

연습문제

1. 군 G와 H에 대하여 다음 명제의 참 또는 거짓을 판정하고 이를 증명하시오.

"$|G|=|H|$이면 G와 H는 서로 동형이다."

2. 군 $\mathbb{Z}_{12}$와 $\mathbb{Z}_{20}$이 서로 동형인 군인지 판정하고 이를 증명하시오.

3. 군 $\mathbb{Z}_{125}$와 $U(125)$가 서로 동형인 군인지 판정하고 이를 증명하시오.

4. 곱셈군 $\mathbb{R}^+$에서 정의된 함수 $f: \mathbb{R}^+ \to \mathbb{R}$, $f(a)=\log_2 a$가 동형사상인지 판정하고 이를 증명하시오.

5. 정수 $k \neq 0$에 대하여 덧셈군 $\mathbb{Z}$와 $k\mathbb{Z}$가 동형임을 증명하시오.

6. 군 $U(8)$과 $U(15)$가 서로 동형인 군인지 판정하고 이를 증명하시오.

7. 군 $\mathbb{Z}_{50}$에 대하여 $Inn(\mathbb{Z}_{50})$를 구하시오.

8. 군 G는 위수가 23이고 $f: G \to \mathbb{Z}_{10}$가 준동형사상일 때 $f(G)=\mathbb{Z}_{10}$를 만족시키는지 판정하고 이를 증명하시오.

9. 군 $\mathbb{Z}_{10}$에서 위수가 소수 p인 유한군 G로의 준동형사상 $f: \mathbb{Z}_{10} \to G$가 조건 $f(\mathbb{Z}_{10})=G$를 만족시킬 때 p를 구하시오.

10. 군 $\mathbb{Z}_{37}$에서 위수가 m인 유한군 G로의 준동형사상 $f: \mathbb{Z}_{37} \to G$가 조건 $f(\mathbb{Z}_{37})=G$를 만족시킨다고 가정할 때 G가 순환군이 되는지 판정하고 이를 증명하시오.

11. 위수가 5인 군 G와 준동형사상 $f : \mathbb{Z}_{25} \to G$에 대하여 $f(\mathbb{Z}_{25}) = G$일 때 다음을 구하시오.

(1) $\ker f$

(2) $|\mathbb{Z}_{25} : \ker f|$

12. 군 $\mathbb{Z}$의 부분군 $5\mathbb{Z}$와 $\mathbb{Z}$의 정규부분군 $3\mathbb{Z}$에 대하여 $5\mathbb{Z}/15\mathbb{Z} \simeq \mathbb{Z}/3\mathbb{Z}$임을 증명하시오.

13. 군 $\mathbb{Z}$의 부분군 $m\mathbb{Z}$와 군 $\mathbb{Z}$의 정규부분군 $n\mathbb{Z}$에 대하여

$$m\mathbb{Z}/\ell\mathbb{Z} \simeq (m\mathbb{Z} + n\mathbb{Z})/n\mathbb{Z} \quad (\text{단, } \ell = \mathrm{lcm}(m, n)\text{이다})$$

임을 증명하시오.

14. 군 $Aut(\mathbb{Z}_{12})$의 위수를 구하시오.

CHAPTER 10

군의 직접곱 (Direct products)

1장에서는 군 $G_1, G_2, \cdots, G_n$에 대하여 $G_1, G_2, \cdots, G_n$의 외적인 직접곱

$$G=\{(a_1, a_2, \cdots, a_n) \mid a_i \in G_i,\, i=1, 2, \cdots, n\}$$

를 정의하고 $G=G_1 \times G_2 \times \cdots \times G_n = \prod_{i=1}^{n} G_i$으로 나타내었다.

이 장에서는 주어진 군의 정규부분군을 이용하여 정의되는 내적인 직접곱에 대하여 살펴보기로 한다.

정의 1

군 G의 정규부분군 H와 K에 대하여 다음 두 조건이 모두 성립하면 G를 H와 K의 **내적인 직접곱**(internal direct product)이라고 하고 $G=H\times K$로 나타낸다.

(1) $G=HK$

(2) $H\cap K=\{e\}$

참고 G가 덧셈군이면 조건 (2)는 $G=H+K$이다.

예제 1 군 G의 정규부분군 G와 $\{e\}$에 대하여

$$G=G\{e\}, \qquad G\cap\{e\}=\{e\}$$

이므로 G는 정규부분군 G와 $\{e\}$의 내적인 직접곱이다. 즉, $G=G\times\{e\}$이다. 마찬가지로 $G=\{e\}G$이고 $\{e\}\cap G=\{e\}$이므로 $G=\{e\}\times G$이다.

예제 2 덧셈군 $\mathbb{Z}$의 정규부분군 $2\mathbb{Z}$와 $3\mathbb{Z}$에 대하여 $\mathbb{Z}=2\mathbb{Z}+3\mathbb{Z}$이지만 $2\mathbb{Z}\cap 3\mathbb{Z}=6\mathbb{Z}\neq\{0\}$이므로 $\mathbb{Z}\neq 2\mathbb{Z}\times 3\mathbb{Z}$이다.

예제 3 덧셈군 $\mathbb{Z}_{12}$의 정규부분군 $H=\{0,4,8\}$와 $K=\{0,3,6,9\}$에 대하여

$$\mathbb{Z}_{12}=H+K, \qquad H\cap K=\{0\}$$

이므로 $\mathbb{Z}_{12} = H \times K$이다.

| 예제 4 덧셈군 $\mathbb{R}[x]$의 정규부분군 $\mathbb{R}$과 $H = \{xh(x) \mid h(x) \in \mathbb{R}[x]\}$에 대하여

$$\mathbb{R}[x] = \mathbb{R} + H, \qquad \mathbb{R} \cap H = \{0\}$$

이다. 따라서 $\mathbb{R}[x] = \mathbb{R} \times H$이다.

| 예제 5 군 S_3의 부분군 $\langle (12) \rangle$와 $\langle (123) \rangle$에 대하여

$$S_3 = \langle (12) \rangle \langle (123) \rangle, \qquad \langle (12) \rangle \cap \langle (123) \rangle = \{1_{S_3}\}$$

이다. 그렇지만 $\langle (12) \rangle$는 군 S_3의 정규부분군이 아니므로 $S_3 \neq \langle (12) \rangle \times \langle (123) \rangle$이다.

| 예제 6 덧셈군 $\mathbb{Z} \times \mathbb{Z}$의 정규부분군 $\mathbb{Z} \times \{0\}$과 $\{0\} \times \mathbb{Z}$에 대하여

$$\mathbb{Z} \times \mathbb{Z} = \mathbb{Z} \times \{0\} + \{0\} \times \mathbb{Z}, \qquad \mathbb{Z} \times \{0\} \cap \{0\} \times \mathbb{Z} = \{(0,0)\}$$

이므로 $\mathbb{Z} \times \mathbb{Z} = (\mathbb{Z} \times \{0\}) \times (\{0\} \times \mathbb{Z})$이다.

정의 2

군 G의 정규부분군 $H_1, H_2, \cdots, H_n$에 대하여 다음 두 조건이 성립하면 G를 $H_1, H_2, \cdots, H_n$의 **내적인 직접곱**(internal direct product)이라고 하고 $G = H_1 \times H_2 \times \cdots \times H_n$로 나타낸다.

(1) $G = H_1 H_2 \cdots H_n$

(2) $(H_1 H_2 \cdots H_i) \cap H_{i+1} = \{e\}$, $i = 1, 2, \cdots, n-1$

참고 만일 G가 덧셈군이면 주어진 조건은 다음과 같다.

(1) $G = H_1 + H_2 + \cdots + H_n$

(2) $(H_1 + H_2 + \cdots + H_i) \cap H_{i+1} = \{e\}$, $i = 1, 2, \cdots, n-1$이다.

이때 $G = H_1 + H_2 + \cdots + H_n = \bigoplus_{i=1}^{n} H_i$로 나타내기도 한다.

정리 3

군 G의 정규부분군 H_1과 H_2에 대하여 G가 H_1과 H_2의 내적인 직접곱이면 임의의 원소 $h_1 \in H_1$과 $h_2 \in H_2$에 대하여 $h_1 h_2 = h_2 h_1$이다.

증명 H_1이 G의 정규부분군이므로 $h_2 h_1^{-1} h_2^{-1} \in H_1$이다. 또한 H_2가 G의 정규부분군이므로 $h_1 h_2 h_1^{-1} \in H_2$이다. 그러므로

$$h_1 h_2 h_1^{-1} h_2^{-1} \in h_1 H_1, \qquad h_1 h_2 h_1^{-1} h_2^{-1} \in H_2 h_2^{-1}$$

이다. 그런데 $h_1 H_1 = H_1$이고 $H_2 h_2^{-1} = H_2$이므로

$$h_1 h_2 h_1^{-1} h_2^{-1} \in H_1 \cap H_2$$

이다. 한편, 군 G는 H_1과 H_2의 내적인 직접곱이므로 $H_1 \cap H_2 = \{e\}$이다. 따라서 $h_1 h_2 h_1^{-1} h_2^{-1} = e$이므로 $h_1 h_2 = h_2 h_1$이다. ▣

| 예제 7 군 G는 정규부분군 G와 $\{e\}$의 내적인 직접곱이므로 임의의 원소 $h_1 \in G$과 $h_2 \in \{e\}$에 대하여 $h_1 h_2 = h_2 h_1$이다.

| 예제 8 덧셈군 $\mathbb{Z}_{12}$는 정규부분군 $H_1 = \{0, 4, 8\}$과 $H_2 = \{0, 3, 6, 9\}$의 내적인 직접곱이므로 임의의 원소 $h_1 \in H_1$과 $h_2 \in H_2$에 대하여 $h_1 + h_2 = h_2 + h_1$이다.

| 예제 9 덧셈군 $\mathbb{Z} \times \mathbb{Z}$는 정규부분군 $H_1 = \mathbb{Z} \times \{0\}$과 $H_2 = \{0\} \times \mathbb{Z}$의 내적인 직접곱이므로 임의의 원소 $h_1 \in H_1$과 $h_2 \in H_2$에 대하여 $h_1 + h_2 = h_2 + h_1$이다.

정리 4

군 G의 정규부분군 H_1과 H_2에 대하여 G가 H_1과 H_2의 내적인 직접곱이면 임의의 원소 $a \in G$는 적당한 원소 $h_1 \in H_1$와 $h_2 \in H_2$에 대하여

$$a = h_1 h_2$$

로 유일하게 나타낼 수 있다.

증명 만일 임의의 원소 $h_1, k_1 \in H_1$와 $h_2, k_2 \in H_2$에 대하여 $a = h_1 h_2$이고 $a = k_1 k_2$이라고 가정하자. 그러면 $h_1 h_2 = k_1 k_2$이므로

$$k_1^{-1} h_1 = k_2 h_2^{-1} \in H_1 \cap H_2$$

이다. 그런데 $H_1 \cap H_2 = \{e\}$이므로 $k_1^{-1} h_1 = k_2 h_2^{-1} = e$이다. 그러므로

$$h_1 = k_1, \qquad h_2 = k_2$$

이다. 즉, 임의의 원소 $a \in G$는 적당한 원소 $h_1 \in H_1$와 $h_2 \in H_2$에 대하여 $a = h_1 h_2$로 유일하게 나타낼 수 있다. ▣

예제 10 군 G는 정규부분군 G와 $\{e\}$의 내적인 직접곱이므로 임의의 원소 $a \in G$는 적당한 원소 $a \in G$와 $e \in \{e\}$에 대하여

$$a = ae$$

로 유일하게 나타내어진다.

예제 11 덧셈군 $\mathbb{Z}_{12}$는 정규부분군 $H_1 = \{0, 4, 8\}$과 $H_2 = \{0, 3, 6, 9\}$의 내적인 직접곱이므로 임의의 원소 $a \in \mathbb{Z}_{12}$는 적당한 원소 $h_1 \in H_1$과 $h_2 \in H_2$에 대하여 $a = h_1 + h_2$로 유일하게 나타내어진다.

만일 $a = 5$라면 원소 $8 \in H_1$과 원소 $9 \in H_2$에 대하여

$$5 = 8 + 9$$

로 유일하게 나타내어진다.

| 예제 12 덧셈군 $\mathbb{R}[x]$는 정규부분군 $\mathbb{R}$과 $H=\{xh(x)\,|\,h(x)\in\mathbb{R}[x]\}$의 내적인 직접곱이므로 임의의 원소 $a\in\mathbb{R}[x]$는 적당한 원소 $h_1\in\mathbb{R}$과 $h_2\in H$에 대하여 $a=h_1+h_2$로 유일하게 나타내어진다.
만일 $a=5x^3-2x+35$라면 원소 $35\in\mathbb{R}$와 $5x^3-2x\in H$에 대하여

$$a=35+(5x^3-2x)$$

로 유일하게 나타내어진다.

| 예제 13 덧셈군 $\mathbb{Z}\times\mathbb{Z}$는 정규부분군 $H_1=\mathbb{Z}\times\{0\}$과 $H_2=\{0\}\times\mathbb{Z}$의 내적인 직접곱이므로 임의의 원소 $a\in\mathbb{Z}\times\mathbb{Z}$는 적당한 원소 $h_1\in H_1$과 $h_2\in H_2$에 대하여 $a=h_1+h_2$로 유일하게 나타내어진다.
만일 $a=(2,3)$이라면 원소 $(2,0)\in H_1$과 $(0,3)\in H_2$에 대하여

$$(2,3)=(2,0)+(0,3)$$

으로 유일하게 나타내어진다.

정리 5

군 G의 정규부분군 H_1과 H_2에 대하여 G가 H_1과 H_2의 내적인 직접곱이면 G는 H_1과 H_2의 외적인 직접곱과 동형이다.

증명 가정에 의하여 G가 H_1과 H_2의 내적인 직접곱이므로 임의의 원소 $a\in G$는 적당한 원소 $h_1\in H_1$과 $h_2\in H_2$에 대하여 $a=h_1h_2$로 유일하게 나타내어진다. 따라서 G에서 H_1과 H_2의 외적인 직접곱으로의 함수 $f: G\rightarrow H_1\times H_2$를

$$f(a)=(h_1,h_2),\qquad a=h_1h_2\in G$$

로 정의할 수 있고 f는 다음 성질을 만족시킨다.

(ⅰ) 임의의 두 원소 $a, b \in G$를 택하면 가정에 의하여 $G = H_1H_2$이므로 $a = h_1h_2$이고 $b = k_1k_2$인 원소 $h_1, k_1 \in H_1$와 $h_2, k_2 \in H_2$가 존재한다. 그런데 $h_2k_1 = k_1h_2$이므로

$$f(h_1h_2k_1k_2) = f(h_1k_1h_2k_2) = (h_1k_1, h_2k_2)$$
$$= (h_1, h_2)(k_1, k_2) = f(h_1h_2)f(k_1k_2)$$

이다. 즉, f는 준동형사상이다.

(ⅱ) $\ker f = \{h_1h_2 \in G \mid f(h_1h_2) = (e, e)\} = \{h_1h_2 \in G \mid (h_1, h_2) = (e, e)\} = \{e\}$이므로 f는 일대일사상이다.
또한 임의의 원소 $(h_1, h_2) \in H_1 \times H_2$에 대하여 $h_1h_2 \in G$이고 $f(h_1h_2) = (h_1, h_2)$이므로 $f(G) = H_1 \times H_2$이다. 그러므로 f는 일대일대응이다.

결과적으로 (ⅰ)과 (ⅱ)에 의하여 f는 동형사상이므로 G는 H_1과 H_2의 외적인 직접곱과 동형이다. ▣

| 예제 14 군 G는 정규부분군 G와 $\{e\}$의 내적인 직접곱이므로 G와 $\{e\}$의 외적인 직접곱과 동형이다.

$$G \simeq G \times \{e\}$$

| 예제 15 덧셈군 $\mathbb{Z}_{12}$는 정규부분군 $H_1 = \{0, 4, 8\}$과 $H_2 = \{0, 3, 6, 9\}$의 내적인 직접곱이므로 $H_1 = \{0, 4, 8\}$과 $H_2 = \{0, 3, 6, 9\}$의 외적인 직접곱과 동형이다.

$$\mathbb{Z}_{12} \simeq \{0, 4, 8\} \times \{0, 3, 6, 9\}$$

| 예제 16 덧셈군 $\mathbb{R}[x]$는 정규부분군 $\mathbb{R}$과 $H = \{xh(x) \mid h(x) \in \mathbb{R}[x]\}$의 내적인 직접곱이므로 $\mathbb{R}$과 H의 외적인 직접곱과 동형이다.

$$\mathbb{R}[x] \simeq \mathbb{R} \times H$$

예제 17 덧셈군 $\mathbb{Z}\times\mathbb{Z}$는 정규부분군 $\mathbb{Z}\times\{0\}$과 $\{0\}\times\mathbb{Z}$의 내적인 직접곱이므로 $\mathbb{Z}\times\{0\}$과 $\{0\}\times\mathbb{Z}$의 외적인 직접곱과 동형이다.

$$\mathbb{Z}\times\mathbb{Z}\simeq(\mathbb{Z}\times\{0\})\times(\{0\}\times\mathbb{Z})$$

정리 6

군 G의 정규부분군 $H_1, H_2, \cdots, H_n$에 대하여 G가 $H_1, H_2, \cdots, H_n$의 내적인 직접곱이면 임의의 원소 $h_i\in H_i$과 $h_j\in H_j$에 대하여 $h_ih_j=h_jh_i$이다.

증명 H_i가 G의 정규부분군이므로 $h_jh_i^{-1}h_j^{-1}\in H_i$이다. 또한 H_j가 G의 정규부분군이므로 $h_ih_jh_i^{-1}\in H_j$이다. 그런데 $h_iH_i=H_i$이고 $H_jh_j^{-1}=H_j$이므로

$$h_ih_jh_i^{-1}h_j^{-1}\in h_iH_i=H_i,\qquad h_ih_jh_i^{-1}h_j^{-1}\in H_jh_j^{-1}=H_j$$

이다. 그러므로

$$h_ih_jh_i^{-1}h_j^{-1}\in H_i\cap H_j$$

이다. 그런데 G가 $H_1, H_2, \cdots, H_n$의 내적인 직접곱이므로 $H_i\cap H_j=\{e\}$이다. 따라서 $h_ih_jh_i^{-1}h_j^{-1}=e$이므로 $h_ih_j=h_jh_i$이다. ▣

정리 7

군 G의 정규부분군 $H_1, H_2, \cdots, H_n$에 대하여 G가 $H_1, H_2, \cdots, H_n$의 내적인 직접곱이면 임의의 원소 $a\in G$는 적당한 원소 $h_i\in H_i,\ i=1, 2, \cdots, n$에 대하여

$$a=h_1h_2\cdots h_n$$

으로 유일하게 나타낼 수 있다.

증명 만일 적당한 원소 $h_i, k_i\in H_i,\ i=1, 2, \cdots, n$에 대하여

$$a = h_1 h_2 \cdots h_n, \qquad a = k_1 k_2 \cdots k_n$$

이라고 가정하면 $h_1 h_2 \cdots h_n = k_1 k_2 \cdots k_n$이다. 따라서

$$\begin{aligned} h_n k_n^{-1} &= (h_1 h_2 \cdots h_{n-1})^{-1} k_1 k_2 \cdots k_{n-1} \\ &= h_{n-1}^{-1} \cdots h_2^{-1} h_1^{-1} k_1 k_2 \cdots k_{n-1} \end{aligned}$$

이다. 그런데 H_i의 원소와 H_j에 속하는 원소는 교환법칙을 만족시키므로

$$h_n k_n^{-1} = h_1^{-1} k_1 h_2^{-1} k_2 \cdots h_{n-1}^{-1} k_{n-1}$$

이다. 한편

$$h_n k_n^{-1} \in H_n, \qquad h_1^{-1} k_1 h_2^{-1} k_2 \cdots h_{n-1}^{-1} k_{n-1} \in H_1 H_2 \cdots H_{n-1}$$

이다. 그러므로

$$h_n k_n^{-1} = h_1^{-1} k_1 h_2^{-1} k_2 \cdots h_{n-1}^{-1} k_{n-1} \in (H_1 H_2 \cdots H_{n-1}) \cap H_n$$

이다. 그런데 가정에 의하여 G가 $H_1, H_2, \cdots, H_n$의 내적인 직접곱이므로

$$(H_1 H_2 \cdots H_{n-1}) \cap H_n = \{e\}$$

이고

$$h_n k_n^{-1} = h_1^{-1} k_1 h_2^{-1} k_2 \cdots h_{n-1}^{-1} k_{n-1} = e$$

이다. 따라서 $h_n = k_n$이다. 또한 $h_1^{-1} k_1 h_2^{-1} k_2 \cdots h_{n-1}^{-1} k_{n-1} = e$으로부터

$$k_{n-1}^{-1} h_{n-1} = h_1^{-1} k_1 h_2^{-1} k_2 \cdots h_{n-2}^{-1} k_{n-2}$$

가 성립하고 $(H_1 H_2 \cdots H_{n-2}) \cap H_{n-1} = \{e\}$이므로

$$h_{n-1} = k_{n-1}, \qquad h_1^{-1} k_1 h_2^{-1} k_2 \cdots h_{n-2}^{-1} k_{n-2} = e$$

이다. 이 과정을 계속하면

$$h_i = k_i, \qquad i = 1, 2, \cdots, n$$

이다. 즉, 임의의 원소 $a \in G$는 적당한 원소 $h_i \in H_i$, $i = 1, 2, \cdots, n$에 대하여

$$a = h_1 h_2 \cdots h_n$$

으로 유일하게 나타낼 수 있음을 알 수 있다. ▣

정리 8

군 G의 정규부분군 $H_1, H_2, \cdots, H_n$에 대하여 G가 $H_1, H_2, \cdots, H_n$의 내적인 직접곱이면 G는 $H_1, H_2, \cdots, H_n$의 외적인 직접곱과 동형이다.

증명 임의의 원소 $a \in G$를 택하면 적당한 원소 $h_i \in H_i$, $i = 1, 2, \cdots, n$에 대하여 $a = h_1 h_2 \cdots h_n$으로 유일하게 나타낼 수 있다. 이를 이용하여 군 G에서 함수 $f : G \to H_1 \times H_2 \times \cdots \times H_n$를

$$f(a) = (h_1, h_2, \cdots, h_n), \qquad a = h_1 h_2 \cdots h_n \in G$$

로 정의하자. 그러면 임의의 두 원소

$$h_1 h_2 \cdots h_n,\ k_1 k_2 \cdots k_n \in G\ (h_i, k_i \in H_i,\ i = 1, 2, \cdots, n)$$

에 대하여

$$\begin{aligned} f(h_1 h_2 \cdots h_n k_1 k_2 \cdots k_n) &= f(h_1 k_1 h_2 k_2 \cdots h_n k_n) \\ &= (h_1 k_1, h_2 k_2, \cdots, h_n k_n) \\ &= (h_1, h_2, \cdots, h_n)(k_1, k_2, \cdots, k_n) \\ &= f(h_1 h_2 \cdots h_n) f(k_1 k_2 \cdots k_n) \end{aligned}$$

이므로 f는 준동형사상이다. 한편

$$\begin{aligned} \ker f &= \{h_1 h_2 \cdots h_n \in G \mid f(h_1 h_2 \cdots h_n) = (e, e, \cdots, e)\} \\ &= \{h_1 h_2 \cdots h_n \in G \mid (h_1, h_2, \cdots, h_n) = (e, e, \cdots, e)\} \\ &= \{h_1 h_2 \cdots h_n \in G \mid h_i = e, i = 1, 2, \cdots, n\} \\ &= \{e\} \end{aligned}$$

이므로 f는 일대일사상이다.

또한 임의의 원소 $(h_1, h_2, \cdots, h_n) \in H_1 \times H_2 \times \cdots \times H_n$에 대하여 $h_1 h_2 \cdots h_n \in G$이고 $f(h_1 h_2 \cdots h_n) = (h_1, h_2, \cdots, h_n)$이다. 따라서 $f(G) = H_1 \times H_2 \times \cdots \times H_n$이므로 f는 일대일대응이다.

결과적으로 f는 동형사상이므로 G는 $H_1, H_2, \cdots, H_n$의 외적인 직접곱과 동형임을 알 수 있다. ▣

연습문제

1. 덧셈군 $\mathbb{Z}$의 부분군 $H=\langle 3\rangle$와 $K=\langle 5\rangle$에 대하여 다음 물음에 답하시오.

(1) $\mathbb{Z}=H+K$임을 증명하시오.

(2) $\mathbb{Z}=H\times K$가 성립하는지 판정하고 이를 증명하시오.

2. 덧셈군 $\mathbb{Z}[x]$의 정규부분군 $\mathbb{Z}$와 $H=\{xh(x)\mid h(x)\in\mathbb{Z}[x]\}$에 대하여 $\mathbb{Z}[x]=\mathbb{Z}\times H$가 성립함을 증명하시오.

3. 덧셈군 $\mathbb{R}[x]$의 정규부분군 $H=\{xh(x)\mid h(x)\in\mathbb{R}[x]\}$와 $K=\{(x-1)h(x)\mid h(x)\in\mathbb{R}[x]\}$에 대하여 다음 물음에 답하시오.

(1) $\mathbb{R}[x]=H+K$임을 증명하시오.

(2) $\mathbb{R}[x]=H\times K$가 성립하는지 판정하고 이를 증명하시오.

4. 두 소수 p,q와 덧셈군 $\mathbb{Z}$의 정규부분군 $p\mathbb{Z}$와 $q\mathbb{Z}$에 대하여 다음 물음에 답하시오.

(1) $\mathbb{Z}=p\mathbb{Z}+q\mathbb{Z}$ 임을 증명하시오.

(2) $\mathbb{Z}=p\mathbb{Z}\times q\mathbb{Z}$ 가 성립하는지 판정하고 이를 증명하시오.

5. 군 $G=\mathbb{Z}\times\mathbb{Z}$와 G의 부분군 $H=\langle(2,3)\rangle$에 대하여 상군 G/H의 위수를 구하시오.

6. 군 $G=\mathbb{Z}_4\times\mathbb{Z}_4$와 G의 부분군 $H=\{(0,0),(2,0),(0,2),(2,2)\}$에 대하여 다음 물음에 답하시오.

(1) 상군 G/H의 위수를 구하시오.

(2) $G/H\simeq\mathbb{Z}_2\times\mathbb{Z}_2$임을 증명하시오.

7. 군 G의 정규부분군 H, K에 대하여 G가 H와 K의 내적인 직접곱이면 G에 속하는 원소 a를 적당한 원소 $h \in H, k \in K$에 대하여 $a = hk$로 나타낼 때

$$|a| = \text{lcm}(|h|, |k|)$$

임을 증명하시오.

8. 군 G와 $Z(G)$에 대하여 $|G : Z(G)| = 4$일 때 상군 $G/Z(G)$의 모든 원소들의 위수를 구하시오.

CHAPTER 11

유한 아벨군 (Finite abelian groups)

이 장에서는 군 G가 유한군이고 아벨군일 때 G의 위수와 같은 위수를 갖는 군들을 동형 차원에서 분류할 수 있는 방법에 대하여 살펴본다.

정리 1

소수 p와 $p \nmid m$인 자연수 m에 대하여 위수가 $p^n m$인 군 G가 아벨군이라고 가정하자. 그러면

$$H=\{a\in G \mid a^{p^n}=e\}, \qquad K=\{b\in G \mid b^m=e\}$$

는 모두 군 G의 정규부분군이다.

참고 G가 덧셈군이면 H와 K는 다음과 같다.

$$H=\{a\in G \mid p^n a=e\}, \qquad K=\{b\in G \mid mb=e\}$$

증명 (i) 임의의 원소 $a, b\in H$에 대하여 $a^{p^n}=e$이고 $b^{p^n}=e$이다. 그런데 G가 아벨군이므로

$$(ab^{-1})^{p^n}=a^{p^n}(b^{p^n})^{-1}=ee^{-1}=e$$

이다. 그러므로 H는 G의 부분군이다. 또한 임의의 원소 $c\in G$와 $a\in H$에 대하여

$$(cac^{-1})^{p^n}=c^{p^n}a^{p^n}(c^{p^n})^{-1}=a^{p^n}c^{p^n}(c^{p^n})^{-1}=e$$

이므로 $cac^{-1}\in H$이다. 즉, H는 G의 정규부분군이다.

(ii) 임의의 원소 $a, b\in K$에 대하여 $a^m=e$이고 $b^m=e$이다. 그런데 G가 아벨군이므로

$$(ab^{-1})^m=a^m(b^m)^{-1}=ee^{-1}=e$$

이다. 그러므로 H는 G의 부분군이다. 또한 임의의 원소 $c\in G$와 $a\in K$에 대하여

$$(cac^{-1})^m = c^m a^m (c^m)^{-1} = a^m c^m (c^m)^{-1} = e$$

이므로 $cac^{-1} \in K$이다. 즉, K는 G의 정규부분군이다. ▣

예제 1 아벨군 $\mathbb{Z}_{12}$의 위수는 $12 = 2^2 \times 3$이고 $2 \nmid 3$이다. 또한,

$$H = \{a \in \mathbb{Z}_{12} \mid 2^2 a = 0\} = \{0, 3, 6, 9\}$$
$$K = \{a \in \mathbb{Z}_{12} \mid 3a = 0\} = \{0, 4, 8\}$$

는 모두 $\mathbb{Z}_{12}$의 정규부분군이다.

예제 2 군 S_3의 위수는 $6 = 2 \times 3$이고 $2 \nmid 3$이다. 그렇지만 S_3는 아벨군이 아니고

$$H = \{a \in S_3 \mid a^2 = 1_{S_3}\} = \{1_{S_3}, (1\,2), (1\,3), (2\,3)\}$$

는 S_3의 정규부분군이 아니다.

예제 3 아벨군 $\mathbb{Z}_9 \times \mathbb{Z}_2$의 위수는 $18 = 3^2 \times 2$이고 $3 \nmid 2$이다. 또한,

$$H = \{(a, b) \in \mathbb{Z}_9 \times \mathbb{Z}_2 \mid 3^2(a, b) = (0, 0)\} = \mathbb{Z}_9 \times \{0\}$$
$$K = \{(a, b) \in \mathbb{Z}_9 \times \mathbb{Z}_2 \mid 2(a, b) = (0, 0)\} = \{0\} \times \mathbb{Z}_2$$

는 모두 $\mathbb{Z}_9 \times \mathbb{Z}_2$의 정규부분군이다.

정리 2

소수 p와 $p \nmid m$인 자연수 m에 대하여 위수가 $p^n m$인 군 G가 아벨군이라고 가정하자. 그러면 군 G의 두 정규부분군

$$H = \{a \in G \mid a^{p^n} = e\}, \qquad K = \{b \in G \mid b^m = e\}$$

가 존재하여 다음이 성립한다.

(1) $G = HK$

(2) $H \cap K = \{e\}$

따라서 G는 H와 K의 내적인 직접곱이다. 즉, $G = H \times K$이다.

증명 (1) 가정에 의하여 $p \nmid m$이므로 $\gcd(p^n, m) = 1$이다. 따라서 $sp^n + tm = 1$인 정수 s와 t가 존재하므로 임의의 원소 $a \in G$에 대하여

$$a = a^1 = a^{sp^n + tm} = a^{sp^n} a^{tm}$$

이다. 그런데 G의 위수가 $p^n m$이므로

$$(a^{sp^n})^m = (a^{p^n m})^s = e^s = e$$

이고 $a^{sp^n} \in K$이다. 또한

$$(a^{tm})^{p^n} = (a^{p^n m})^t = e^t = e$$

이므로 $a^{tm} \in H$이다. 따라서

$$a = a^{tm} a^{sp^n} \in HK$$

이므로 $G \subset HK$이다. 또한 $HK \subset G$는 명백하므로 결과적으로 $G = HK$가 성립한다.

(2) 만일 $a \in H \cap K$이라면 $a^{p^n} = e$이고 $a^m = e$이다. 따라서 $|a|$는 p^n의 약수이므로 적당한 k가 존재하여 $|a| = p^k$이다. 또한 $|a|$는 m의 약수이고 가정에 의하여 $p \nmid m$이므로 $k = 0$이다. 즉, $|a| = 1$이다. 따라서 $a = e$이고 $H \cap K = \{e\}$이다.

(1)과 (2)에 의하여 결과적으로 $G = H \times K$이다. ▣

예제 4 아벨군 $\mathbb{Z}_{12}$의 위수는 $2^2 \times 3$이고 $\mathbb{Z}_{12}$의 정규부분군

$$H = \{a \in \mathbb{Z}_{12} \mid 2^2 a = 0\} = \{0, 3, 6, 9\},$$
$$K = \{a \in \mathbb{Z}_{12} \mid 3a = 0\} = \{0, 4, 8\}$$

에 대하여

$$\mathbb{Z}_{12} = H + K, \qquad H \cap K = \{0\}$$

이므로 $\mathbb{Z}_{12} = H \times K$이다.

예제 5 아벨군 $\mathbb{Z}_9 \times \mathbb{Z}_2$의 위수는 $3^2 \times 2$이고 $\mathbb{Z}_9 \times \mathbb{Z}_2$의 정규부분군

$$H = \left\{(a,b) \in \mathbb{Z}_9 \times \mathbb{Z}_2 \mid 3^2(a,b) = (0,0)\right\} = \mathbb{Z}_9 \times \{0\},$$
$$K = \left\{(a,b) \in \mathbb{Z}_9 \times \mathbb{Z}_2 \mid 2(a,b) = (0,0)\right\} = \{0\} \times \mathbb{Z}_2$$

에 대하여

$$\mathbb{Z}_9 \times \mathbb{Z}_2 = H + K, \qquad H \cap K = \{(0,0)\}$$

이므로 $\mathbb{Z}_9 \times \mathbb{Z}_2 = H \times K$이다.

정리 3

적당한 소수 p와 $p \nmid m$인 자연수 m에 대하여 위수가 $p^n m$인 군 G가 아벨군이라고 가정하자. 그러면 군 G의 정규부분군 $H = \left\{a \in G \mid a^{p^n} = e\right\}$의 위수는 p^n이다.

증명 군 G의 정규부분군 $H = \left\{a \in G \mid a^{p^n} = e\right\}$와 $K = \left\{b \in G \mid b^m = e\right\}$에 대하여 $K/H \cap K \simeq HK/H$이므로

$$|K|/|H \cap K| = |HK|/|H|$$

이다. 그런데 $G = HK$이고 $H \cap K = \{e\}$이므로

$$p^n m = |HK| = |H||K|$$

이다. 만일 p가 $|K|$의 약수라면 적당한 원소 $a \in K$가 존재하여 $|a| = p$이다. 그런데 $a^m = e$이므로 m은 p의 배수이어야 한다. 이는 $p \nmid m$라는 가정에 모순이므로 p는 $|K|$의 약수일 수 없다. 그러므로 $|H| = p^n t$인 정수 t가 존재한다. 만일 $t > 1$이면 t의 소인수 q가 존재하고 q는 $|H|$의 약수이므로 위수가 q인 원소 $b \in H$가 존재한다. 따라서 $b^{p^n} = e$이므로 p^n은 q의 배수이다. 즉, $q = p$이다. 그런데 t는 m의 약

수이고 q는 t의 소인수이므로 q는 m의 약수인데 가정에 의하여 $p \nmid m$이므로 이는 모순이다. 결과적으로 $t=1$이므로 $|H|=p^n$이다. ▣

| 예제 6 아벨군 $\mathbb{Z}_{12}$의 위수는 $2^2 \times 3$이고 $\mathbb{Z}_{12}$의 정규부분군

$$H=\left\{a \in \mathbb{Z}_{12} \mid 2^2 a=0\right\}=\{0,3,6,9\}$$

의 위수는 2^2이다.

| 예제 7 아벨군 $\mathbb{Z}_9 \times \mathbb{Z}_2$의 위수는 $3^2 \times 2$이고 $\mathbb{Z}_9 \times \mathbb{Z}_2$의 정규부분군

$$H=\left\{(a,b) \in \mathbb{Z}_9 \times \mathbb{Z}_2 \mid 3^2(a,b)=(0,0)\right\}=\mathbb{Z}_9 \times \{0\}$$

의 위수는 3^2이다.

정리 4

유한군 G가 아벨군이면 G의 적당한 부분군 $H_1, H_2, \cdots, H_m$과 소수 p_i와 자연수 n_i가 존재하여 다음이 성립한다.

(1) $G=H_1 \times H_2 \times \cdots \times H_m$

(2) $|H_i|=p_i^{n_i},\ i=1,2,\cdots,m$

증명 G의 위수가 n이라면 적당한 서로 다른 소수 p_i와 자연수 n_i, $i=1,2,\cdots,m$가 존재하여 $n=p_1^{n_1}p_2^{n_2}\cdots p_m^{n_m}$으로 나타낼 수 있다. 그런데

$$|G|=p_1^{n_1}(p_2^{n_2}\cdots p_m^{n_m}), \qquad p_1 \nmid p_2^{n_2}\cdots p_m^{n_m}$$

이므로

$$G=H_1 \times K_1, \qquad |H_1|=p_1^{n_1}, \qquad |K_1|=p_2^{n_2}\cdots p_m^{n_m}$$

인 G의 부분군 H_1과 K_1이 존재한다. 또한

$$|K_1| = p_2^{n_2}(p_3^{n_3} \cdots p_m^{n_m}), \qquad p_2 \nmid p_3^{n_3} \cdots p_m^{n_m}$$

이므로

$$K_1 = H_2 \times K_2, \qquad |H_2| = p_2^{n_2}, \qquad |K_2| = p_3^{n_3} \cdots p_m^{n_m}$$

인 G의 부분군 H_2와 K_2가 존재한다. 이와 같은 과정을 반복하면 다음을 만족시키는 G의 부분군 $H_1, H_2, \cdots, H_m$이 존재한다.

$$G = H_1 \times H_2 \times \cdots \times H_m, \qquad |H_i| = p_i^{n_i}, \ i = 1, 2, \cdots, m$$ ▣

| 예제 8 아벨군 $\mathbb{Z}_{30}$의 위수는 $2 \times 3 \times 5$이고 $\mathbb{Z}_{30}$의 부분군

$$H_1 = \{a \in \mathbb{Z}_{30} \mid 2a = 0\} = \{0, 15\}$$
$$H_2 = \{a \in \mathbb{Z}_{30} \mid 3a = 0\} = \{0, 10, 20\}$$
$$H_3 = \{a \in \mathbb{Z}_{30} \mid 5a = 0\} = \{0, 6, 12, 18, 24\}$$

에 대하여

$$\mathbb{Z}_{30} = H_1 \times H_2 \times H_3, \qquad |H_1| = 2, |H_2| = 3, |H_3| = 5$$

정리 5

소수 p에 대하여 위수가 p^n인 군 G가 아벨군이라고 가정하자. 만일 원소 $a \in G$가 군 G에 속한 원소 중에서 위수가 가장 큰 원소일 때 G의 적당한 부분군 H가 존재하여 다음과 같다.

$$G = \langle a \rangle \times H$$

증명 n에 대한 수학적 귀납법을 이용하여 증명하기로 한다.
우선 $n = 1$인 경우에는 G의 위수가 p이고 G는 순환군이므로 적당한 원소 $a \neq e \in G$가 존재하여 $G = \langle a \rangle$이다. 그런데

$$G = \langle a \rangle \{e\}, \qquad \langle a \rangle \cap \{e\} = \{e\}$$

이므로 $H = \{e\}$로 놓으면 $G = \langle a \rangle \times H$이다.

이제 $k < n$인 모든 자연수 k에 대하여 위수가 p^k인 군에서 정리가 성립한다고 가정하자. 원소 a가 군 G에 속한 원소이므로 $|a| = p^m$인 정수 m이 존재한다.

(i) 만일 $G = \langle a \rangle$이면 $H = \{e\}$에 대하여 $G = \langle a \rangle \times H$이다.

(ii) 만일 $G \neq \langle a \rangle$이라면 $G - \langle a \rangle \neq \varnothing$이다. 따라서 $G - \langle a \rangle$에 속하는 원소 중에서 위수가 가장 작은 원소가 존재하는데 이를 $b \in G - \langle a \rangle$라고 놓자. 그러면

$$|b^p| = \frac{|b|}{p} < |b|$$

이므로 $b^p \in \langle a \rangle$이다. 따라서 $b^p = a^k$인 자연수 k가 존재한다. 그런데 원소 $a \in G$가 군 G에 속한 원소 중에서 위수가 가장 큰 원소이고 $|a| = p^m$이고 $|G| = p^n$이므로 $|b|$는 p^m의 약수이다. 그러므로 $b^{p^m} = e$이고

$$(a^k)^{p^{m-1}} = (b^p)^{p^{m-1}} = b^{p^m} = e$$

이다. 따라서 a^k의 위수는 p^{m-1}의 약수이다. 따라서

$$|a^k| = \frac{p^m}{\gcd(k, p^m)} \neq p^m$$

이므로 $\gcd(k, p^m) \neq 1$이고 $k = pt$인 정수 t가 존재한다. 그러면

$$b^p = a^k = a^{pt}$$

이므로 $a^{-pt}b^p = e$이다. 이제 $c = a^{-t}b$로 놓으면 G가 아벨군이므로

$$c^p = a^{-pt}b^p = e$$

이다. 만일 $c = a^{-t}b \in \langle a \rangle$이라고 가정하면 $b \in \langle a \rangle$이 되어 $b \in G - \langle a \rangle$에 모순이다. 따라서 $c \in G - \langle a \rangle$이고 $c^p = e$이므로 c의 위수는 p이다. 그런데 원소 b는 $G - \langle a \rangle$에 속하는 원소 중에서 위수가 가장 작은 원소이므로 $|b| = p$임을 알 수 있다.

이제 $\langle a \rangle \cap \langle b \rangle = \{e\}$이 성립함을 다음과 같이 보일 수 있다.

만일 $d \in \langle a \rangle \cap \langle b \rangle$이고 $d \neq e$라면 $d \in \langle b \rangle$이고 $|b| = p$이므로 $\langle d \rangle = \langle b \rangle$이다. 따라서 $b = d^s$인 정수 s가 존재하고, $d \in \langle a \rangle$이므로 $d^s \in \langle a \rangle$이다. 그러므로 $b = d^s \in \langle a \rangle$인데 이는 $b \in G - \langle a \rangle$에 모순이다. 즉, $\langle a \rangle \cap \langle b \rangle = \{e\}$가 성립한다.

한편 G가 아벨군이므로 $\langle b \rangle$는 G의 정규부분군이고 상군 $G/\langle b \rangle$이 존재한다. 그런데 $|G| = p^n$이고 $|b| = p$이므로 $G/\langle b \rangle$의 위수는 p^{n-1}이다. 한편 $|a| = p^m$이므로 원소 $a\langle b \rangle \in G/\langle b \rangle$의 위수는 p^m이하인데 만일 원소 $a\langle b \rangle$의 위수가 p^m보다 작다면 $a\langle b \rangle$의 위수는 적당한 정수 $\ell < m$에 대하여 p^ℓ이다. 따라서

$$(a\langle b \rangle)^{p^\ell} = a^{p^\ell}\langle b \rangle = \langle b \rangle$$

이므로 $a^{p^\ell} \in \langle b \rangle$이다. 즉, $a^{p^\ell} \in \langle a \rangle \cap \langle b \rangle = \{e\}$이므로 $a^{p^\ell} = e$이 되어 $|a| = p^m$에 모순이다. 따라서 $a\langle b \rangle$의 위수는 p^m이다.

이제 $f : G \to G/\langle b \rangle$를

$$f(x) = x\langle b \rangle, \qquad x \in G$$

으로 정의하면 f는 준동형사상이므로

$$|a\langle b \rangle| = |f(a)| \leq |a|$$

이다. 그런데 $|a\langle b \rangle| = p^m = |a|$이고 a는 G에 속한 원소 중에서 위수가 가장 큰 원소이므로 $a\langle b \rangle$는 $G/\langle b \rangle$에 속한 원소 중에서 위수가 가장 큰 원소이다. $G/\langle b \rangle$의 위수는 $p^{n-1} < p^n$이므로 수학적 귀납법의 가정에 의하여 $G/\langle b \rangle$에 속한 원소 중에서 위수가 가장 큰 원소 $a\langle b \rangle$와 $G/\langle b \rangle$의 적당한 부분군 K가 존재하여

$$G/\langle b \rangle = \langle a\langle b \rangle \rangle \times K$$

이다. 한편

$$H = \{y \in G \mid y\langle b \rangle \in K\}$$

이라면 임의의 원소 $y, z \in H$에 대하여 $y\langle b \rangle, z\langle b \rangle \in K$이므로

$$yz^{-1}\langle b\rangle = y\langle b\rangle (z\langle b\rangle)^{-1} \in K$$

이다. 즉, $yz^{-1} \in H$이므로 H는 G의 부분군이다.
이제부터 $G = \langle a\rangle \times H$ 임을 다음과 같이 보인다.
만일 $r \in \langle a\rangle \cap H$이면 $f(r) \in \langle f(a)\rangle \cap f(H)$이고

$$\begin{aligned}\langle f(a)\rangle \cap f(H) &= \langle a\langle b\rangle\rangle \cap f(H)\\ &= \langle a\langle b\rangle\rangle \cap K\\ &= \{e\langle b\rangle\}\end{aligned}$$

이므로

$$f(r) = r\langle b\rangle = e\langle b\rangle$$

이다. 즉, $r \in \langle b\rangle$이다. 그런데 $r \in \langle a\rangle$이고 $\langle a\rangle \cap \langle b\rangle = \{e\}$이므로 $r = e$ 이다. 따라서 $\langle a\rangle \cap H = \{e\}$이다. 또한

$$|\langle a\rangle H| = \frac{|\langle a\rangle||H|}{|\langle a\rangle \cap H|} = |a||H|$$

이고

$$|K| = \left|\frac{H}{\langle b\rangle}\right| = \frac{|H|}{p}$$

이므로

$$|\langle a\rangle H| = |a||H| = |a||K|p$$

이다. 그런데 $|a\langle b\rangle| = |a|$이고 $G/\langle b\rangle = \langle a\langle b\rangle\rangle \times K$이므로

$$|a||K| = |a\langle b\rangle||K| = |G/\langle b\rangle|$$

이다. 또한 $|G/\langle b\rangle| = p^{n-1}$이므로

$$|\langle a\rangle H| = |a||K|p = |G/\langle b\rangle|p = |G|$$

이다. 따라서 $G = \langle a\rangle H$이다. 결과적으로

$$\langle a\rangle \cap H = \{e\}, \qquad G = \langle a\rangle H$$

이므로 G에 속한 원소 중에서 위수가 가장 큰 원소 a와 G의 적당한 부분군 H에 대하여 $G = \langle a \rangle \times H$이다. ▣

정리 6

소수 p에 대하여 위수가 p^n인 군 G가 아벨군이면 적당한 순환군 $H_1, H_2, \cdots, H_m$이 존재하여 $G = H_1 \times H_2 \times \cdots \times H_m$이다.

증명 원소 $a_1 \in G$이 군 G에 속한 원소 중에서 위수가 가장 큰 원소일 때 $H_1 = \langle a_1 \rangle$으로 놓으면 G의 부분군 K_1이 존재하여

$$G = H_1 \times K_1$$

이다. 또한 원소 $a_2 \in K_1$를 군 K_1에 속한 원소 중에서 위수가 가장 큰 원소라고 할 때 $H_2 = \langle a_2 \rangle$이라면 K_1의 부분군 K_2가 존재하여 $K_1 = H_2 \times K_2$가 성립하므로

$$G = H_1 \times H_2 \times K_2$$

이다. 이와 같은 과정을 반복하면 위수가 p^n인 군 G의 적당한 순환군 $H_1, H_2, \cdots, H_m$이 존재하여 $G = H_1 \times H_2 \times \cdots \times H_m$이다. ▣

정리 7

적당한 소수 p에 대하여 위수가 p^n인 군 G가 아벨군이라 가정하자. 만일 적당한 순환군 $H_1, H_2, \cdots, H_m$과 $K_1, K_2, \cdots, K_\ell$이 존재하여

(1) $G = H_1 \times H_2 \times \cdots \times H_m = K_1 \times K_2 \times \cdots \times K_\ell$

(2) $|H_m| \le |H_{m-1}| \le \cdots \le |H_1|$, $|K_\ell| \le |K_{\ell-1}| \le \cdots \le |K_1|$

을 모두 만족시키면 $m = \ell$이고 모든 i에 대하여 $|H_i| = |K_i|$이다.

증명 n에 대한 수학적 귀납법을 이용하여 증명하기로 한다.

$n = 1$인 경우에는 $|G| = p$이므로 G는 순환군이다. 따라서 명백하게 정리가 성립한다.

이제 $1 < k < n$일 때 위수가 p^k인 군에 대하여 정리가 성립한다고 가정하자. 가정에 의하여 $G = H_1 \times H_2 \times \cdots \times H_m = K_1 \times K_2 \times \cdots \times K_\ell$이므로

$$G^p = \{a^p \mid a \in G\}, \qquad H_j^p = \{h_j^p \mid h_j \in H_j\}, \qquad K_t^p = \{k_t^p \mid k_t \in K_t\}$$

으로 놓으면

$$G^p = H_1^p \times H_2^p \times \cdots \times H_m^p = K_1^p \times K_2^p \times \cdots \times K_\ell^p$$

이다. 여기서 만일 $|H_j| = p$(또는 $|K_s| = p$)이면 $H_j^p = \{e\}$(또는 $K_s^p = \{e\}$)이므로 $|H_j| > p$이고 $|K_s| > p$인 경우만 나타내면

$$G^p = H_1^p \times H_2^p \times \cdots \times H_{m_1}^p = K_1^p \times K_2^p \times \cdots \times K_{\ell_1}^p$$

인 m_1과 ℓ_1이 존재한다.

한편, 집합 G^p는 G의 부분군이고, $|G| = p^n$이므로 적당한 원소 $a_1 \in G$이 존재하여 $|a_1| = p$이다. 따라서 $a_1^p = e$이므로

$$|G^p| \le |G| - 1$$

이다. 즉, G^p는 적당한 $1 < k < n$에 대하여 위수가 p^k인 군이므로 수학적 귀납법의 가정에 의하여 $m_1 = \ell_1$이고 모든 t에 대하여

$$|H_t^p| = |K_t^p|$$

이다.

부분군 H_t는 순환군이므로 $H_t = \langle b \rangle$이라고 놓으면 $H_t^p = \langle b^p \rangle$이므로

$$|H_t^p| = |b^p| = \frac{|b|}{p} = \frac{|H_t|}{p}$$

이다. 따라서

$$|H_t| = p|H_t^p|$$

이다. 마찬가지로 $|K_t| = p|K_t^p|$이므로 모든 t에 대하여

$$|H_t| = |K_t|$$

이다. 끝으로 $H_1, H_2, \cdots, H_m$과 $K_1, K_2, \cdots, K_\ell$중에서 위수가 p인 경우를 고려하면

$$G = |H_1||H_2| \cdots |H_{m_1}|p^{m-m_1} = |K_1||K_2| \cdots |K_{\ell_1}|p^{\ell-\ell_1}$$

이므로

$$p^{m-m_1} = p^{\ell-m_1}$$

이다. 즉, $m = \ell$이다. ▣

정리 8

유한군 G가 아벨군이면 적당한 순환부분군 $L_1, L_2, \cdots, L_m$과 소수 q_i와 자연수 n_i $(i = 1, 2, \cdots, m)$가 존재하여 다음이 성립한다.

(1) $G = L_1 \times L_2 \times \cdots \times L_m$

(2) $|L_i| = q_i^{n_i}$, $i = 1, 2, \cdots, m$

증명 군 G의 위수가 n이라면 적당한 서로 다른 소수 p_i와 자연수 t_i가 존재하여

$$n = p_1^{t_1} p_2^{t_2} \cdots p_k^{t_k}$$

이다. 또한 군 G는 아벨군이므로 적당한 부분군 $H_1, H_2, \cdots, H_k$가 존재하여 다음 두 조건이 성립한다.

(i) $G = H_1 \times H_2 \times \cdots \times H_k$

(ii) $|H_i| = p_i^{t_i}$, $i = 1, 2, \cdots, k$

한편, $|H_i| = p_i^{t_i}$이므로 적당한 순환부분군 $H_{i1}, H_{i2}, \cdots, H_{i\ell_i}$이 존재하여

$$H_i = H_{i1} \times H_{i2} \times \cdots \times H_{i\ell_i}$$

이다. 결과적으로

$$G = (H_{11} \times \cdots \times H_{1\ell_1}) \times (H_{21} \times \cdots \times H_{2\ell_2}) \times \cdots \times (H_{k1} \times \cdots \times H_{k\ell_k})$$

으로 나타낼 수 있다. 그런데 H_{ij}는 H_i의 부분군이므로 적당한 자연수 ℓ_{ij}에 대하여 $|H_{ij}| = p_i^{\ell_{ij}}$이다. 따라서 정리가 증명된다. ▣

| 예제 9 서로 다른 소수 p와 q에 대하여 군 G가 $|G| = pq$인 아벨군이면 적당한 순환부분군 H_1, H_2가 존재하여 다음이 성립한다.

(1) $G = H_1 \times H_2$

(2) $|H_1| = p, |H_2| = q$

정리 9

유한군 G가 아벨군이면 적당한 소수 q_i와 자연수 n_i $(i = 1, 2, \cdots, m)$와 순환군 $\mathbb{Z}_{q_1^{n_1}}, \mathbb{Z}_{q_2^{n_2}}, \cdots, \mathbb{Z}_{q_m^{n_m}}$이 존재하여 다음이 성립한다.

$$G \simeq \mathbb{Z}_{q_1^{n_1}} \times \mathbb{Z}_{q_2^{n_2}} \times \cdots \times \mathbb{Z}_{q_m^{n_m}}$$

증명 유한군 G가 아벨군이므로 적당한 순환부분군 $L_1, L_2, \cdots, L_m$이 존재하여 다음이 성립한다.

(1) $G = L_1 \times L_2 \times \cdots \times L_m$

(2) $|L_i| = q_i^{n_i}, \ i = 1, 2, \cdots, m$

그런데 L_i는 순환군이고 $|L_i| = q_i^{n_i}$이므로 모든 i에 대하여 $L_i \simeq \mathbb{Z}_{q_i^{n_i}}$이다.

그러므로 $G \simeq \mathbb{Z}_{q_1^{n_1}} \times \mathbb{Z}_{q_2^{n_2}} \times \cdots \times \mathbb{Z}_{q_m^{n_m}}$이다. ▣

| 예제 10 위수가 4인 아벨군 G에 대하여 다음 2가지 비동형인 군이 존재한다.

(1) $\mathbb{Z}_{2^2}$ (2) $\mathbb{Z}_2 \times \mathbb{Z}_2$

| 예제 11 위수가 16인 아벨군 G에 대하여 다음 5가지 비동형인 군이 존재한다.

(1) $\mathbb{Z}_{2^4}$

(2) $\mathbb{Z}_{2^3} \times \mathbb{Z}_2$

(3) $\mathbb{Z}_{2^2} \times \mathbb{Z}_{2^2}$

(4) $\mathbb{Z}_{2^2} \times \mathbb{Z}_2 \times \mathbb{Z}_2$

(5) $\mathbb{Z}_2 \times \mathbb{Z}_2 \times \mathbb{Z}_2 \times \mathbb{Z}_2$

| 예제 12 위수가 36인 아벨군 G에 대하여 다음과 같은 4가지의 비동형인 군이 존재한다.

(1) $\mathbb{Z}_{2^2} \times \mathbb{Z}_{3^2}$

(2) $\mathbb{Z}_{2^2} \times \mathbb{Z}_3 \times \mathbb{Z}_3$

(3) $\mathbb{Z}_2 \times \mathbb{Z}_2 \times \mathbb{Z}_{3^2}$

(4) $\mathbb{Z}_2 \times \mathbb{Z}_2 \times \mathbb{Z}_3 \times \mathbb{Z}_3$

| 예제 13 서로 다른 소수 p와 q에 대하여 위수가 pq인 아벨군 G는 $\mathbb{Z}_p \times \mathbb{Z}_q \simeq \mathbb{Z}_{pq}$으로 유일하게 존재한다.

연습문제

1. 아벨군 $\mathbb{Z}_{24}$에 대하여 $\mathbb{Z}_{24} = H \times K$를 만족시키는 $\mathbb{Z}_{24}$의 정규부분군 H와 K를 구하시오.

2. 아벨군 $\mathbb{Z}_3 \times \mathbb{Z}_8$에 대하여 $\mathbb{Z}_3 \times \mathbb{Z}_8 = H \times K$를 만족시키는 $\mathbb{Z}_3 \times \mathbb{Z}_8$의 정규부분군 H와 K를 구하시오.

3. 위수가 25인 아벨군 G의 비동형군을 모두 구하시오.

4. 위수가 64인 아벨군 G의 비동형군을 모두 구하시오.

5. 서로 다른 소수 p, q, r에 대하여 위수가 pqr인 아벨군 G의 비동형군을 모두 구하시오.

CHAPTER 12

Sylow 정리 (Sylow theorem)

이 장에서는 유한군 G의 위수가 소수 p의 배수일 때 p의 거듭제곱을 위수로 갖는 G의 부분군 H의 존재성과 이의 성질에 대하여 살펴본다.

정의 1

군 G와 집합 X에 대하여

$$f : G \times X \to X, \qquad f(a, x) = ax$$

가 다음 조건을 모두 만족시키면 f를 **X위에서 군 G의 작용**(action of G on X)이라고 하고 이때 X를 **G-집합**(G-set)이라고 한다.

(1) 모든 $x \in X$에 대하여 $ex = x$

(2) 모든 $a, b \in G$와 모든 $x \in X$에 대하여 $(ab)x = a(bx)$

예제 1 군 $\mathbb{Z}$와 $\mathbb{R}$에 대하여

$$f : \mathbb{Z} \times \mathbb{R} \to \mathbb{R}, \qquad f(a, b) = a + b$$

는 다음 두 조건을 모두 만족시킨다.

(1) 모든 $a \in \mathbb{R}$에 대하여 $0 + a = a$

(2) 모든 $a, b \in \mathbb{Z}$와 모든 $c \in \mathbb{R}$에 대하여 $(a+b)+c = a+(b+c)$

따라서 f는 $\mathbb{R}$ 위에서 군 $\mathbb{Z}$의 작용이다. 그리고 $\mathbb{R}$은 $\mathbb{Z}$-집합이다.

예제 2 군 $\mathbb{Z}$와 $\mathbb{R}$에 대하여

$$f : \mathbb{Z} \times \mathbb{R} \to \mathbb{R}, \qquad f(a, b) = a - b$$

로 정의하면 $a \neq 0 \in \mathbb{R}$일 때 $0 - a = -a \neq a$이다. 따라서 f는 $\mathbb{R}$ 위에서 군 $\mathbb{Z}$의 작용이 아니다.

예제 3 군 G에 대하여

$$f : G \times G \to G, \qquad f(a, b) = ab$$

는 다음 두 조건을 모두 만족시킨다.

(1) 모든 $a \in G$에 대하여 $ea = a$

(2) 모든 $a, b \in G$와 모든 $c \in G$에 대하여 $(ab)c = a(bc)$

따라서 f는 G위에서 군 G의 작용이다. 그리고 G는 G-집합이다.

| 예제 4 군 G와 G의 부분군 H에 대하여

$$f : H \times G \to G, \qquad f(a, b) = ab$$

는 다음 두 조건을 모두 만족시킨다.

(1) 모든 $a \in G$에 대하여 $ea = a$

(2) 모든 $a, b \in H$와 모든 $c \in G$에 대하여 $(ab)c = a(bc)$

따라서 f는 G위에서 군 H의 작용이다. 그리고 G는 H-집합이다.

| 예제 5 군 G와 G의 부분군 H에 대하여

$$f : H \times G \to G, \qquad f(a, b) = aba^{-1}$$

는 다음 두 조건을 모두 만족시킨다.

(1) 모든 $a \in G$에 대하여 $eae^{-1} = a$

(2) 모든 $a, b \in H$와 모든 $c \in G$에 대하여

$$(ab)c(ab)^{-1} = a(bcb^{-1})a^{-1}$$

따라서 f는 G위에서 군 H의 작용이다. 그리고 G는 H-집합이다.

| 예제 6 집합 X와 치환군 S_X에 대하여

$$\phi : S_X \times X \to X, \qquad \phi(f, x) = f(x)$$

는 다음 두 조건을 모두 만족시킨다.

(1) 모든 $x \in X$에 대하여 $1_{S_X}(x) = x$

(2) 모든 $f, g \in S_X$와 모든 $x \in X$에 대하여 $(fg)(x) = f(g(x))$

따라서 ϕ는 X위에서 군 S_X의 작용이다. 그리고 X는 S_X-집합이다.

정의 2

군 G와 집합 X에 대하여 X가 G-집합일 때 $a \in G$, $x \in X$이면 G_x와 X_a를 다음과 같이 정의한다.

$$G_x = \{a \in G \mid ax = x\}, \qquad X_a = \{x \in X \mid ax = x\}$$

| 예제 7 군 $\mathbb{Z}$와 $\mathbb{R}$에 대하여

$$f : \mathbb{Z} \times \mathbb{R} \to \mathbb{R}, \qquad f(a, b) = a + b$$

로 정의된 $\mathbb{Z}$-집합 $\mathbb{R}$은 다음을 만족시킨다.

임의의 원소 $x \in \mathbb{R}$에 대하여

$$\mathbb{Z}_x = \{a \in \mathbb{Z} \mid a + x = x\} = \{0\}$$

또한 원소 $0 \in \mathbb{Z}$에 대하여

$$\mathbb{R}_0 = \{x \in \mathbb{R} \mid 0 + x = x\} = \mathbb{R}$$

| 예제 8 군 G와 G의 부분군 H에 대하여

$$f : H \times G \to G, \qquad f(a, b) = ab$$

로 정의된 H-집합 G를 생각하면 $x \in G$일 때

$$H_x = \{a \in H \mid ax = x\} = \{e\}$$

또한 원소 $e \in H$에 대하여

$$G_e = \{x \in G \mid ex = x\} = G$$

| 예제 9 군 G와 G의 부분군 H에 대하여

$$f : H \times G \to G, \qquad f(a, b) = aba^{-1}$$

로 정의된 H-집합 G를 생각하면 $x \in G$일 때

$$H_x = \{a \in H \mid axa^{-1} = x\}$$

또한 원소 $e \in H$에 대하여

$$G_e = \{x \in G \mid exe^{-1} = x\} = G$$

| 예제 10 집합 $X = \{1, 2, 3\}$와 3차의 대칭군 $G = S_3$에 대하여

$$\phi : G \times X \to X, \qquad \phi(f, x) = f(x)$$

로 정의된 G-집합 X를 생각하면 원소 $2 \in X$를 택할 때

$$G_2 = \{f \in G \mid f(2) = 2\} = \{1_{S_3}, (1\,3)\}$$

이다. 또한 원소 $f = (2\,3) \in G$에 대하여

$$X_f = \{x \in X \mid f(x) = x\} = \{1\}$$

정리 3

군 G와 집합 X에 대하여 X가 G-집합일 때 $x \in X$이면

$$G_x = \{a \in G \mid ax = x\}$$

는 G의 부분군이다.

증명 임의의 원소 $a, b \in G_x$에 대하여 $ax = x$이고 $bx = x$이다. 따라서

$$x = ex = (b^{-1}b)x = b^{-1}(bx) = b^{-1}x$$

이고

$$(ab^{-1})x = a(b^{-1}x) = ax = x$$

이다. 즉, $ab^{-1} \in G_x$ 이므로 집합 G_x는 G의 부분군이다. ▣

| 예제 11 군 $\mathbb{Z}$와 $\mathbb{R}$에 대하여

$$f : \mathbb{Z} \times \mathbb{R} \to \mathbb{R}, \qquad f(a, b) = a + b$$

로 정의된 $\mathbb{Z}$-집합 $\mathbb{R}$에서 원소 $\sqrt{2} \in \mathbb{R}$를 택하면

$$\mathbb{Z}_{\sqrt{2}} = \{a \in \mathbb{Z} \mid a + \sqrt{2} = \sqrt{2}\} = \{0\}$$

는 $\mathbb{Z}$의 부분군이다.

| 예제 12 군 G와 G의 부분군 H에 대하여

$$f : H \times G \to G, \qquad f(a, b) = ab$$

로 정의된 H-집합 G에서 임의의 $x \in G$를 택하면

$$H_x = \{a \in H \mid ax = x\} = \{e\}$$

는 H의 부분군이다.

| 예제 13 군 G와 G의 부분군 H에 대하여

$$f : H \times G \to G, \qquad f(a, b) = aba^{-1}$$

로 정의된 H-집합 G를 생각하면 임의의 원소 $x \in G$를 택할 때

$$H_x = \{a \in H \mid axa^{-1} = x\}$$

는 H의 부분군이다.

| 예제 14 집합 $X = \{1, 2, 3\}$와 3차의 대칭군 $G = S_3$에 대하여

$$\phi : G \times X \to X, \qquad \phi(f, x) = f(x)$$

로 정의된 G-집합 X를 생각하면 원소 $2 \in X$를 택할 때

$$G_2 = \{f \in G \mid f(2) = 2\} = \{1_{S_3}, (1\,3)\}$$

는 G의 부분군이다.

정리 4

군 G와 집합 X에 대하여 X가 G-집합일 때 관계 "$\sim$"를 다음과 같이 정의하면 "$\sim$"는 집합 X에서 정의된 동치관계이다.

"$x, y \in X$에 대하여 $x \sim y \Leftrightarrow$ 적당한 원소 $a \in G$가 존재하여 $y = ax$"

증명 (i) $x = ex$이므로 $x \sim x$이다.

(ii) $x \sim y$이라고 가정하면 적당한 원소 $a \in G$가 존재하여 $y = ax$이다.
따라서

$$x = ex = (a^{-1}a)x = a^{-1}(ax) = a^{-1}y$$

이므로 $y \sim x$이다.

(iii) $x \sim y$이고 $y \sim z$이라고 가정하면 적당한 원소 $a, b \in G$가 존재하여 $y = ax$이고 $z = by$이다. 그러므로

$$z = by = b(ax) = (ba)x$$

이다. 따라서 $x \sim z$이다.

(i), (ii), (iii)에 의하여 "$\sim$"는 집합 X에서 정의된 동치관계이다. ▣

정의 5

군 G에 대하여 집합 X가 G-집합일 때 원소 $x \in X$에 대하여

$$Gx = \{ax \mid a \in G\}$$

를 **x의 궤도**(orbit of x)라고 한다.

예제 15 군 $\mathbb{Z}$와 $\mathbb{R}$에 대하여

$$f : \mathbb{Z} \times \mathbb{R} \to \mathbb{R}, \qquad f(a,b) = a+b$$

로 정의된 $\mathbb{Z}$-집합 $\mathbb{R}$에서 원소 $\sqrt{2} \in \mathbb{R}$의 궤도는 다음과 같다.

$$\mathbb{Z} + \sqrt{2} = \{a + \sqrt{2} \mid a \in \mathbb{Z}\}$$

예제 16 군 G와 G의 부분군 H에 대하여

$$f : H \times G \to G, \qquad f(a,b) = ab$$

로 정의된 H-집합 G에서 원소 $e \in G$의 궤도는 다음과 같다.

$$He = \{ae \mid a \in H\} = H$$

예제 17 군 G와 G의 부분군 H에 대하여

$$f : H \times G \to G, \qquad f(a,b) = aba^{-1}$$

로 정의된 H-집합 G에서 원소 $e \in G$의 궤도는 다음과 같다.

$$He = \{aea^{-1} \mid a \in H\} = \{e\}$$

예제 18 집합 $X = \{1,2,3\}$와 3차의 대칭군 $G = S_3$에 대하여

$$\phi : G \times X \to X, \qquad \phi(f,x) = f(x)$$

로 정의된 G-집합 X에서 원소 $2 \in X$의 궤도는 다음과 같다.

$$G2 = \{f(2) \mid f \in G\} = \{1,2,3\}$$

정리 6

군 G와 집합 X에 대하여 X가 G-집합일 때 $x \in X$이면

$$|Gx| = |G : G_x|$$

증명 군 G의 부분군 G_x의 모든 좌잉여류의 집합을 $T = \{aG_x \mid a \in G\}$라고 놓자. 이제 $\phi : Gx \to T$를

$$\phi(ax) = aG_x, \qquad ax \in Gx$$

로 정의하면 다음이 성립한다.

(i) 임의의 원소 $ax, bx \in Gx$에 대하여 $ax = bx$이면

$$a^{-1}bx = a^{-1}(ax) = (a^{-1}a)x = ex = x$$

이다. 따라서 $a^{-1}b \in G_x$이므로 $aG_x = bG_x$이다. 그러므로 ϕ는 잘 정의된다.

(ii) 임의의 원소 $ax, bx \in Gx$에 대하여 $\phi(ax) = \phi(bx)$이면 $aG_x = bG_x$이다. 따라서 $a^{-1}b \in G_x$이므로 $a^{-1}bx = x$이다. 그러므로

$$ax = a(a^{-1}bx) = (aa^{-1})bx = (eb)x = bx$$

이다. 즉, ϕ는 일대일사상이다.

한편, $aG_x \in T$이면 $ax \in Gx$이고 $\phi(ax) = aG_x$이므로 $\phi(Gx) = T$이다. 즉, ϕ는 일대일대응이다.

결과적으로 (i)과 (ii)에 의하여 $|Gx| = |T| = |G : G_x|$이다. ▣

| 예제 19 군 G와 G의 부분군 H에 대하여

$$f : H \times G \to G, \qquad f(a, b) = ab$$

로 정의된 H-집합 G를 생각하면 원소 $e \in G$의 궤도는

$$He = \{ae \mid a \in H\} = H$$

이다. 그런데 $H_e = \{e\}$이다. 따라서

$$|He| = |H| = |H : H_e|$$

예제 20 군 G와 G의 부분군 H에 대하여

$$f : H\times G \to G, \qquad f(a, b) = aba^{-1}$$

로 정의된 H-집합 G를 생각하면 $e\in G$의 궤도는

$$He = \{aea^{-1} \mid a\in H\} = \{e\}$$

이다. 그런데

$$H_e = \{a\in H \mid aea^{-1} = e\} = H$$

이다. 따라서

$$|He| = 1 = |H : H_e|$$

예제 21 집합 $X = \{1, 2, 3\}$와 3차의 대칭군 $G = S_3$에 대하여

$$\phi : G\times X \to X, \qquad \phi(f, x) = f(x)$$

로 정의된 G-집합 X를 생각하면 원소 $2\in X$의 궤도는

$$G2 = \{f(2) \mid f\in G\} = \{1, 2, 3\}$$

이다. 또한

$$G_2 = \{f\in G \mid f(2) = 2\} = \{1_{S_3}, (1\,3)\}$$

이므로

$$|G2| = 3 = |G : G_2|$$

정리 7

유한군 G와 유한집합 X에 대하여 X가 G-집합일 때 만일 X내에 t개의 궤도가 존재한다면

$$t|G| = \sum_{a \in G} |X_a|$$

증명 $A = \{(a, x) \in G \times X \mid ax = x\}$이라고 놓으면

$$|A| = \sum_{a \in G} |X_a|$$

이고

$$|A| = \sum_{x \in X} |G_x|$$

이다. 그런데 $|Gx| = |G : G_x|$이므로 $|G_x| = \dfrac{|G|}{|Gx|}$이고

$$|A| = \sum_{x \in X} |G_x| = \sum_{x \in X} \frac{|G|}{|Gx|} = |G| \sum_{x \in X} \frac{1}{|Gx|}$$

이다. 임의의 원소 $x \neq y \in X$에 대하여 $|Gx| = |Gy|$이므로 $\dfrac{1}{|Gx|} = \dfrac{1}{|Gy|}$이다. 또한 X내에 t개의 궤도를 $Gx_1, Gx_2, \cdots, Gx_t$이라 놓으면 모든 $i \neq j$에 대하여

$$Gx_i \cap Gx_j = \varnothing, \qquad X = Gx_1 \cup Gx_2 \cup \cdots \cup Gx_t$$

이다. 따라서

$$\sum_{x \in X} \frac{1}{|Gx|} = t \sum_{x \in Gx_1} \frac{1}{|Gx|} = t \times 1 = t$$

이다. 그러므로

$$|A| = |G| \sum_{x \in X} \frac{1}{|Gx|} = t|G|$$

이다. 그런데 $|A| = \sum_{a \in G} |X_a|$이므로 결론적으로 $t|G| = \sum_{a \in G} |X_a|$이다. ▣

예제 22 집합 $X = \{1, 2, 3\}$와 3차의 대칭군 $G = S_3$에 대하여

$$\phi : G \times X \to X, \qquad \phi(f, x) = f(x)$$

로 정의된 G-집합 X를 생각하면

$$f_1 = 1_{S_3},\ \ f_2 = (1\,2),\ \ f_3 = (1\,3),$$
$$f_4 = (2\,3), f_5 = (1\,2\,3), f_6 = (1\,3\,2)$$

라고 놓을 때

$$G1 = \{f_i(1) \mid f_i \in G\} = \{1, 2, 3\},$$
$$G2 = \{f_i(2) \mid f_i \in G\} = \{1, 2, 3\},$$
$$G3 = \{f_i(3) \mid f_i \in G\} = \{1, 2, 3\}$$

이므로 $t = 1$이다. 또한

$$X_{f_1} = \{x \in X \mid f_1(x) = x\} = X,$$
$$X_{f_2} = \{x \in X \mid f_2(x) = x\} = \{3\},$$
$$X_{f_3} = \{x \in X \mid f_3(x) = x\} = \{2\},$$
$$X_{f_4} = \{x \in X \mid f_4(x) = x\} = \{1\},$$
$$X_{f_5} = \{x \in X \mid f_5(x) = x\} = \varnothing,$$
$$X_{f_6} = \{x \in X \mid f_6(x) = x\} = \varnothing$$

이고 $|G| = 6$이므로 관계식

$$t|G| = 1 \times 6 = 6 = 3 + 1 + 1 + 1 = \sum_{a \in G} |X_a|$$

이 성립한다.

정리 8

유한군 G와 유한집합 X에 대하여 X가 G-집합일 때 만일 X내에 t개의 궤도 $Gx_1, Gx_2, \cdots, Gx_t$가 존재한다면

$$|X| = \sum_{i=1}^{t} |Gx_i|$$

증명 모든 $i \neq j$에 대하여 $Gx_i \cap Gx_j = \varnothing$이고 $X = Gx_1 \cup Gx_2 \cup \cdots \cup Gx_t$이므로 $|X| = \sum_{i=1}^{t} |Gx_i|$이다. ▣

예제 23 집합 $X = \{1, 2, 3\}$와 3차의 대칭군 $G = S_3$에 대하여

$$\phi : G \times X \to X, \qquad \phi(f, x) = f(x)$$

로 정의된 G-집합 X를 생각하면

$$G1 = \{f(1) \mid f \in G\} = \{1, 2, 3\},$$
$$G2 = \{f(2) \mid f \in G\} = \{1, 2, 3\},$$
$$G3 = \{f(3) \mid f \in G\} = \{1, 2, 3\}$$

이므로

$$G1 = G2 = G3$$

이다. 즉, X내에는 1개의 궤도 $G1$이 존재하므로 $t = 1$이고 다음 관계식이 성립한다.

$$|X| = 3 = |G1|$$

정리 9

소수 p에 대하여 위수가 p^n인 군 G와 유한집합 X에 대하여 X가 G-집합일 때 $X_G = \{x \in X \mid \text{모든 } a \in G\text{에 대하여 } ax = x\}$으로 놓으면

$$|X| \equiv |X_G| \pmod p$$

증명 G-집합 X내에 t개의 궤도 $Gx_1, Gx_2, \cdots, Gx_t$가 존재하고

$$|Gx_i| = 1 \ \ (i = 1, 2, \cdots, m),$$
$$|Gx_i| \geq 2 \ \ (i = m+1, m+2, \cdots, t)$$

이라고 가정하자. 그러면

$$|X| = \sum_{i=1}^{t} |Gx_i| = \sum_{i=1}^{m} |Gx_i| + \sum_{i=m+1}^{t} |Gx_i|$$

이다. 여기서

$$\sum_{i=1}^{m} |Gx_i| = |X_G|$$

이고

$$\sum_{i=m+1}^{t} |Gx_i| = \sum_{i=m+1}^{t} |G : G_{x_i}| = \sum_{i=m+1}^{t} \frac{|G|}{|G_{x_i}|}$$

이므로

$$|X| = |X_G| + \sum_{i=m+1}^{t} \frac{|G|}{|G_{x_i}|}$$

이다. 그런데 $|G| = p^n$이므로 결과적으로 $|X| \equiv |X_G| \pmod{p}$이다. ▣

| 예제 24 집합 $X = \{1, 2, 3\}$와 군 $G = A_3$에 대하여

$$\phi : G \times X \to X, \qquad \phi(f, x) = f(x)$$

로 정의된 G-집합 X를 생각하면

$$X_G = \{x \in X \mid \text{모든 } f \in G\text{에 대하여 } f(x) = x\} = \varnothing$$

이므로

$$|G| = 3, \qquad |X| = 3, \qquad |X_G| = 0$$

이다. 따라서 다음 관계식이 성립한다.

$$|X| \equiv |X_G| \pmod{3}$$

정의 10

군 G와 소수 p에 대하여 G에 속하는 임의의 원소 $a \neq e$의 위수가 p^n인 자연수 n

이 존재하면 G를 p-군(p-group)이라고 한다.

예제 25 군 $\mathbb{Z}_8$에 속하는 임의의 원소 $a \neq 0$의 위수는 $\langle a \rangle$의 위수와 같다. 또한 $\mathbb{Z}_8$의 위수는 $8 = 2^3$이므로 $\mathbb{Z}_8$의 부분군 $\langle a \rangle$의 위수는 2^3의 약수이다. 따라서 a의 위수는 적당한 n에 대하여 2^n이므로 $\mathbb{Z}_8$는 2-군이다.

예제 26 군 S_3에 속하는 원소 $f = (1\,2\,3)$의 위수는 3이고 $g = (1\,2)$의 위수는 2이다. 따라서 임의의 원소 $f \neq 1_{S_3} \in S_3$의 위수가 p^n인 적당한 소수 p와 자연수 n이 존재하지 않는다. 따라서 S_3는 p-군이 될 수 없다.

예제 27 군 A_3에 속하는 원소 $f = (1\,2\,3)$와 $g = (1\,3\,2)$의 위수는 3이다. 따라서 A_3는 3-군이다.

정리 11

적당한 소수 p에 대하여 군 G가 p-군일 때

$$H \neq \{e\}\text{가 } G\text{의 부분군이면 } H\text{는 } p\text{-군이다.}$$

증명 G가 p-군이므로 임의의 원소 $a \neq e \in H$의 위수는 적당한 자연수 k에 대하여 p^k이다. 즉, H는 p-군이다. ▣

예제 28 소수 2에 대하여 군 $\mathbb{Z}_8$는 2-군이다. $\mathbb{Z}_8$의 부분군 $H = \{0, 2, 4, 6\}$의 위수는 2^2이고 H에 속하는 임의의 원소 $a \neq 0$에 대하여

$$|2| = 2^2, \qquad |4| = 2, \qquad |6| = 2^2$$

이다. 따라서 $a \neq 0 \in H$의 위수는 적당한 n에 대하여 2^n이므로 H는 2-군이다.

정리 12　Cauchy 정리

유한군 G에 대하여 적당한 소수 p가 존재하여

p가 $|G|$의 약수이면 위수가 p인 원소 $a \in G$가 존재한다.

증명 집합 X를 다음과 같이 정의하자.

$$X = \{(a_1, a_2, \cdots, a_p) \mid a_1 a_2 \cdots a_p = e, a_i \in G, i = 1, 2, \cdots, p\}$$

임의의 원소 $(a_1, a_2, \cdots, a_p) \in X$를 택하면 $a_1 a_2 \cdots a_p = e$이므로 $p-1$개의 원소 $a_1, a_2, \cdots, a_{p-1}$이 결정되면 $a_1 a_2 \cdots a_p = e$를 만족시키는 원소 a_p가 유일하게 존재한다. 즉, $a_p = (a_1 a_2 \cdots a_{p-1})^{-1}$가 유일하게 존재한다. 따라서

$$|X| = |G|^{p-1}$$

이다. 또한 가정에 의하여 p가 $|G|$의 약수이므로 $|X|$는 p의 배수이다.
한편, 치환 $\sigma = (12 \cdots p) \in S_p$에 의하여 생성된 순환군 $\langle \sigma \rangle$에 대하여 X가 $\langle \sigma \rangle$-집합임을 다음과 같이 보일 수 있다. 함수

$$f : \langle \sigma \rangle \times X \to X, \qquad f(\sigma^n, x) = \sigma^n x$$

를 원소 $x = (a_1, a_2, \cdots, a_p)$에 대하여

$$\sigma^n x = \sigma^n (a_1, a_2, \cdots, a_p) = (a_{\sigma^n(1)}, a_{\sigma^n(2)}, \cdots, a_{\sigma^n(p)})$$

로 정의하면 f는 다음 두 조건을 모두 만족시킨다.
(i) 모든 $x = (a_1, a_2, \cdots, a_p) \in X$에 대하여

$$\begin{aligned} 1_{S_X} x &= 1_{S_X}(a_1, a_2, \cdots, a_p) \\ &= (a_{1_{S_X}(1)}, a_{1_{S_X}(2)}, \cdots, a_{1_{S_X}(p)}) \\ &= (a_1, a_2, \cdots, a_p) \\ &= x \end{aligned}$$

이므로 $1_{S_X} x = x$이다.

(ii) 모든 $\sigma^i, \sigma^j \in \langle \sigma \rangle$와 모든 $x=(a_1, a_2, \cdots, a_p) \in X$에 대하여

$$\begin{aligned}(\sigma^i \sigma^j)x &= (\sigma^i \sigma^j)(a_1, a_2, \cdots, a_p) = \sigma^{i+j}(a_1, a_2, \cdots, a_p)) \\ &= (a_{\sigma^{i+j}(1)}, a_{\sigma^{i+j}(2)}, \cdots, a_{\sigma^{i+j}(p)}) \\ &= \sigma^i(a_{\sigma^j(1)}, a_{\sigma^j(2)}, \cdots, a_{\sigma^j(p)}) \\ &= \sigma^i(\sigma^j(a_1, a_2, \cdots, a_p)) \\ &= \sigma^i(\sigma^j x)\end{aligned}$$

이므로 $(\sigma^i \sigma^j)x = \sigma^i(\sigma^j x)$이다.

따라서 (i)과 (ii)에 의하여 X는 $\langle \sigma \rangle$-집합이다.

또한 $|\langle \sigma \rangle| = p$이므로

$$|X| \equiv |X_{\langle \sigma \rangle}| \pmod p$$

이다. 그런데 $|X|$는 p의 배수이므로 $|X_{\langle \sigma \rangle}|$도 p의 배수이다.

여기서 만일 $(a_1, a_2, \cdots, a_p) \in X_{\langle \sigma \rangle}$이라면 모든 $i=1, 2, \cdots, p$에 대하여

$$\sigma^i(a_1, a_2, \cdots, a_p) = (a_1, a_2, \cdots, a_p)$$

이다. 그러므로

$$(a_1, a_2, \cdots, a_p) = (a_1, a_1, \cdots, a_1)$$

이다. 한편 $|X_{\langle \sigma \rangle}|$는 p의 배수이므로 $|X_{\langle \sigma \rangle}| \neq 1$이고 적당한 원소

$$(a_1, a_2, \cdots, a_p) \neq (e, e, \cdots, e) \in X_{\langle \sigma \rangle}$$

가 존재하여

$$a_1 = a_2 = \cdots = a_p$$

이다. 따라서

$$a_1^p = a_1 a_2 \cdots a_p = e$$

이므로 $a_1 \in G$은 위수가 p인 원소이다. ▣

예제 29 군 $\mathbb{Z}_8$의 위수는 2^3이다. 그런데 소수 2는 $\mathbb{Z}_8$의 위수의 약수이므로 위수가 2인 원소 4가 존재한다.

예제 30 군 S_3의 위수는 6이다. 그런데 소수 2는 S_3의 위수의 약수이므로 위수가 2인 원소 $(1\,2)$가 존재한다. 또한 소수 3은 S_3의 위수의 약수이므로 위수가 3인 원소 $(1\,2\,3)$이 존재한다.

예제 31 군 $\mathbb{Z}_3 \times \mathbb{Z}_{12}$의 위수는 $2^2 \times 3^2$이다. 그런데 소수 2는 $\mathbb{Z}_3 \times \mathbb{Z}_{12}$의 위수의 약수이므로 위수가 2인 원소 $(0, 6)$가 존재한다. 또한 소수 3는 $\mathbb{Z}_3 \times \mathbb{Z}_{12}$의 위수의 약수이므로 위수가 3인 원소 $(1, 0)$가 존재한다.

정리 13

소수 p에 대하여 군 G가 p-군이기 위한 필요충분조건은 적당한 자연수 n이 존재하여 $|G| = p^n$이다.

증명 군 G가 p-군이고 $|G| = m$이라고 가정하자. 또한 적당한 소수 p_i와 자연수 t_i에 대하여 $m = p_1^{t_1} p_2^{t_2} \cdots p_k^{t_k}$라고 가정하자. 그러면 모든 소수 p_i는 $|G|$의 약수이므로 위수가 p_i인 적당한 원소 $a_i \in G$가 존재한다. 그런데 G는 p-군이므로 $p_i = p$이다. 따라서

$$|G| = m = p^{t_1 + t_2 + \cdots + t_k}$$

이므로 적당한 자연수 $n = t_1 + t_2 + \cdots + t_k$에 대하여 $|G| = p^n$이다.

역으로 적당한 자연수 n에 대하여 $|G| = p^n$이라고 가정하면 임의의 원소 $a \neq e$에 대하여 $\langle a \rangle$의 위수는 $|G| = p^n$의 약수이므로 a의 위수는 적당한 자연수 j에 대하여 p^j이다. 따라서 G는 p-군이다. ▣

| 예제 32 군 $\mathbb{Z}_8$의 위수는 $8 = 2^3$이다. 따라서 $\mathbb{Z}_8$는 2-군이다.

| 예제 33 군 A_3의 위수는 3이다. 따라서 A_3는 3-군이다.

| 예제 34 군 S_3의 위수는 6이다. 그런데 $6 = p^n$인 소수 p와 자연수 n이 존재하지 않기 때문에 S_3는 p-군이 될 수 없다.

| 예제 35 군 $\mathbb{Z}_3 \times \mathbb{Z}_{12}$의 위수는 $2^2 \times 3^2$이다. 그런데 $2^2 \times 3^2 = p^n$인 소수 p와 자연수 n이 존재하지 않기 때문에 $\mathbb{Z}_3 \times \mathbb{Z}_{12}$는 p-군이 될 수 없다.

정리 14

소수 p에 대하여 유한군 G의 부분군 H가 p-군이면 G의 부분군 $N(H) = \{a \in G \mid aHa^{-1} = H\}$에 대하여 다음이 성립한다.

$$|N(H) : H| \equiv |G : H| \pmod p$$

증명 집합 X를

$$X = \{aH \mid a \in G\}$$

로 놓으면 X는 H-집합임을 다음과 같이 보일 수 있다.
함수 $f : H \times X \to X$를 임의의 원소 $(b, aH) \in H \times X$에 대하여

$$f(b, aH) = baH$$

로 정의하면 f는 다음 두 조건을 모두 만족시킨다.
(i) 모든 $aH \in X$에 대하여

$$e(aH) = eaH = aH$$

(ii) 모든 $b, c \in H$와 모든 $aH \in X$에 대하여

$$(bc)aH = b(ca)H = b(caH)$$

따라서 X는 H-집합이다.

또한 집합

$$X_H = \{aH \in X \mid \text{모든 } b \in H\text{에 대하여 } baH = aH\}$$

에 대하여 다음이 성립한다.

$$aH \in X_H \Leftrightarrow \text{모든 } b \in H\text{에 대하여 } a^{-1}ba \in H$$

한편, 모든 $b \in H$에 대하여 $a^{-1}ba \in H \Leftrightarrow a^{-1}Ha \subset H$이고 G가 유한군이므로 $|a^{-1}Ha| = |H|$이다. 그러므로 모든 $b \in H$에 대하여 $a^{-1}ba \in H \Leftrightarrow a^{-1}Ha = H$이다. 따라서

$$aH \in X_H \Leftrightarrow a^{-1}Ha = H \Leftrightarrow a^{-1} \in N(H) \Leftrightarrow a \in N(H)$$

이므로

$$|X_H| = |N(H) : H|$$

이다. 그런데

$$|X| = |G : H|, \qquad |X| \equiv |X_H| \pmod p$$

이므로 관계식

$$|N(H) : H| \equiv |G : H| \pmod p$$

이 성립한다. ▣

예제 36 군 $G = \mathbb{Z}_{12}$의 부분군 $H = \{0, 3, 6, 9\}$위수는 $4 = 2^2$이다. 따라서 H는 2-군이다. 또한

$$N(H) = \{a \in G \mid a + H + (-a) = H\} = G,$$
$$|N(H) : H| = |G : H| = 3$$

이다. 따라서

$$|N(H):H| \equiv |G:H| \pmod 2$$

이다.

예제 37 군 $G=S_3$의 부분군 $H=A_3$의 위수는 3이다. 따라서 A_3는 3-군이다. 또한

$$N(H)=\{a\in G \mid aHa^{-1}=H\}=G,$$
$$|N(H):H|=|G:H|=2$$

이다. 따라서

$$|N(H):H| \equiv |G:H| \pmod 3$$

이다.

정리 15 제 1 Sylow 정리

군 G는 유한군이고 적당한 소수 p와 자연수 n, m에 대하여

$$|G|=p^n m, \qquad p \nmid m$$

이다. 그러면 $1 \le i \le n$인 모든 자연수 i에 대하여 위수가 p^i인 G의 부분군이 존재한다.

증명 n에 대한 수학적 귀납법을 이용하여 증명하기로 한다.

우선 $n=1$이면 Cauchy정리에 의하여 위수가 p인 G의 부분군이 존재한다. 따라서 정리가 성립한다.

이제 H를 위수가 p^k $(k<n)$인 G의 부분군이라고 가정하자. 그러면 소수 p는 $|G:H|$의 약수이므로 p는 $|N(H):H|$의 약수이다. 그런데 H는 $N(H)$의 정규부분군이고 상군 $N(H)/H$의 위수는 $|N(H):H|$이므로 상군 $N(H)/H$의 위수가 p인 부분군 H_1이 존재한다. 따라서 $H_1=H_2/H$인 $N(H)$의 부분군 H_2가 존재하고 $|H_2|=p^{k+1}$이다. 그러므로 $1 \le i \le n$인 모든 i에 대하여 위수가 p^i인 G의 부분군이 존재한다. ▣

| 예제 38 군 $\mathbb{Z}_{12}$의 위수는 $12 = 2^2 \times 3$이므로 $p=2$라고 놓으면 위수가 2인 부분군 $H = \{0, 6\}$과 위수가 2^2인 부분군 $K = \{0, 3, 6, 9\}$가 존재한다.
또한 $p = 3$라고 할 때 위수가 3인 부분군 $L = \{0, 4, 8\}$이 존재한다.

| 예제 39 위수가 128인 군 G는 $128 = 2^7$이므로 G는 $1 \le i \le 7$인 모든 i에 대하여 위수가 2^i인 부분군 H_i를 갖는다.

| 예제 40 군 S_3의 위수는 $6 = 2 \times 3$이므로 $p = 2$라고 할 때 위수가 2인 부분군 $H = \left\{1_{S_3}, (1\,2)\right\}$가 존재한다.
또한 $p = 3$라고 놓으면 위수가 3인 부분군 $K = \left\{1_{S_3}, (1\,2\,3), (1\,3\,2)\right\}$가 존재한다.

정의 16

군 G는 유한군이고 적당한 소수 p와 자연수 n, m에 대하여

$$|G| = p^n m, \qquad p \nmid m$$

이다. 이때 위수가 p^n인 G의 부분군 H가 존재하는데 H를 G의 **Sylow p-부분군** (Sylow p-subgroup)이라고 한다.

참고 군 G의 Sylow p-부분군은 유일할 필요가 없다.

| 예제 41 군 $\mathbb{Z}_{12}$의 위수는 $12 = 2^2 \times 3$이므로 $\mathbb{Z}_{12}$의 Sylow 2-부분군과 Sylow 3-부분군이 존재한다. 실제로

$$H = \{0, 3, 6, 9\}$$

는 군 $\mathbb{Z}_{12}$의 위수가 2^2인 부분군이므로 H는 $\mathbb{Z}_{12}$의 Sylow 2-부분군이고

$$K = \{0, 4, 8\}$$

는 군 $\mathbb{Z}_{12}$의 위수가 3인 부분군이므로 K는 $\mathbb{Z}_{12}$의 Sylow 3-부분군이다.

| 예제 42 군 G의 위수가 128이면 $128=2^7$이므로 G의 Sylow 2-부분군 H가 존재하고 H는 위수가 2^7이다. 또한 $|G|=|H|$이므로 $H=G$이다.

| 예제 43 군 S_3의 위수는 $6=2\times 3$이므로 S_3의 Sylow 2-부분군과 Sylow 3-부분군이 존재한다. 실제로

$$H_1=\{1_{S_3}, (1\,2)\},\ H_2=\{1_{S_3}, (1\,3)\},\ H_3=\{1_{S_3}, (2\,3)\}$$

는 모두 S_3의 위수가 2인 부분군이므로 H_1, H_2, H_3는 모두 Sylow 2-부분군이다. 따라서 군 S_3내에는 모두 3개의 Sylow 2-부분군이 존재한다.
또한

$$K=\{1_{S_3}, (1\,2\,3), (1\,3\,2)\}$$

는 S_3의 위수가 3인 부분군이므로 K는 S_3의 Sylow 3-부분군이다.

정의 17

군 G의 두 부분군 H와 K가 적당한 원소 $a\in G$에 대하여 $K=aHa^{-1}$이면 H와 K는 **켤레**(conjugate)라고 한다.

| 예제 44 군 G가 아벨군이면 임의의 부분군 H와 임의의 원소 $a\in G$에 대하여 $H=aHa^{-1}$이므로 H의 켤레는 H뿐이다.

| 예제 45 군 $\mathbb{Z}_{12}$의 Sylow 2-부분군 $H=\{0,3,6,9\}$와 $\mathbb{Z}_{12}$의 Sylow 3-부분군 $K=\{0,4,8\}$에 대하여 임의의 원소 $a\in\mathbb{Z}_{12}$를 택할 때

$$K\neq H=a+H+(-a)$$

이므로 H와 K는 켤레가 아니다.

예제 46 군 S_3의 Sylow 2-부분군 $H_1 = \{1_{S_3}, (1\,2)\}$과 $H_2 = \{1_{S_3}, (1\,3)\}$에 대하여 원소 $(1\,3\,2) \in S_3$를 택하면

$$H_2 = (1\,3\,2)H_1(1\,3\,2)^{-1}$$

이므로 H_1과 H_2는 서로 켤레이다.

정리 18

군 G는 유한군이고 적당한 소수 p와 자연수 n, m에 대하여

$$|G| = p^n m, \qquad p \nmid m$$

이다. 만일 H가 G의 Sylow p-부분군이고 G의 부분군 K가 H와 켤레이면 K는 G의 Sylow p-부분군이다.

증명 군 G의 부분군 K와 H가 켤레이므로 적당한 원소 $a \in G$가 존재하여 $K = aHa^{-1}$이다. 따라서

$$|K| = |aHa^{-1}| = |H| = p^n$$

이므로 G의 부분군 K는 G의 Sylow p-부분군이다. ▣

예제 47 대칭군 S_3의 부분군 $H_1 = \{1_{S_3}, (1\,2)\}$은 S_3의 Sylow 2-부분군이다. 그런데 S_3의 부분군 $H_2 = \{1_{S_3}, (1\,3)\}$에 대하여 원소 $(1\,3\,2) \in S_3$가 존재하여

$$H_2 = (1\,3\,2)H_1(1\,3\,2)^{-1}$$

이므로 H_1과 H_2는 켤레이다. 따라서 H_2는 S_3의 Sylow 2-부분군이다.

정리 19 제 2 Sylow 정리

군 G가 유한군이고 적당한 소수 p에 대하여 G의 부분군 H와 K가 G의 Sylow p-

부분군이라면 H와 K는 켤레이다. 즉, 적당한 원소 $a \in G$가 존재하여 $K = aHa^{-1}$이다.

증명 집합 X를

$$X = \{aH \mid a \in G\}$$

로 정의하면 X는 K-집합임을 다음과 같이 보일 수 있다.

우선 $f : K \times X \to X$를

$$f(b, aH) = baH, \qquad (b, aH) \in K \times X$$

로 정의하면 f는 다음 두 조건을 모두 만족시킨다.

(i) 모든 $aH \in X$에 대하여 $e(aH) = aH$

(ii) 모든 $b, c \in H$와 모든 $aH \in X$에 대하여 $(bc)aH = b(caH)$

그러므로 X는 K-집합이다. 따라서

$$|X| \equiv |X_K| \pmod p$$

이다. 그런데 H는 G의 Sylow p-부분군이므로 $p \nmid |G : H|$이고 $|X| = |G : H|$이므로 $p \nmid |X|$이다. 따라서

$$p \nmid |X_K|$$

이므로 $|X_K| \neq 0$이다.

이제 원소 $aH \in X_K$를 택하면 임의의 원소 $b \in K$에 대하여

$$b(aH) = aH$$

이므로 $a^{-1}ba \in H$이다. 즉,

$$a^{-1}Ka \subset H$$

이다. 그런데 H와 K는 G의 Sylow 2-부분군이므로

$$|H| = |K| = |a^{-1}Ka|$$

이다. 따라서 $a^{-1}Ka = H$이고 H와 K는 켤레이다. ▣

예제 48 대칭군 S_3의 Sylow 2-부분군 $H=\{1_{S_3}, (1\,2)\}$와 S_3의 Sylow 2-부분군 $K=\{1_{S_3}, (1\,3)\}$에 대하여 적당한 원소 $(1\,3\,2)\in S_3$가 존재하여

$$K=(1\,3\,2)H(1\,3\,2)^{-1}$$

이다. 따라서 H와 K는 켤레이다.

정리 20 제 3 Sylow 정리

군 G는 유한군이고 소수 p와 자연수 k, m에 대하여

$$|G|=p^k m, \qquad p \nmid m$$

이다. 만일 군 G의 Sylow p-부분군의 개수를 t라고 놓으면 t는 다음 성질을 모두 만족시킨다.

(1) $t\equiv 1 \pmod p$

(2) t는 $|G|$의 약수이다.

증명 (1) 군 G의 Sylow p-부분군을 $P_1, P_2, \cdots, P_t$라고 놓고 집합 X를

$$X=\{P_1, P_2, \cdots, P_t\}$$

로 정의하면 X는 P_1-집합임을 다음과 같이 보일 수 있다.

만일 $f: P_1\times X \to X$를 임의의 원소 $(a, P_i)\in P_1\times X$에 대하여

$$f(a, P_i)=aP_ia^{-1}$$

로 정의하면 f는 다음 두 조건을 모두 만족시킨다.

(i) 모든 $P_i\in X$에 대하여 $eP_ie^{-1}=P_i$

(ii) 모든 $b, c\in P_1$와 모든 $P_i\in X$에 대하여 $(bc)P_i(bc)^{-1}=b(cP_ic^{-1})b^{-1}$

그러므로 X는 P_1-집합이다. 따라서

$$|X|\equiv |X_{P_1}| \pmod p$$

이다.

한편 $P_j \in X_{P_1}$를 택하면 임의의 원소 $a \in P_1$에 대하여 $aP_ja^{-1} = P_j$이므로 $a \in N(P_j)$이다. 따라서 $P_1 \subset N(P_j)$이다. 그런데 $P_j \subset N(P_j)$이므로 P_1과 P_j는 모두 $N(P_j)$의 Sylow p-부분군이다. 따라서 P_1과 P_j는 켤레이고 적당한 원소 $b \in N(P_j)$가 존재하여 $P_1 = bP_jb^{-1}$이다. 또한 P_j는 $N(P_j)$의 정규부분군이므로 $bP_jb^{-1} = P_j$이다. 따라서 $P_j = P_1$이므로

$$X_{P_1} = \{P_1\}$$

이고 $|X_{P_1}| = 1$이다. 그런데 $|X| = t$이므로 $t \equiv 1 \pmod{p}$이다.

(2) $g : G \times X \to X$를 임의의 원소 $(a, P_i) \in G \times X$에 대하여

$$g(a, P_i) = aP_ia^{-1}$$

로 정의하면 g는 다음 두 조건을 모두 만족시킨다.

(i) 모든 $P_i \in X$에 대하여 $eP_ie^{-1} = P_i$

(ii) 모든 $b, c \in G$와 모든 $P_i \in X$에 대하여 $(bc)P_i(bc)^{-1} = b(cP_ic^{-1})b^{-1}$

그러므로 X는 G-집합이다.

그런데 모든 Sylow p-부분군은 서로 켤레이므로

$$|P_1\text{의 궤도}| = |X|$$

이다. 한편, G_{P_1}의 모든 좌잉여류의 집합을

$$T = \left\{aG_{P_1} \mid a \in G\right\}$$

라고 놓으면 임의의 원소 $P_j \in X$에 대하여 $P_j = aP_1a^{-1}$인 원소 $a \in G$가 존재하므로 $\phi : X \to T$를

$$\phi(aP_1a^{-1}) = aG_{P_1}$$

로 정의하면 다음이 성립한다.

우선 임의의 원소 $aP_1a^{-1}, bP_1b^{-1} \in X$에 대하여

$$aP_1a^{-1} = bP_1b^{-1}$$

라고 가정하면

$$a^{-1}bP_1(a^{-1}b)^{-1} = P_1$$

이다. 따라서 $a^{-1}b \in G_{P_1}$이므로

$$aG_{P_1} = bG_{P_1}$$

이다. 그러므로 ϕ는 잘 정의된 사상이다.
또한 임의의 원소 $aP_1a^{-1}, bP_1b^{-1} \in X$에 대하여

$$\phi(aP_1a^{-1}) = \phi(bP_1b^{-1})$$

이라면 $aG_{P_1} = bG_{P_1}$이다. 따라서 $a^{-1}b \in G_{P_1}$이므로

$$a^{-1}bP_1(a^{-1}b)^{-1} = P_1$$

이다. 즉, $aP_1a^{-1} = bP_1b^{-1}$이므로 ϕ는 일대일사상이다.
그리고 만일 $aG_{P_1} \in T$이면 $aP_1a^{-1} \in X$이고 $\phi(aP_1a^{-1}) = aG_{P_1}$이다. 따라서 $\phi(X) = T$이므로 ϕ는 일대일대응이다.
결과적으로

$$|X| = |T| = |G : G_{P_1}|$$

이다. 그런데 $|X| = t$이므로 t는 $|G|$의 약수이다. ▣

| 예제 49 군 $\mathbb{Z}_{12}$의 위수는 $12 = 2^2 \times 3$이고 $\mathbb{Z}_{12}$의 Sylow 2-부분군의 개수를 t, Sylow 3-부분군의 개수를 s라고 놓으면 다음을 만족시킨다.
t는 12의 약수이므로

$$t = 1 \text{ 또는 } t = 2 \text{ 또는 } t = 3 \text{ 또는 } t = 4 \text{ 또는 } t = 6 \text{ 또는 } t = 12$$

이다. 그런데 $t \equiv 1 \pmod 2$이므로

$$t = 1 \text{ 또는 } t = 3$$

이다. 또한, s는 12의 약수이므로

$$s = 1 \text{ 또는 } s = 2 \text{ 또는 } s = 3 \text{ 또는 } s = 4 \text{ 또는 } s = 6 \text{ 또는 } s = 12$$

이다. 그런데 $s \equiv 1 \pmod 3$이므로

$$s = 1 \text{ 또는 } s = 4$$

이다.

| 예제 50 위수가 $128 = 2^7$인 군 G에 대하여 G는 Sylow 2-부분군의 개수를 t라고 놓으면 t는 2^7의 약수이고 $t \equiv 1 \pmod 2$이므로 $t = 1$이다. 그러므로 G의 Sylow 2-부분군은 G로서 유일하게 존재한다.

| 예제 51 군 S_3의 위수는 $6 = 2 \times 3$이므로 S_3의 Sylow 2-부분군의 개수를 t, Sylow 3-부분군의 개수를 s라고 놓으면 다음을 만족시킨다.
t는 6의 약수이므로

$$t = 1 \text{ 또는 } t = 2 \text{ 또는 } t = 3 \text{ 또는 } t = 6$$

이다. 그런데 $t \equiv 1 \pmod 2$이므로

$$t = 1 \text{ 또는 } t = 3$$

이다. 구체적으로

$$H_1 = \{1_{S_3}, (1\,2)\}, \qquad H_2 = \{1_{S_3}, (1\,3)\}, \qquad H_3 = \{1_{S_3}, (2\,3)\}$$

는 모두 S_3의 Sylow 2-부분군이므로 $t = 3$이다.
또한, s는 6의 약수이므로

$$s = 1 \text{ 또는 } s = 2 \text{ 또는 } s = 3 \text{ 또는 } s = 6$$

이다. 그런데 $s \equiv 1 \pmod 3$이므로 $s = 1$이다. 즉, 군 S_3의 Sylow 3-부분군은

$$K=\{1_{S_3}, (1\,2\,3), (1\,3\,2)\}$$

로 유일하게 존재한다.

참고 군 G에 대하여 $|G|=p^k m$이고 $p \nmid m$일 때 G의 Sylow p-부분군의 개수를 t라고 놓으면 $t \equiv 1 \pmod p$이므로 t는 p의 배수가 될 수 없다. 따라서 t가 $|G|$의 약수이면 t는 m의 약수가 된다. 결과적으로 다음 조건을 모두 만족시키는 t를 구하면 충분하므로 경우의 수를 줄일 수 있다.

(1) $t \equiv 1 \pmod p$

(2) t는 m의 약수이다.

예제 52 군 $\mathbb{Z}_{12}$의 위수는 $12=2^2\times 3$이고 $\mathbb{Z}_{12}$의 Sylow 3-부분군의 개수를 t라고 놓으면 t는 2^2의 약수이므로

$$t=1 \text{ 또는 } t=2 \text{ 또는 } t=4$$

이다. 그런데 $t \equiv 1 \pmod 3$이므로

$$t=1 \text{ 또는 } t=4$$

이다.

예제 53 군 S_4의 위수는 $24=2^3\times 3$이고 S_4의 Sylow 3-부분군의 개수를 t라고 놓으면 t는 2^3의 약수이므로

$$t=1 \text{ 또는 } t=2 \text{ 또는 } t=4 \text{ 또는 } t=8$$

이다. 그런데 $t \equiv 1 \pmod 3$이므로

$$t=1 \text{ 또는 } t=4$$

이다.

정리 21

군 G는 유한군이고 적당한 소수 p와 자연수 n, m에 대하여

$$|G| = p^n m, \qquad p \nmid m$$

이다. 만일 군 G의 Sylow p-부분군의 개수를 t라고 놓으면 다음이 성립한다.

"$t = 1 \Leftrightarrow$ G의 Sylow p-부분군은 G의 정규부분군이다."

증명 만일 H가 G의 Sylow p-부분군이면 임의의 원소 $a \in G$에 대하여 aHa^{-1}는 군 G의 Sylow p-부분군이다. 따라서 $t = 1$이라고 가정하면 임의의 원소 $a \in G$에 대하여

$$aHa^{-1} = H$$

이므로 H는 G의 정규부분군이다.

역으로 H를 G의 Sylow p-부분군이라고 놓으면 H는 G의 정규부분군이다. 만일 K가 G의 Sylow p-부분군이라면 K는 H와 켤레이므로 적당한 원소 $b \in G$가 존재하여

$$K = bHb^{-1}$$

이다. 그런데 H가 G의 정규부분군이므로 $bHb^{-1} = H$이다. 따라서

$$K = H$$

이다. 그러므로 $t = 1$이다. ▣

예제 54 군 G의 위수가 $18 = 2 \times 3^2$이라면 G의 Sylow 3-부분군의 개수 s는 2의 약수이므로

$$s = 1 \text{ 또는 } s = 2$$

이다. 그런데 $s \equiv 1 \pmod 3$이므로 $s = 1$이다. 따라서 G의 Sylow 3-부분군은 G의 정규부분군이다. 또한 G는 단순군이 아님을 알 수 있다.
예를 들면 군 $\mathbb{Z}_{18}$의 Sylow 3-부분군

$$H = \{0, 2, 4, 6, 8, 10, 12, 14, 16\}$$

는 유일한 Sylow 3-부분군이고 H는 $\mathbb{Z}_{18}$의 정규부분군이다.

| 예제 55 위수가 $128 = 2^7$인 군 G에 대하여 G의 Sylow 2-부분군의 개수를 t라고 놓으면 t는 2^7의 약수이고 $t \equiv 1 \pmod 2$이므로 $t = 1$이다. 따라서 위수가 128인 군 G는 위수가 2^7인 정규부분군을 갖는다.

| 예제 56 군 S_3의 위수는 $6 = 2 \times 3$이므로 S_3의 Sylow 3-부분군의 개수를 t라고 놓으면 t는 6의 약수이고 $t \equiv 1 \pmod 3$이므로 $t = 1$이다. 즉, 군 S_3의 Sylow 3-부분군 H는 유일하게 존재하고 H는 S_3의 정규부분군이다. 따라서 S_3가 단순군이 아님을 알 수 있다.

연습문제

1. 집합 $X=\{1,2,3,4\}$와 4차의 교대군 $G=A_4$에 대하여

$$\phi : G\times X \to X, \qquad \phi(f,x)=f(x)$$

로 정의하면 X는 G-집합이다. 이때 다음을 구하시오.

(1) $G2$　　　　(2) G_2

(3) $|G : G_2|$

2. 군 $\mathbb{Z}_{384}$의 Sylow 2-부분군을 H라고 할 때 H 위수를 구하시오.

3. 군 S_5의 Sylow 2-부분군, Sylow 3-부분군, Sylow 5-부분군의 위수를 구하고 각각의 개수를 구하시오.

4. 위수가 36인 군 G의 Sylow 2-부분군과 Sylow 3-부분군의 위수와 개수를 각각 구하시오.

5. 다음과 같이 정의된 군 G의 Sylow p-부분군의 개수를 모두 구하시오.

(1) $G=\mathbb{Z}_{2^3}\times\mathbb{Z}_{2^7}$　　　　(2) $G=\mathbb{Z}_{2^3}\times\mathbb{Z}_{2^4}\times\mathbb{Z}_{2^3}$

(3) $G=\mathbb{Z}_2\times\mathbb{Z}_3\times\mathbb{Z}_5$

6. 군 G의 위수가 35이면 G는 순환군인지 판정하고 이를 증명하시오.

7. 군 G의 위수가 45일 때 $H\neq\{e\}$이고 $H\neq G$인 G의 정규부분군 H가 존재하는지 판정하고 이를 증명하시오.

8. 군 G의 위수가 350이면 G가 단순군인지 판정하고 이를 증명하시오.

9. 서로 다른 소수 p, q, r $(p, q, r > 2)$에 대하여 위수가 pqr인 군 G의 Sylow p-부분군, Sylow q-부분군, Sylow r-부분군의 개수를 모두 구하고 군 G의 정규부분군의 존재성을 판정하시오.

10. 군 G에 속하는 원소 a, b에 대하여 적당한 원소 $g \in G$가 존재하여 $b = gag^{-1}$이면 a와 b는 켤레라고 한다. 또한 집합

$$Cl(a) = \{gag^{-1} \mid g \in G\}$$

를 원소 a의 켤레류(또는 공액류)라고 한다.

다음 물음에 답하시오.

(1) 다음에 주어진 군 G와 원소 $a \in G$에 대하여 $Cl(a)$를 구하시오.

(i) $\mathbb{Z}$, $a = n$　　(ii) $\mathbb{Z}_{12}$, $a = 10$

(iii) $\mathbb{R}^*$, $a = 5$　　(iv) $\mathbb{Z}_2 \times \mathbb{Z}$, $a = (1, 7)$

(v) S_3, $a = (123)$

(2) $Cl(a)$는 G의 부분군인지 판정하고 이를 증명하시오.

(3) G가 아벨군일 때 임의의 원소 $a \in G$에 대하여 $Cl(a)$를 구하시오.

(4) G가 유한군이면 임의의 원소 $a \in G$에 대하여 $|Cl(a)| = |G : C(a)|$임을 증명하시오.

(5) G가 유한군이면 임의의 원소 $a, b \in G$에 대하여 다음이 성립함을 증명하시오.

$$Cl(a) \cap Cl(b) = \varnothing \ \text{ 또는 } \ Cl(a) = Cl(b)$$

(6) G가 유한군일 때

$$G = \bigcup_{a \in G} Cl(a)$$

가 성립함을 증명하시오.

(7) G가 유한군일 때

$$|G| = \sum_{a \in G} |Cl(a)| = \sum_{a \in G} |G : C(a)|$$

가 성립함을 증명하시오.

(8) G가 유한군일 때

$$|G| = |Z(G)| + \sum_{\substack{a \in G, \\ |Cl(a)| \neq 1}} |G : C(a)|$$

가 성립함을 증명하시오.

9. 소수 p에 대하여 군 G의 위수가 p^2이면 G는 아벨군인지 판정하고 이를 증명하시오.

연습문제 풀이

CHAPTER 1 ▍군(Groups)

1. 다음에 주어진 집합이 군이 되도록 연산을 정의하고 위수를 구하시오.

(1) $\mathbb{Z}_5$　　　　(2) $\mathbb{Z}_{10}$

(3) $\mathbb{Z}_3 \times \mathbb{Z}_3$　　　　(4) $M_{m\times n}(\mathbb{Z}_3)$

풀이 (1) 임의의 원소 $a, b \in \mathbb{Z}_5$에 대하여 덧셈연산을

$$a + b = r, \qquad a + b = 5q + r \ (0 \le r < 5)$$

으로 정의하자. 그러면

(i) 임의의 원소 $a, b, c \in \mathbb{Z}_5$에 대하여 $a + (b + c) = (a + b) + c$이다.

(ii) 임의의 원소 $a \in \mathbb{Z}_5$에 대하여 $a + 0 = a = 0 + a$이므로 $0 \in \mathbb{Z}_5$은 $\mathbb{Z}_5$의 항등원이다.

(iii) 임의의 원소 $a \in \mathbb{Z}_5$에 대하여 $5 - a \in \mathbb{Z}_5$이고 $a + (5 - a) = 0$이므로 $5 - a$는 a의 역원이다. 즉, $-a = 5 - a$이다.

그러므로 (i), (ii), (iii)에 의하여 $\mathbb{Z}_5$는 주어진 연산에 대하여 군이다.

또한 $\mathbb{Z}_5 = \{0, 1, 2, 3, 4\}$이므로 군 $\mathbb{Z}_5$의 위수는 5이다.

(2) 임의의 원소 $a, b \in \mathbb{Z}_{10}$에 대하여 덧셈연산을

$$a + b = r, \qquad a + b = 10q + r \ (0 \le r < 10)$$

으로 정의하자. 그러면

(i) 임의의 원소 $a, b, c \in \mathbb{Z}_{10}$에 대하여 $a + (b + c) = (a + b) + c$이다.

(ii) 임의의 원소 $a \in \mathbb{Z}_{10}$에 대하여 $a + 0 = a = 0 + a$이므로 $0 \in \mathbb{Z}_{10}$은 $\mathbb{Z}_{10}$의 항등원이다.

(iii) 임의의 원소 $a \in \mathbb{Z}_{10}$에 대하여 $10 - a \in \mathbb{Z}_{10}$이고 $a + (10 - a) = 0$이므로 $10 - a$는 a의 역원이다. 즉, $-a = 10 - a$이다.

그러므로 (i), (ii), (iii)에 의하여 $\mathbb{Z}_{10}$는 주어진 연산에 대하여 군이다.

또한 $\mathbb{Z}_{10} = \{0, 1, 2, 3, 4, 5, 6, 7, 8, 9\}$이므로 군 $\mathbb{Z}_{10}$의 위수는 10이다.

(3) 임의의 원소 $(a, b), (c, d) \in \mathbb{Z}_3 \times \mathbb{Z}_3$에 대하여 $a + c = 3q_1 + r_1 \ (0 \le r_1 < 3)$이고

$b+d=3q_2+r_2\ (0 \le r_2 < 3)$일 때 덧셈연산을

$$(a, b)+(c, d)=(r_1, r_2)$$

으로 정의하자. 그러면

(i) 임의의 원소 $(a_1, b_1), (a_2, b_2), (a_3, b_3) \in \mathbb{Z}_3 \times \mathbb{Z}_3$에 대하여

$$((a_1, b_1)+(a_2, b_2))+(a_3, b_3)=(a_1, b_1)+((a_2, b_2)+(a_3, b_3))$$이다.

(ii) 임의의 원소 $(a, b) \in \mathbb{Z}_3 \times \mathbb{Z}_3$에 대하여 $(a, b)+(0, 0)=(a, b)=(0, 0)+(a, b)$이므로 $(0, 0) \in \mathbb{Z}_3 \times \mathbb{Z}_3$은 $\mathbb{Z}_3 \times \mathbb{Z}_3$의 항등원이다.

(iii) 임의의 원소 $(a, b) \in \mathbb{Z}_3 \times \mathbb{Z}_3$에 대하여 $(3-a, 3-b) \in \mathbb{Z}_3 \times \mathbb{Z}_3$이고 $(a, b)+(3-a, 3-b)=(0, 0)=(3-a, 3-b)+(a, b)$이므로 $(3-a, 3-b)$는 (a, b)의 역원이다. 즉, $-(a, b)=(3-a, 3-b)$이다.

그러므로 (i), (ii), (iii)에 의하여 $\mathbb{Z}_3 \times \mathbb{Z}_3$는 주어진 연산에 대하여 군이다.

또한

$$\mathbb{Z}_3 \times \mathbb{Z}_3=\{(0, 0), (0, 1), (0, 2), (1, 0), (1, 1), (1, 2), (2, 0), (2, 1), (2, 2)\}$$

이므로 군 $\mathbb{Z}_3 \times \mathbb{Z}_3$의 위수는 9이다.

(4) 임의의 원소 $A, B \in M_{m \times n}(\mathbb{Z}_3)$에 대하여 $A=(a_{ij})_{m \times n}$이고 $B=(b_{ij})_{m \times n}$일 때 덧셈연산을

$$A+B=(r_{ij})_{m \times n}, \quad a_{ij}+b_{ij}=3q_{ij}+r_{ij}\ (0 \le r_{ij} < 3)$$

으로 정의하자. 그러면

(i) 임의의 원소 $A, B, C \in M_{m \times n}(\mathbb{Z}_3)$에 대하여 $A+(B+C)=(A+B)+C$이다.

(ii) 임의의 원소 $A \in M_{m \times n}(\mathbb{Z}_3)$와 영행렬 $O_{m \times n} \in M_{m \times n}(\mathbb{Z}_3)$에 대하여 $A+O_{m \times n}=A=O_{m \times n}+A$이므로 $O_{m \times n}$은 $M_{m \times n}(\mathbb{Z}_3)$의 항등원이다.

(iii) 임의의 원소 $A \in M_{m \times n}(\mathbb{Z}_3)$, $A=(a_{ij})_{m \times n}$에 대하여 행렬 D를 $D=(3-a_{ij})_{m \times n}$로 정의하면 $D \in M_{m \times n}(\mathbb{Z}_3)$이다. 또한 $A+D=O_{m \times n}=D+A$이므로 D는 A의 역원이다. 즉, $-(a_{ij})_{m \times n}=(3-a_{ij})_{m \times n}$이다.

그러므로 (i), (ii), (iii)에 의하여 G는 군이다.

또한 모든 (i, j)-성분 $a_{ij} \in \mathbb{Z}_3$는 $0, 1, 2$ 등 모두 3가지의 선택이 가능하므로 군 $M_{m \times n}(\mathbb{Z}_3)$ 의 위수는 3^{mn}이다.

2. 다음에 주어진 집합 G가 함수의 덧셈연산에 대하여 군임을 증명하고 군 G의 위수를 구하시오.

(1) $G = \{f \mid f : [1, 5] \to \mathbb{R}$ 는 연속함수$\}$

(2) $G = \{f \mid f : \mathbb{R} \to [-5, 5]$ 는 미분가능한 함수$\}$

풀이 (1) (i) 임의의 $f, g, h \in G$에 대하여 $f + (g + h) = (f + g) + h$이다.

(ii) $\alpha : [1, 5] \to \mathbb{R}$ 를 영함수라고 놓으면 α는 연속함수이다. 따라서 $\alpha \in G$이고 임의의 원소 $f \in G$에 대하여 $f + \alpha = f = \alpha + f$이므로 α는 G의 항등원이다.

(iii) 임의의 $f \in G$에 대하여 $g : [1, 5] \to \mathbb{R}$ 를

$$g(x) = -f(x),\ x \in [1, 5]$$

로 정의하면 g는 연속함수이므로 $g \in G$이다. 또한 $f + g = \alpha = g + f$이므로 $g = -f$이다. 즉, g는 f의 역원이다.

그러므로 (i), (ii), (iii)에 의하여 G는 군이다.

또한 임의의 실수 a에 대하여 $f : [1, 5] \to \mathbb{R}$ 를 $f(x) = ax$로 정의하면 $f \in G$이므로 G의 위수는 무한이다.

(2) (i) 임의의 $f, g, h \in G$에 대하여 $f + (g + h) = (f + g) + h$이다.

(ii) $\beta : \mathbb{R} \to [-5, 5]$를 영함수라고 놓으면 β는 미분가능한 함수이다. 따라서 $\beta \in G$이고 임의의 원소 $f \in G$에 대하여 $f + \beta = f = \beta + f$이므로 β는 G의 항등원이다.

(iii) 임의의 $f \in G$에 대하여 $g : \mathbb{R} \to [-5, 5]$를

$$g(x) = -f(x), \quad x \in \mathbb{R}$$

로 정의하면 g는 미분가능한 함수이므로 $g \in G$이다. 또한 $f + g = \beta = g + f$이므로 $g = -f$이다. 즉, g는 f의 역원이다.

그러므로 (i), (ii), (iii)에 의하여 G는 군이다.

또한 임의의 실수 $a \in [-5, 5]$에 대하여 $f : \mathbb{R} \to [-5, 5]$를 $f(x) = a$로 정의하면

$f \in G$이므로 G의 위수는 무한이다.

3. 집합 $G = \left\{ \begin{pmatrix} a & a \\ a & a \end{pmatrix} \mid a \in \mathbb{C}, a \neq 0 \right\}$가 덧셈연산과 곱셈연산에 대하여 각각 군이 되는지를 판정하고 이를 증명하시오.

풀이 (1) G는 덧셈연산에 대하여 군이 아니다.

증명 만일 $B = \begin{pmatrix} b & b \\ b & b \end{pmatrix} \in G$가 G의 항등원이라면 임의의 원소 $A = \begin{pmatrix} a & a \\ a & a \end{pmatrix} \in G$에 대하여 $A + B = A$이다. 따라서 $a + b = a$이고 $b = 0$이다. 이는 $B \in G$라는 가정에 모순이므로 G의 항등원은 존재하지 않는다. 그러므로 G는 군이 아니다.

(2) G는 곱셈연산에 대하여 군이다.

증명 (i) G가 곱셈연산에 대하여 결합법칙이 성립함은 명백하다.

(ii) 임의의 원소 $A = \begin{pmatrix} a & a \\ a & a \end{pmatrix} \in G$에 대하여 원소 $I = \begin{pmatrix} \frac{1}{2} & \frac{1}{2} \\ \frac{1}{2} & \frac{1}{2} \end{pmatrix} \in G$가 존재하여 $AI = A = IA$이므로 I는 G의 항등원이다.

(iii) 임의의 원소 $A = \begin{pmatrix} a & a \\ a & a \end{pmatrix} \in G$에 대하여 $B = \begin{pmatrix} \frac{1}{4a} & \frac{1}{4a} \\ \frac{1}{4a} & \frac{1}{4a} \end{pmatrix} \in G$이고 $AB = I = BA$이므로 $B = A^{-1}$이다.

그러므로 (i), (ii), (iii)에 의하여 G는 곱셈연산에 대하여 군이다.

4. 군 $\mathbb{Z}_{14} = \{0, 1, 2, \cdots, 13\}$에 속하는 원소 6의 위수를 구하시오.

풀이 우선 $7 \times 6 = 0$이다. 만일 $t < 7$인 자연수 t에 대하여 $t \times 6 = 0$이라면 $6t$는 14의 배수이다. 따라서 $6t = 14m$인 정수 m이 존재하므로 $3t = 7m$인 정수 m이 존재한다. 즉, t는 7의 배수이다. 그런데 $t < 7$이므로 이는 모순이다. 결과적으로 $\min\{t \in \mathbb{N} \mid t \times 6 = 0\} = 7$이므로 6의 위수는 7이다.

5. 군 $\mathbb{Z}_5 \times \mathbb{Z}_3$에 속하는 원소 $(3, 2)$의 위수를 구하시오.

풀이 우선 $15 \times (3, 2) = (45, 30) = (0, 0)$이다. 만일 $t < 15$인 자연수 t에 대하여

$t \times (3,2) = (0,0)$이라면 $3t$는 5의 배수이고 $2t$는 3의 배수이다. 따라서 $3t = 5m$이고 $2t = 3n$인 정수 m과 n이 존재한다. 따라서 t는 5의 배수이고 동시에 3의 배수이다. 즉 t는 15의 배수이다. 그런데 $t < 15$이므로 이는 모순이다. 결과적으로 $\min\{t \in \mathbb{N} \mid t \times (3,2) = (0,0)\} = 15$이므로 $(3,2)$의 위수는 15이다.

6. 군 G에 속한 두 원소 a와 b에 대한 다음 명제의 참 또는 거짓을 판정하고 이를 증명하시오.

"a와 b의 위수가 각각 m과 n일 때 ab의 위수는 mn이다."

풀이 거짓.

증명 군 $G = \mathbb{Z}_6$에 속한 두 원소 1과 2의 위수는 각각 6과 3이다. 그런데 $1+2$의 위수는 2이므로 주어진 명제는 거짓이다.

7. 군 G에 속하는 원소 a의 위수가 n일 때 a^{-1}의 위수를 구하시오.

풀이 a^{-1}의 위수를 m이라고 가정하자. 그러면 $(a^{-1})^n = (a^n)^{-1} = e^{-1} = e$이므로 $m \leq n$이다. 또한 $a^{-m} = (a^{-1})^m = e$이므로 $a^m = (a^{-m})^{-1} = e^{-1} = e$이다. 따라서 $n \leq m$이다. 그러므로 $n = m$이다.

8. 군 G에 속하는 원소 $a_1, a_2, \cdots, a_n$에 대하여 $(a_1 a_2 \cdots a_n)^{-1}$을 구하시오.

풀이 $(a_1 a_2 \cdots a_n)^{-1} = a_n^{-1} a_{n-1}^{-1} \cdots a_1^{-1}$임을 n에 대한 수학적 귀납법을 이용하여 증명하기로 한다.

(i) $n = 1$이면 주어진 등식이 성립한다.

(ii) $n = k$일 때 주어진 등식이 성립한다고 가정하자. 즉, $(a_1 a_2 \cdots a_k)^{-1} = a_k^{-1} a_{k-1}^{-1} \cdots a_1^{-1}$이 성립한다고 가정하자.

(iii) $n = k+1$인 경우 $(a_1 a_2 \cdots a_{k+1})^{-1} = a_{k+1}^{-1}(a_1 a_2 \cdots a_k)^{-1}$이고 수학적 귀납법의 가정에 의하여 $(a_1 a_2 \cdots a_k)^{-1} = a_k^{-1} a_{k-1}^{-1} \cdots a_1^{-1}$이므로

$$(a_1 a_2 \cdots a_{k+1})^{-1} = a_{k+1}^{-1}(a_1 a_2 \cdots a_k)^{-1} = a_{k+1}^{-1} a_k^{-1} a_{k-1}^{-1} \cdots a_1^{-1}$$

이다.

그러므로 $(a_1 a_2 \cdots a_n)^{-1} = a_n^{-1} a_{n-1}^{-1} \cdots a_n^{-1}$이 성립한다.

9. 군 G에 속하는 임의의 원소 a, b에 대하여 $(ab)^2 = a^2b^2$일 때 G가 아벨군이 되는지 판정하고 이를 증명하시오.

풀이 G는 아벨군이다.

증명 임의의 원소 $a, b \in G$에 대하여 $(ab)^2 = a^2b^2$이므로 $abab = aabb$이다. 따라서

$$a^{-1}ababb^{-1} = a^{-1}aabbb^{-1}$$

이므로 $ba = ab$이다. 그러므로 G는 아벨군이다.

CHAPTER 2 ❙ 부분군(Subgroups)

1. 다음에 주어진 군의 부분군을 모두 구하시오.

(1) $\mathbb{Z}_{10}$ (2) $\mathbb{Z}_p$ (p는 소수)

(3) $\mathbb{Z}_{10} \times \mathbb{Z}_p$ (p는 소수)

풀이 (1) 만일 H가 $\mathbb{Z}_{10}$의 부분군이고 $H \neq \{0\}$이라면 적당한 원소 $n \neq 0 \in H$이 존재한다. H는 연산에 대하여 닫혀있으므로

(i) $n \in \{1, 3, 7, 9\}$이면 $H = \mathbb{Z}_{10}$이다.

(ii) $n \in \{2, 4, 6, 8\}$이면 $H = \{0, 2, 4, 6, 8\}$ 또는 $H = \mathbb{Z}_{10}$이다.

(iii) $n = 5$이면 $H = \{0, 5\}$ 또는 $H = \mathbb{Z}_{10}$이다.

결과적으로 $\mathbb{Z}_{10}$의 부분군은 모두

$$\{0\},\ \{0, 5\},\ \{0, 2, 4, 6, 8\},\ \mathbb{Z}_{10}$$

이다.

(2) 만일 H가 $\mathbb{Z}_p$의 부분군이고 $H \neq \{0\}$이라면 적당한 원소 $n \neq 0 \in H$이 존재한다. 그런데 $\gcd(n, p) = 1$이므로 $ns + pt = 1$인 정수 s와 t가 존재한다. 따라서

$$ns = 1,\ n(2s) = 2,\ n(3s) = 3,\ \cdots\ ,\ n(p-1)s = p-1,\ n(ps) = 0$$

이다. 그런데 H는 연산에 대하여 닫혀있으므로

$$1, 2, 3, \cdots, p-1, p, 0 \in H$$

이다. 그러므로 $H = \mathbb{Z}_p$이다.

결과적으로 $\mathbb{Z}_p$의 부분군은 모두 $\{0\}$, $\mathbb{Z}_p$ 뿐이다.

(3) $H_1 \times H_2$가 $\mathbb{Z}_{10} \times \mathbb{Z}_p$의 부분군이면 H_1은 $\mathbb{Z}_{10}$의 부분군이고 동시에 H_2는 $\mathbb{Z}_p$의 부분군이다. 그런데 $\mathbb{Z}_{10}$의 부분군은 모두

$$\{0\},\ \{0, 5\},\ \{0, 2, 4, 6, 8\},\ \mathbb{Z}_{10}$$

이고 $\mathbb{Z}_p$의 부분군은 모두

$$\{0\}, \quad \mathbb{Z}_p$$

이다. 결과적으로 $\mathbb{Z}_{10} \times \mathbb{Z}_p$의 부분군은 모두 다음과 같다.

$$\{0\}\times\{0\},\ \{0,5\}\times\{0\},\ \{0,2,4,6,8\}\times\{0\},\ \mathbb{Z}_{10}\times\{0\}$$
$$\{0\}\times\mathbb{Z}_p,\ \{0,5\}\times\mathbb{Z}_p,\ \{0,2,4,6,8\}\times\mathbb{Z}_p,\ \mathbb{Z}_{10}\times\mathbb{Z}_p$$

2. 군 $6\mathbb{Z} = \{6n \mid n \in \mathbb{Z}\}$는 덧셈연산에 대하여 군 $2\mathbb{Z}$의 부분군이 되는지 판정하고 이를 증명하시오.

풀이 $6\mathbb{Z}$는 $2\mathbb{Z}$의 부분군이다.

증명 $6\mathbb{Z}$는 $2\mathbb{Z}$의 부분집합이고 임의의 원소 $6m, 6n \in 6\mathbb{Z}$에 대하여

$$6m + (-6n) = 6(m-n) \in 6\mathbb{Z}$$

이므로 $6\mathbb{Z}$는 $2\mathbb{Z}$의 부분군이다.

3. 정수 m에 대하여 $m\mathbb{Z}$는 덧셈연산에 대하여 군 $\mathbb{Z}$의 부분군이 되는지 판정하고 이를 증명하시오.

풀이 $m\mathbb{Z}$는 $\mathbb{Z}$의 부분집합이고 임의의 원소 $ms, mt \in m\mathbb{Z}$에 대하여

$$ms + (-mt) = m(s-t) \in m\mathbb{Z}$$

이므로 $m\mathbb{Z}$는 덧셈연산에 대하여 군 $\mathbb{Z}$의 부분군이다.

4. 군 $H = \{f \mid f : (2,7) \to \mathbb{R}$ 는 미분가능한 함수$\}$는 함수의 덧셈연산에 대하여 군 $G = \{f \mid f : \mathbb{R} \to \mathbb{R}$ 는 연속함수$\}$의 부분군이 되는지 판정하고 이를 증명하시오.

풀이 H는 G의 부분군이 아니다.

증명 H와 G는 각각 군이지만 H는 G의 부분집합이 아니므로 H는 G의 부분군이 될 수 없다.

5. 군 G_1과 G_2에 대하여 H_1이 G_1의 부분군이라 할 때 $H_1 \times G_2$는 $G_1 \times G_2$의 부분군이 되는지 판정하고 이를 증명하시오.

풀이 $H_1 \times G_2$는 $G_1 \times G_2$의 부분군이다.

증명 $H_1 \times G_2$는 $G_1 \times G_2$의 부분집합이고 임의의 원소 $(a, b), (c, d) \in H_1 \times G_2$에 대하여 $ac^{-1} \in H_1$이고 $bd^{-1} \in G_2$이므로

$$(a, b)(c, d)^{-1} = (a, b)(c^{-1}, d^{-1}) = (ac^{-1}, bd^{-1}) \in H_1 \times G_2$$

이다. 따라서 $H_1 \times G_2$는 $G_1 \times G_2$의 부분군이다.

6. $M_{m \times n}(12\mathbb{Z})$는 행렬의 덧셈연산에 대하여 $M_{m \times n}(\mathbb{R})$의 부분군이 되는지 판정하고 이를 증명하시오.

풀이 $M_{m \times n}(12\mathbb{Z})$는 $M_{m \times n}(\mathbb{R})$의 부분군이다.

증명 $M_{m \times n}(12\mathbb{Z})$는 $M_{m \times n}(\mathbb{R})$의 부분집합이고 임의의 행렬 $A, B \in M_{m \times n}(12\mathbb{Z})$에 대하여 $A + (-B) \in M_{m \times n}(12\mathbb{Z})$이므로 $M_{m \times n}(12\mathbb{Z})$는 행렬의 덧셈연산에 대하여 $M_{m \times n}(\mathbb{R})$의 부분군이 된다.

7. $H = \left\{ \begin{pmatrix} a & 0 \\ b & c \end{pmatrix} \mid a, b, c \in \mathbb{Q} \right\}$는 행렬의 덧셈연산에 대하여 $M_{2 \times 2}(\mathbb{R})$의 부분군이 되는지 판정하고 이를 증명하시오.

풀이 H는 $M_{2 \times 2}(\mathbb{R})$의 부분군이다.

증명 H는 $M_{2 \times 2}(\mathbb{R})$의 부분집합이고 임의의 행렬 $A, B \in H$에 대하여 $A + (-B) \in H$이므로 H는 행렬의 덧셈연산에 대하여 $M_{2 \times 2}(\mathbb{R})$의 부분군이 된다.

8. 다음에 주어진 군 G에 대하여 $Z(G)$를 구하시오.

(1) $G = \mathbb{R} \times \mathbb{Z}$　　　　(2) $G = \mathbb{Z}_{12} \times A_3$

풀이 (1) 군 $G = \mathbb{R} \times \mathbb{Z}$는 아벨군이므로

$$Z(G) = G$$

(2) 군 $G = \mathbb{Z}_{12} \times A_3$는 아벨군이므로

$$Z(G) = G$$

9. 군 $G = \mathbb{Z}_{21} \times \mathbb{Z}_{12}$와 원소 $(1,2) \in G$에 대하여 $C((1,2))$를 구하시오.

풀이 군 G는 아벨군이므로

$$C((1,2)) = \{(a,b) \in G \mid (1,2) + (a,b) = (a,b) + (1,2)\} = G$$

10. 군 G에 속하는 임의의 원소 a에 대하여 $C(a) = C(a^{-1})$가 성립하는지 판정하고 이를 증명하시오.

풀이 $C(a) = C(a^{-1})$이다.

증명 만일 $b \in C(a)$이라고 가정하면 $ab = ba$이므로 $ba^{-1} = a^{-1}b$이다. 따라서 $b \in C(a^{-1})$이므로

$$C(a) \subset C(a^{-1})$$

이다. 또한

$$C(a^{-1}) \subset C((a^{-1})^{-1}) = C(a)$$

이므로 결과적으로 $C(a) = C(a^{-1})$이다.

11. 군 $G = \mathbb{Z}_7 \times \mathbb{Z}_{14}$와 G의 부분군 $H = \mathbb{Z}_7 \times \{0\}$에 대하여 $C(H)$를 구하시오.

풀이 군 G는 아벨군이므로

$$C(H) = \{a \in G \mid \text{모든 원소 } h \in H\text{에 대하여 } ah = ha\} = G$$

CHAPTER 3 ❙ 순환군(Cyclic groups)

1. 다음에 주어진 군이 순환군이 되는지 판정하고 이를 증명하시오.

(1) $\mathbb{Q}$　　(2) $7\mathbb{Z}$

(3) $\mathbb{Z}_{22}$　　(4) $\mathbb{Z}_5 \times \mathbb{Z}_{10}$

(5) $\mathbb{Z}_5 \times \mathbb{Z}_{11}$

풀이 (1) $\mathbb{Q}$는 순환군이 아니다.

증명 만일 $\mathbb{Q}$가 순환군이면 적당한 원소 $a \neq 0$가 존재하여 $\mathbb{Q} = \langle a \rangle$이다. 그런데 $\frac{a}{2} \in \mathbb{Q}$이므로 $\frac{a}{2} = na$인 정수 n이 존재한다. 따라서 $n = \frac{1}{2}$이고 n은 정수가 아니므로 모순을 얻는다. 그러므로 $\mathbb{Q}$는 순환군이 될 수 없다.

(2) $7\mathbb{Z}$는 순환군이다.

증명 $7\mathbb{Z}$에 속하는 임의의 원소를 t라고 놓으면 $t = 7n$인 적당한 정수 n이 존재한다. 따라서 $t \in \langle 7 \rangle$이므로 $7\mathbb{Z} \subset \langle 7 \rangle$이다. 한편 $7\mathbb{Z} \supset \langle 7 \rangle$는 명백하므로 $7\mathbb{Z} = \langle 7 \rangle$이다. 즉, $7\mathbb{Z}$는 순환군이다.

(3) $\mathbb{Z}_{22}$는 순환군이다.

증명 $\mathbb{Z}_{22} = \langle 1 \rangle$이므로 $\mathbb{Z}_{22}$는 순환군이다.

(4) $\mathbb{Z}_5 \times \mathbb{Z}_{10}$는 순환군이 아니다.

증명 $\mathbb{Z}_5 \times \mathbb{Z}_{10}$이 순환군이 되기 위한 필요충분조건은 $\gcd(5, 10) = 1$이다. 그런데 $\gcd(5, 10) = 5 \neq 1$이므로 $\mathbb{Z}_5 \times \mathbb{Z}_{10}$은 순환군이 아니다.

(5) $\mathbb{Z}_5 \times \mathbb{Z}_{11}$는 순환군이다.

증명 $\mathbb{Z}_5 \times \mathbb{Z}_{11}$이 순환군이 되기 위한 필요충분조건은 $\gcd(5, 11) = 1$이다. 그런데 $\gcd(5, 11) = 1$이므로 $\mathbb{Z}_5 \times \mathbb{Z}_{11}$는 순환군이다.

2. 다음에 주어진 순환군의 생성원을 모두 구하시오.

(1) $12\mathbb{Z}$　　(2) $\mathbb{Z}_8$

(3) $\mathbb{Z}_2 \times \mathbb{Z}_5$　　(4) $\mathbb{Z}_2 \times \mathbb{Z}_4 \times \mathbb{Z}_9$

풀이 (1) 원소 $a \in 12\mathbb{Z}$가 군 $12\mathbb{Z}$의 생성원이라고 가정하자. $12\mathbb{Z}$에 속하는 임의의 원소를 b라고 놓으면 적당한 정수 m이 존재하여 $b=12m$이다. 따라서 $12m=na$인 정수 n이 존재한다. 그런데 $a=12t$인 정수 t가 존재하므로 $12m=12nt$이다. 그러므로 $m=nt$이다. 만일 $b=12$이면 $m=1$이므로 $nt=1$이다. 즉, $t=1$ 또는 $t=-1$이다. 그러므로 군 $12\mathbb{Z}$의 생성원은 a는 다음과 같다.

$$a=12, \qquad a=-12$$

(2) 원소 $t \in \mathbb{Z}_8$가 군 $\mathbb{Z}_8$의 생성원이라면 t의 위수는 8이어야한다. 그런데 $|t|=\dfrac{8}{\gcd(t,8)}$이므로 $\gcd(t,8)=1$이다. 따라서 군 $\mathbb{Z}_8$의 생성원 t는 다음과 같다.

$$t=1, \qquad t=3, \qquad t=5, \qquad t=7$$

(3) 원소 $(m,n) \in \mathbb{Z}_2 \times \mathbb{Z}_5$가 군 $\mathbb{Z}_2 \times \mathbb{Z}_5$의 생성원이라고 가정하자. m의 위수를 s, n의 위수를 t라고 하면 원소 (m,n)의 위수는 $\mathrm{lcm}(s,t)$이고 군 $\mathbb{Z}_2 \times \mathbb{Z}_5$의 위수는 10이므로 $\mathrm{lcm}(s,t)=10$이다. 그런데 s는 2의 약수이고 t는 5의 약수이므로 $s=2$이고 $t=5$이다. 즉, $m \in \mathbb{Z}_2$은 위수가 2인 원소이고 $n \in \mathbb{Z}_5$는 위수가 5인 원소이다. 따라서

$$m=1,\ n=1 \text{ 또는 } n=2 \text{ 또는 } n=3 \text{ 또는 } n=4$$

이다. 결과적으로 군 $\mathbb{Z}_2 \times \mathbb{Z}_5$의 생성원 (m,n)은 다음과 같다.

$$(m,n)=(1,1), \quad (m,n)=(1,2), \quad (m,n)=(1,3), \quad (m,n)=(1,4)$$

(4) 원소 $(m,n,\ell) \in \mathbb{Z}_2 \times \mathbb{Z}_4 \times \mathbb{Z}_9$가 군 $\mathbb{Z}_2 \times \mathbb{Z}_4 \times \mathbb{Z}_9$의 생성원이라고 가정하자. m의 위수를 s, n의 위수를 t, ℓ의 위수를 k라고 하면 원소 (m,n,ℓ)의 위수는 $\mathrm{lcm}(s,t,k)$이고 군 $\mathbb{Z}_2 \times \mathbb{Z}_4 \times \mathbb{Z}_9$의 위수는 72이므로 $\mathrm{lcm}(s,t,k)=72$이다. 그런데 s는 2의 약수이고 t는 4의 약수이고 k는 9의 약수이므로

$$s=2, \qquad t=4, \qquad k=9$$

이다. 그러므로 m, n, ℓ은 각각 다음과 같다.

$$m=1$$
$$n=1,\ n=3$$

$$\ell=1,\quad \ell=2,\quad \ell=4,\quad \ell=5,\quad \ell=7,\quad \ell=8$$

결과적으로 군 $\mathbb{Z}_2\times\mathbb{Z}_4\times\mathbb{Z}_9$의 생성원 (m,n,ℓ)은 다음과 같다.

$$\begin{aligned}&(m,n,\ell)=(1,1,1),\quad (m,n,\ell)=(1,1,2),\quad (m,n,\ell)=(1,1,4),\\&(m,n,\ell)=(1,1,5),\quad (m,n,\ell)=(1,1,7),\quad (m,n,\ell)=(1,1,8),\\&(m,n,\ell)=(1,3,1),\quad (m,n,\ell)=(1,3,2),\quad (m,n,\ell)=(1,3,4),\\&(m,n,\ell)=(1,3,5),\quad (m,n,\ell)=(1,3,7),\quad (m,n,\ell)=(1,3,8)\end{aligned}$$

3. 다음에 주어진 순환군에 속하는 원소 a의 위수를 구하시오.

(1) $24\mathbb{Z}$, $a=48$ (2) $\mathbb{Z}_{24}$, $a=4$

(3) $\mathbb{Z}_2\times\mathbb{Z}_{11}$, $a=(1,3)$

풀이 (1) $na=48n=0$을 만족시키는 양의 정수 n이 존재하지 않으므로 $a=48$의 위수는 무한이다.

(2) $na=4n=0$을 만족시키는 가장 작은 양의 정수는 $n=6$이므로 $a=4$의 위수는 6이다.

(3) $1\in\mathbb{Z}_2$의 위수는 2이고 $3\in\mathbb{Z}_{11}$의 위수는 11이므로 $a=(1,3)$의 위수는 $\mathrm{lcm}(2,11)=22$이다.

4. 군 G가 순환군이고 $G=\langle a\rangle$일 때 $G=\langle a^{-1}\rangle$인지 판정하고 이를 증명하시오.

풀이 $G=\langle a^{-1}\rangle$이다.

증명 임의의 원소 $b\in\langle a\rangle$에 대하여 $b=a^n$인 정수 n이 존재하므로 $b=(a^{-1})^{-n}$이다. 따라서 $b\in\langle a^{-1}\rangle$이므로 $\langle a\rangle\subset\langle a^{-1}\rangle$이다. 또한

$$\langle a^{-1}\rangle\subset\langle (a^{-1})^{-1}\rangle=\langle a\rangle$$

이므로 결과적으로 $G=\langle a\rangle=\langle a^{-1}\rangle$이다.

5. 다음에 주어진 순환군의 부분군을 모두 구하시오.

(1) $\mathbb{Z}_8$ (2) $\mathbb{Z}_{27}$

(3) $\mathbb{Z}_7\times\mathbb{Z}_8$

풀이 (1) H가 군 $\mathbb{Z}_8$의 부분군이면 H의 위수는 1 또는 2 또는 4 또는 8이다.

(i) $|H|=1$인 경우에는 $H=\{0\}$이다.

(ii) $|H|=2$인 경우에는 $H=\{0,4\}$이다.

(iii) $|H|=4$인 경우에는 $H=\{0,2,4,6\}$이다.

(iv) $|H|=8$인 경우에는 $H=\mathbb{Z}_8$이다.

(2) H가 군 $\mathbb{Z}_{27}$의 부분군이면 H의 위수는 1 또는 3 또는 9 또는 27이다.

(i) $|H|=1$인 경우에는 $H=\{0\}$이다.

(ii) $|H|=3$인 경우에는 $H=\{0,9,18\}$이다.

(iii) $|H|=9$인 경우에는 $H=\{0,3,6,9,12,15,18,21,24\}$이다.

(iv) $|H|=27$인 경우에는 $H=\mathbb{Z}_{27}$이다.

(3) H가 군 $\mathbb{Z}_7\times\mathbb{Z}_8$의 부분군이면 $\mathbb{Z}_7$의 부분군 H_1과 $\mathbb{Z}_8$의 부분군 H_2에 대하여 $H=H_1\times H_2$이다. 그런데

$$H_1=\{0\} \text{ 또는 } H_1=\mathbb{Z}_7$$

이고

$$H_2=\{0\} \text{ 또는 } H_2=\{0,4\} \text{ 또는 } H_2=\{0,2,4,6\} \text{ 또는 } H_2=\mathbb{Z}_8$$

이다. 그러므로 군 $\mathbb{Z}_7\times\mathbb{Z}_8$의 부분군은 모두 다음과 같다.

$H=\{0\}\times\{0\}$, $H=\{0\}\times\{0,4\}$, $H=\{0\}\times\{0,2,4,6\}$, $H=\{0\}\times\mathbb{Z}_8$
$H=\mathbb{Z}_7\times\{0\}$, $H=\mathbb{Z}_7\times\{0,4\}$, $H=\mathbb{Z}_7\times\{0,2,4,6\}$, $H=\mathbb{Z}_7\times\mathbb{Z}_8$

6. H와 K가 순환군 G의 부분군이면 $H\cap K$가 순환군이 되는지 판정하고 이를 증명하시오.

풀이 $H\cap K$는 순환군이다.

증명 $H\cap K$는 G의 부분군이고 순환군의 부분군은 순환군이므로 $H\cap K$는 순환군이다.

7. 소수 p에 대하여 군 $\mathbb{Z}_p$의 부분군을 모두 구하시오.

풀이 군 $\mathbb{Z}_p$가 순환군이므로 H를 군 G의 부분군이라고 놓으면 $|H|$는 p의 약수이다. 따라서

$$|H|=1 \text{ 또는 } |H|=p$$

이다. 만일 $|H|=1$이면 $H=\{0\}$이고 $|H|=p$이면 $H=\mathbb{Z}_p$이다. 즉, $\mathbb{Z}_p$의 부분군은 다음과 같이 모두 2가지이다.

$$\{0\}, \qquad \mathbb{Z}_p$$

8. 소수 p와 q에 대하여 군 $\mathbb{Z}_{pq}$의 부분군을 모두 구하시오.

풀이 군 $\mathbb{Z}_{pq}$가 순환군이므로 H를 군 $\mathbb{Z}_{pq}$의 부분군이라고 놓으면 $|H|$는 pq의 약수이다. 따라서

$$|H|=1 \text{ 또는 } |H|=p \text{ 또는 } |H|=q \text{ 또는 } |H|=pq$$

이다. 따라서 $\mathbb{Z}_{pq}$의 부분군은 다음과 같이 모두 4가지이다.

$$H=\{0\}, \quad H=\mathbb{Z}_p, \quad H=\mathbb{Z}_q, \quad H=\mathbb{Z}_{pq}$$

9. 군 G에 속하는 원소 a와 b에 대하여 $|a|=5$이고 $|b|=12$이라고 할 때 G의 부분군 $H=\langle a\rangle \cap \langle b\rangle$를 구하시오.

풀이 H는 $\langle a\rangle$의 부분군이고 동시에 $\langle b\rangle$의 부분군이다. 만일 H의 위수를 t라고 놓으면 t는 5의 약수이고 동시에 12의 약수이다. 따라서 $t=1$이므로 $H=\{e\}$이다.

10. 군 G에 속하는 원소 a, b, c에 대하여 $|a|=7$, $|b|=36$, $|c|=25$일 때 G의 부분군 $H=\langle a\rangle \cap \langle b\rangle \cap \langle c\rangle$를 구하시오.

풀이 H는 $\langle a\rangle$의 부분군이고 동시에 $\langle b\rangle$의 부분군이고 동시에 $\langle c\rangle$의 부분군이다. 따라서 H의 위수는 7의 약수이고 동시에 36의 약수이고 동시에 25의 약수이다. 그러므로 H의 위수는 1이다. 따라서 $H=\{e\}$이다.

11. 군 G에 속하는 원소 a에 대하여 $|a^7|=28$일 때 a의 위수를 구하시오.

풀이 a의 위수를 n이라 놓으면 $|a^7|=\dfrac{n}{\gcd(n,7)}=28$이므로 $n=28\times\gcd(n,7)$이다. 그런데 $\gcd(n,7)$은 7의 약수이므로 $\gcd(n,7)=1$ 또는 $\gcd(n,7)=7$이다.

(1) $\gcd(n,7)=1$이면 $n=28\times 1=28$이다. 그런데

$$\gcd(n,7)=\gcd(28,7)=7\neq 1$$

이므로 모순이다. 즉, $\gcd(n,7)\neq 1$이다.

(2) $\gcd(n,7)=7$이면 $n=28\times 7=196$이고 $\gcd(196,7)=7$이다.
결과적으로 $\gcd(n,7)=7$이고 이때 $n=196$이다.

12. 군 $\mathbb{Z}\times\mathbb{R}$가 순환군인지 판정하고 이를 증명하시오.

풀이 $\mathbb{Z}\times\mathbb{R}$는 순환군이 아니다.

증명 만일 $\mathbb{Z}\times\mathbb{R}$가 순환군이면 적당한 원소 $(m,a)\in\mathbb{Z}\times\mathbb{R}$가 존재하여 $\mathbb{Z}\times\mathbb{R}=\langle(m,a)\rangle$이다. 따라서 $(m+1,a)\in\langle(m,a)\rangle$이므로 $(m+1,a)=(km,ka)$인 정수 k가 존재한다. 즉,

$$m+1=km,\qquad a=ka$$

를 만족하는 정수 k가 존재한다. 한편 $a\neq 0$이므로 $a=ka$으로부터 $k=1$이고 식 $m+1=km$에 대입하면 $m+1=m$을 얻는다. 그런데 이는 모순이므로 $\mathbb{Z}\times\mathbb{R}$는 순환군이 될 수 없다.

CHAPTER 4 ❙ 치환군(Permutation groups)

1. 치환 $(2\,3\,4\,1\,5) \in S_7$을 4개의 2-cycle의 곱으로 나타내시오.

풀이 $(2\,3\,4\,1\,5) = (2\,5)(2\,1)(2\,4)(2\,3)$

2. 다음에 주어진 치환을 서로소인 치환의 곱으로 나타내고 위수를 구하시오.

(1) $(2\,3\,5\,1)(1\,3\,4) \in S_5$　　　　(2) $(1\,8\,3\,6\,9\,2)(5\,1\,2\,4\,6) \in S_9$

풀이 (1) $(2\,3\,5\,1)(1\,3\,4) = (1\,5)(2\,3\,4)$이고 $\{1, 5\} \cap \{2, 3, 4\} = \varnothing$ 이므로 $(1\,5)$와 $(2\,3\,4)$는 서로소이다.

한편 치환 (15)의 위수는 2이고 치환 (234)의 위수는 3이다. 그런데 $(1\,5)$와 $(2\,3\,4)$는 서로소인 치환이므로 $(2\,3\,5\,1)(1\,3\,4) = (1\,5)(2\,3\,4)$의 위수는 $\mathrm{lcm}(2, 3) = 6$이다.

(2) $(1\,8\,3\,6\,9\,2)(5\,1\,2\,4\,6) = (2\,4\,9)(3\,6\,5\,8)$이고 $\{2, 4, 9\} \cap \{3, 6, 5, 8\} = \varnothing$ 이므로 $(2\,4\,9)$와 $(3\,6\,5\,8)$은 서로소이다.

한편 치환 $(2\,4\,9)$의 위수는 3이고 치환 $(3\,6\,5\,8)$의 위수는 4이다. 그런데 $(2\,4\,9)$와 $(3\,6\,5\,8)$은 서로소인 치환이므로 $(1\,8\,3\,6\,9\,2)(5\,1\,2\,4\,6) = (2\,4\,9)(3\,6\,5\,8)$의 위수는 $\mathrm{lcm}(3, 4) = 12$이다.

3. 위수가 6인 정이면체군 D_3에 속하는 모든 원소들의 위수를 구하시오.

풀이 1_X의 위수는 1이다.

$\sigma^2 \neq 1_X$이고 $\sigma^3 = 1_X$이므로 σ의 위수는 3이다.

$(\sigma^2)^2 = \sigma \neq 1_X$이고 $(\sigma^2)^3 = 1_X$이므로 σ^2의 위수는 3이다.

또한 $\tau_1^2 = \tau_2^2 = \tau_3^2 = 1_X$이므로 τ_1, τ_2, τ_3의 위수는 모두 2이다.

4. 위수가 6인 정이면체군 D_3에 속하는 부분군을 모두 구하시오.

풀이 D_3의 부분군은 모두 다음과 같이 6개 존재한다.

$$D_3,\ \{1_X\},\ \{1_X, \sigma, \sigma^2\},\ \{1_X, \tau_1\},\ \{1_X, \tau_2\},\ \{1_X, \tau_3\}$$

5. 치환 $f=(1\,3\,5\,4\,2)\in S_5$와 5-cycle $g\in S_5$에 대하여 $f=g^2$라고 가정할 때 치환 g를 구하시오.

풀이 $f=(1\,3\,5\,4\,2)$이므로

$$f(1)=3,\quad f(2)=1,\quad f(3)=5,\quad f(4)=2,\quad f(5)=4$$

이다. 한편, $g=(a_1a_2a_3a_4a_5)$라고 놓으면

$$g(a_1)=a_2,\quad g(a_2)=a_3,\quad g(a_3)=a_4,\quad g(a_4)=a_5,\quad g(a_5)=a_1$$

이다. 따라서

$$g^2(a_1)=a_3,\quad g^2(a_2)=a_4,\quad g^2(a_3)=a_5,\quad g^2(a_4)=a_1,\quad g^2(a_5)=a_2$$

이므로 $g^2=(a_1a_3a_5a_2a_4)$이다. 그런데 조건에 의하여 $f=g^2$이므로

$$a_1=1,\quad a_2=4,\quad a_3=3,\quad a_4=2,\quad a_5=5$$

로 놓을 수 있다. 그러므로 결과적으로 $g=(1\,4\,3\,2\,5)$이다.

6. 치환 $f=(1\,2\,4\,3)\in S_4$에 대하여 $f=g^2$를 만족시키는 치환 $g\in S_4$가 존재하는지 판정하고 이를 증명하시오.

풀이 $f=g^2$를 만족시키는 치환 $g\in S_4$는 존재하지 않는다.

증명 $f=g^2$를 만족시키는 치환 $g\in S_4$가 존재한다고 가정하자. 치환 $g\in S_4$는 적당한 $a_1, a_2, a_3, a_4\in\{1,2,3,4\}$에 대하여 다음과 같이 4가지 경우로 나타낼 수 있다.

$$g=(a_1a_2a_3a_4),\quad g=(a_1a_2)(a_3a_4),\quad g=(a_1a_2a_3),\quad g=(a_1a_2).$$

각각의 경우에 다음과 같이 증명한다.

(i) $g=(a_1a_2a_3a_4)$일 때:

$$g(a_1)=a_2,\quad g(a_2)=a_3,\quad g(a_3)=a_4,\quad g(a_4)=a_1$$

이고

$$g^2(a_1)=a_3,\quad g^2(a_2)=a_4,\quad g^2(a_3)=a_1,\quad g^2(a_4)=a_2$$

이므로 $g^2=(a_1a_3)(a_2a_4)$이다. 가정에 의하여 $f=g^2$이므로

$$(1\,2\,4\,3)=(a_1a_3)(a_2a_4)$$

이다. 그런데 $(1\,2\,4\,3)$의 위수는 4이고 $(a_1a_3)(a_2a_4)$의 위수는 2이므로 모순을 얻는다.

(ii) $g=(a_1a_2)(a_3a_4)$일 때:

$$g^2(a_1)=a_1,\quad g^2(a_2)=a_2,\quad g^2(a_3)=a_3,\quad g^2(a_4)=a_4$$

이므로 g^2는 항등사상이다. 따라서 가정에 의하여 $f=g^2$이므로 f는 항등사상이다. 그런데 f는 항등사상이 아니므로 모순을 얻는다.

(iii) $g=(a_1a_2a_3)$일 때:

$$g^2(a_1)=a_3,\quad g^2(a_2)=a_1,\quad g^2(a_3)=a_2,\quad g^2(a_4)=a_4$$

이므로 $g^2=(a_1a_3a_2)$이다. 따라서 가정에 의하여 $f=g^2$이므로 $(1\,2\,4\,3)=(a_1a_3a_2)$이다. 그런데 $(1\,2\,4\,3)$의 위수는 4이고 $(a_1a_3a_2)$의 위수는 3이므로 모순을 얻는다.

(iv) $g=(a_1a_2)$일 때:

$$g^2(a_1)=a_1,\quad g^2(a_2)=a_2,\quad g^2(a_3)=a_3,\quad g^2(a_4)=a_4$$

이므로 g^2는 항등사상이다. 따라서 가정에 의하여 $f=g^2$이므로 f는 항등사상이다. 그런데 f는 항등사상이 아니므로 모순을 얻는다.

(i), (ii), (iii), (iv)의 결과로부터 $f=g^2$를 만족시키는 치환 $g\in S_4$가 존재하지 않는다는 것을 알 수 있다.

7. 집합 $X=\{a_1, a_2, \cdots, a_n\}$의 치환군에 속하는 치환 f에 대하여 다음 명제의 참, 거짓을 판정하고 이를 증명하시오.

"f가 $m-$cycle이면 f^2는 $m-$cycle이다."

풀이 거짓.

증명 간단한 반례를 들어보면 다음과 같다.

$f=(1\,2)\in S_3$는 2-cycle이지만 $f^2=1_{S_3}$는 2-cycle이 아니다.

일반적으로 이 명제가 거짓임을 다음과 같이 증명할 수 있다.
f가 $m-$cycle이면 적당한 $b_1, b_2, \cdots, b_m$이 존재하여 $f=(b_1 b_2 \cdots b_{m-1} b_m)$이다. 그러므로

$$f(b_i)=\begin{cases} b_{i+1} & ,1\le i\le m-1 \\ b_1 & ,i=m \end{cases}$$

이다. 따라서

$$f^2(b_1)=b_3,\ f^2(b_3)=b_5,\ \cdots,\ f^2(b_{m-1})=b_1$$

이고

$$f^2(b_2)=b_4, f^2(b_4)=b_6,\ \cdots,\ f^2(b_{m-2})=b_m,\ f^2(b_m)=b_2$$

이므로

$$f^2=(b_1 b_3 \cdots b_{m-1})(b_2 b_4 \cdots b_m)$$

이다. 그러므로 f^2는 $m-$cycle이 아니다.

8. 치환 $f=(a_1 a_2 \cdots a_n)\in S_n$에 대하여 f^{-1}를 구하시오.

풀이 $f=(a_1 a_2 \cdots a_n)$이므로

$$f(a_i)=\begin{cases} a_{i+1} & ,1\le i\le n-1 \\ a_1 & ,i=n \end{cases}$$

따라서

$$f^{-1}(a_{i+1}) = \begin{cases} a_i & , 1 \le i \le n-1 \\ a_n & , i = 0 \end{cases}$$

이다. 그러므로 $f^{-1} = (a_1 a_n a_{n-1} \cdots a_2)$이다.

9. 5차의 대칭군 S_5와 교대군 A_5의 위수를 구하시오.

풀이 S_5의 위수는 $5! = 120$이고 A_5의 위수는 $\frac{5!}{2} = 60$이다.

10. 다음에 주어진 군이 순환군인지 판정하고 이를 증명하시오.

(1) A_4　　(2) $\mathbb{Z}_2 \times A_3$

(3) $\mathbb{Z}_2 \times S_3$

풀이 (1) A_4는 순환군이 아니다.

증명 A_4의 위수는 $\frac{4!}{2} = 12$이므로 A_4가 순환군이면 위수가 12인 원소 $f \in A_4$가 존재한다. 그런데 f는 우치환이므로 적당한 $a_i \in \{1, 2, 3, 4\}$에 대하여

$$f = (a_1 a_2 a_3) \text{ 또는 } f = (a_1 a_2)(a_3 a_4)$$

으로 나타낼 수 있다. 따라서 f의 위수는 3 또는 2이다. 이는 모순이므로 A_4는 순환군이 될 수 없다.

(3) $\mathbb{Z}_2 \times A_3$는 순환군이다.

증명 $\mathbb{Z}_2 \times A_3$의 위수는 6이다. 그런데 $1 \in \mathbb{Z}_2$의 위수는 2이고 $(123) \in A_3$의 위수는 3이므로 원소 $(1, (123))$의 위수는 $\mathrm{lcm}(2, 3) = 6$이다. 그러므로 $\mathbb{Z}_2 \times A_3$는 위수가 6인 원소 $(1, (123))$에 의하여 생성된다. 즉, $\mathbb{Z}_2 \times A_3 = \langle (1, (123)) \rangle$는 순환군이다.

(4) $\mathbb{Z}_2 \times S_3$는 순환군이 아니다.

증명 $\mathbb{Z}_2 \times S_3$은 위수가 12인 군이고 $\mathbb{Z}_2 \times S_3$이 순환군이라면 위수가 12인 원소 (a, f)가 존재한다. 만일 a의 위수를 n, f의 위수를 m이라고 놓으면 (a, f)의 위수는 $\mathrm{lcm}(n, m) = 12$이다. 그런데 $n \le 2$이고 $m \le 3$이므로 $\mathrm{lcm}(n, m) \ne 12$이다. 이는 모

순이므로 $\mathbb{Z}_2 \times S_3$는 순환군이 아니다.

11. 대칭군 S_9에 속하면서 위수가 10인 원소가 존재하는지 판정하고 이를 증명하시오.

풀이 S_9에 속하면서 위수가 10인 원소가 존재한다.

증명 S_9에 속하는 서로소인 두 치환 f와 g가 존재하여 f의 위수가 2이고 g의 위수가 5이면 fg의 위수는 $\text{lcm}(2,5)=10$이다. 따라서 $f=(12)$, $g=(34567)$이라 놓으면 fg의 위수는 10이다. 그러므로 원소 $(12)(34567) \in S_9$는 위수가 10인 원소이다.

12. 교대군 A_{10}에 속하는 두 개의 cycle f와 g에 대하여 다음 명제의 참 또는 거짓을 판정하고 이를 증명하시오.

"fg의 위수가 10인 서로소인 cycle f와 g가 존재한다."

풀이 거짓.

증명 A_{10}에 속하는 서로소인 cycle f와 g에 대하여 f의 위수를 n, g의 위수를 m이라 놓으면 fg의 위수는 $\text{lcm}(n,m)=10$이다. 따라서 다음 4가지의 경우를 생각할 수 있다.

(1) $n=1$이고 $m=10$　　　(2) $n=2$이고 $m=5$

(3) $n=10$이고 $m=1$　　　(4) $n=5$이고 $m=2$

각각의 경우를 살펴보면 다음과 같다.

(1) $n=1$이므로 f는 항등치환이다. 그런데 $m=10$이므로 g는 길이가 10인 cycle이다. 따라서 g는 기치환이므로 $g \notin A_{10}$이 되어 모순이다.

(2) $n=2$이면 f는 길이가 2인 cycle이므로 $f \notin A_{10}$이 되어 모순을 얻는다.

(3)과 (4)의 경우는 (1)과 (2)의 경우와 마찬가지 이유로 모순을 얻는다.

결과적으로 A_{10}에 속하는 서로소인 cycle f와 cycle g에 대하여 fg의 위수가 10인 경우는 존재하지 않는다.

13. 집합 $X=\{a_1, a_2, \cdots, a_n\}$의 치환군에 속하는 치환 f가 기치환이면 f^{-1}는 기치환인지 판정하고 이를 증명하시오.

풀이 f^{-1}는 기치환이다.

증명 치환 f가 기치환이므로 적당한 홀수 m과 적당한 $2-$cycle $f_1, f_2, \cdots, f_m$이 존재하여 $f=f_1 f_2 \cdots f_m$이다. 그런데 모든 i에 대하여 $f_i^{-1}=f_i$이므로

$$f^{-1}=f_m^{-1} f_{m-1}^{-1} \cdots f_1^{-1}=f_m f_{m-1} \cdots f_1$$

이고 f^{-1}는 홀수 m개의 $2-$cycle의 곱으로 나타내어진다. 그러므로 f^{-1}는 기치환이다.

14. 치환군 S_n에 대하여 집합 $G=\{f \in S_n \mid f \text{는 기치환}\}$가 함수의 합성 연산에 대하여 S_n의 부분군이 되는지 판정하고 이를 설명하시오.

풀이 G는 S_n의 부분군이 아니다.

증명 G에 속하는 기치환 f, g에 대하여 적당한 홀수 m과 n 그리고 적당한 $2-$cycle $f_1, f_2, \cdots, f_m$과 $g_1, g_2, \cdots, g_n$이 존재하여

$$f=f_1 f_2 \cdots f_m, \qquad g=g_1 g_2 \cdots g_n$$

이다. 따라서

$$fg=f_1 f_2 \cdots f_m g_1 g_2 \cdots g_n$$

이고 fg는 짝수 $m+n$개의 2-cycle $f_1, f_2, \cdots, f_m, g_1, g_2, \cdots, g_n$의 곱으로 나타내어지므로 fg는 우치환이다. 그러므로 $fg \notin G$이다. 즉, G는 연산에 대하여 닫혀있지 않으므로 G는 S_n의 부분군이 아니다.

CHAPTER 5 ❙ Lagrange 정리(Lagrange theorem)

1. 다음에 주어진 군 G와 부분군 H, 원소 $a \in G$에 대하여 H의 좌잉여류 aH와 우잉여류 Ha를 구하시오.

(1) $G = \mathbb{R},\ H = \mathbb{Z},\ a = \sqrt{3}$

(2) $G = \mathbb{Z}_{20},\ H = \langle 10 \rangle,\ a = 1$

(3) $G = \mathbb{Q}^*,\ H = \mathbb{Q}^+,\ a = 7$

(4) $G = S_{10},\ H = A_{10},\ a = (1\,2\,3\,4)$

(5) $G = GL_2(\mathbb{R}),\ H = SL_2(\mathbb{R}),\ a = \begin{pmatrix} 1 & 1 \\ 0 & 1 \end{pmatrix}$

풀이 (1) $a + H = \sqrt{3} + \mathbb{Z} = \{\sqrt{3} + n \mid n \in \mathbb{Z}\}$,

$H + a = \mathbb{Z} + \sqrt{3} = \{n + \sqrt{3} \mid n \in \mathbb{Z}\}$

(2) $a + H = a + \langle 10 \rangle = \{1 + m \mid m \in \langle 10 \rangle\}$,

$H + a = \langle 10 \rangle + a = \{m + 1 \mid m \in \langle 10 \rangle\}$

(3) $aH = 7\mathbb{Q}^+ = \{7t \mid t \in \mathbb{Q}^+\}$,

$Ha = \mathbb{Q}^+ 7 = \{7t \mid t \in \mathbb{Q}^+\}$

(4) $aH = (1\,2\,3\,4)A_{10} = \{(1\,2\,3\,4)f \mid f \in A_{10}\}$,

$Ha = A_{10}(1\,2\,3\,4) = \{f(1\,2\,3\,4) \mid f \in A_{10}\}$

(5) $aH = \begin{pmatrix} 1 & 1 \\ 0 & 1 \end{pmatrix} SL_2(\mathbb{R}) = \left\{ \begin{pmatrix} 1 & 1 \\ 0 & 1 \end{pmatrix} A \mid A \in SL_2(\mathbb{R}) \right\}$,

$Ha = SL_2(\mathbb{R}) \begin{pmatrix} 1 & 1 \\ 0 & 1 \end{pmatrix} = \left\{ A \begin{pmatrix} 1 & 1 \\ 0 & 1 \end{pmatrix} \mid A \in SL_2(\mathbb{R}) \right\}$

2. 대칭군 S_3의 부분군 $H = \{1_{S_3}, (2\,3)\}$에 대하여 원소 $(1\,2\,3) \in S_3$를 포함하는 H의 좌잉여류 $(1\,2\,3)H$와 대칭군 S_4의 부분군 $K = \{1_{S_3}, (2\,3)\}$에 대하여 원소 $(1\,2\,3) \in S_4$를 포함하는 K의 좌잉여류 $(1\,2\,3)K$를 구하시오.

풀이 $(1\,2\,3)H = \{(1\,2\,3)f \mid f \in H\} = \{(1\,2\,3), (1\,2\,3)(1\,2)\} = \{(1\,2\,3), (1\,3)\}$,

$(1\,2\,3)K = \{(1\,2\,3)f \mid f \in K\} = \{(1\,2\,3), (1\,2\,3)(1\,2)\} = \{(1\,2\,3), (1\,3)\}$

3. 다음에 주어진 군 G와 부분군 H에 대하여 지수 $|G:H|$를 구하시오.

(1) $G=\mathbb{Z}_{12}$, $H=\{0,6\}$　　(2) $G=\mathbb{Z}_{23}$, $H=\langle 2\rangle$

(3) $G=S_{12}$, $H=A_{12}$　　(4) $G=\mathbb{Q}^*$, $H=\mathbb{Q}^+$

풀이 (1) $|G|=|\mathbb{Z}_{12}|=12$이고 $|H|=2$이므로 $|G:H|=\dfrac{|G|}{|H|}=\dfrac{12}{2}=6$이다.

(2) $|G|=|\mathbb{Z}_{23}|=23$이고 $|H|=|G|=23$이므로 $|G:H|=\dfrac{|G|}{|H|}=\dfrac{23}{23}=1$이다.

(3) $|G|=|S_{12}|=12!$이고 $|A_{12}|=\dfrac{12!}{2}$이므로 $|G:H|=\dfrac{|G|}{|H|}=2$이다.

(4) 원소 $a,b\in G$와 H의 좌잉여류 aH, bH에 대하여 다음과 같은 경우를 생각할 수 있다.

(ⅰ) $a\in H$이고 $b\in H$이면 $a^{-1}b\in H$이므로 $aH=bH$이다.

(ⅱ) $a\in G-H$이고 $b\in G-H$이면 $a^{-1}b\in H$이므로 $aH=bH$이다.

(ⅲ) $a\in H$이고 $b\in G-H$이면 $aH\neq bH$이다.

(ⅳ) $a\in G-H$이고 $b\in H$이면 $aH\neq bH$이다.

원소 $a\in H$에 대하여 $aH=H$이고 원소 $b\in G-H$에 대하여 $bH=G-H$이다. 따라서 H의 좌잉여류는 원소 $a\in H$를 포함하는 H의 좌잉여류 aH와 원소 $b\in G-H$를 포함하는 H의 좌잉여류 bH 등 두 가지 뿐이다. 그러므로 $|G:H|=2$이다.

4. 군 $\mathbb{Z}_{37}$에 대하여 다음 명제의 참 또는 거짓을 판정하고 이를 증명하시오.

"H가 $\mathbb{Z}_{37}$의 부분군이면 H는 순환군이다."

풀이 참.

증명 $\mathbb{Z}_{37}$의 부분군 H의 위수는 $\mathbb{Z}_{37}$의 위수의 약수이다. 그런데 $|\mathbb{Z}_{37}|=37$이고 37은 소수이므로

$$|H|=1 \text{ 또는 } |H|=37$$

이다. 그런데

(ⅰ) $|H|=1$이면 $H=\{0\}=\langle 0\rangle$이다.

(ii) $|H| = 37$이면 $H = \mathbb{Z}_{37} = \langle 1 \rangle$이다.

결과적으로 H는 순환군이다.

5. 군 $G = \mathbb{Z}_{12}$에 대하여 G의 부분군 H의 위수가 $|H| = 6$이라고 할 때 H의 좌잉여류를 모두 구하시오.

풀이 군 H가 유한군 G의 부분군이므로

$$|G : H| = \frac{|G|}{|H|} = \frac{12}{6} = 2$$

이다. 따라서 H의 좌잉여류는 H와 적당한 원소 $a \in G$에 대하여 $a + H$ 등 2개 존재한다. 가정에 의하여 $|H| = 6$이므로

$$H = \{0, 2, 4, 6, 8, 10\}$$

이고

$$H = \{0, 2, 4, 6, 8, 10\} = 2 + H = 4 + H = 6 + H = 8 + H = 10 + H$$
$$1 + H = \{1, 3, 5, 7, 9, 11\} = 3 + H = 5 + H = 7 + H = 9 + H = 11 + H$$

이므로 H의 좌잉여류는 모두 다음과 같이 2가지 존재한다.

$$H, \qquad 1 + H$$

6. 유한군 G에 대하여 $|G| = 33$이라 가정하자. H가 G의 부분군일 때 다음 물음에 답하시오.

(1) H의 가능한 위수를 모두 구하시오.

(2) 원소 $a \in G$의 가능한 위수를 모두 구하시오.

풀이 (1) H의 위수는 $|G| = 33$의 약수이므로 $|H| = 1$ 또는 $|H| = 11$ 또는 $|H| = 33$이다.

(2) 원소 $a \in G$의 위수는 a로 생성된 G의 부분군 $\langle a \rangle$의 위수와 같으므로 $|a| = 1$ 또는 $|a| = 11$ 또는 $|a| = 33$이다.

7. 유한군 G에 대하여 $|G|=15$라고 가정하자. 또한 G의 부분군 중에서 위수가 3인 부분군 H와 위수가 5인 부분군 K가 각각 단 하나씩 존재한다고 가정하자. 다음 물음에 답하시오.

(1) 주어진 조건을 만족시키는 군 G를 구체적으로 구하시오.

(2) (1)에서 구한 군 G가 순환군이 되는지 판정하고 이를 증명하시오.

풀이 (1) $G=\mathbb{Z}_{15}$라고 놓으면 $|G|=15$이고 $|H|=3$인 부분군 H와 $|K|=5$인 부분군 K는 각각 다음과 같다.

$$H=\{0,5,10\}, \qquad K=\{0,3,6,9,12\}$$

(2) 참.

증명 $G=\mathbb{Z}_{15}$이므로 $G=\langle 1\rangle$이다. 따라서 G는 순환군이다.

8. 유한군 G에 대하여 $|G|=15$이고 G의 부분군 중에서 위수가 3인 부분군 H와 위수가 5인 부분군 K가 각각 단 하나씩 존재한다고 가정하자. 이때 군 G가 순환군이 되는지 판정하고 이를 증명하시오.

풀이 참.

증명 위수가 3인 부분군을 H, 위수가 5인 부분군을 K라고 놓으면 H와 K는 순환군이므로

$$H=\langle a\rangle=\{e,a,a^2\}\text{이고 } K=\langle b\rangle=\{e,b,b^2,b^3,b^4\}$$

인 원소 $a,b\in G$가 존재한다. 만일 $L=\langle ab\rangle$라고 놓으면 L은 G의 부분군이므로 다음과 같은 4가지 경우를 생각할 수 있다.

(i) $L=\{e\}$ (ii) $L=H$

(iii) $L=K$ (iv) $L=G$

각각의 경우를 살펴보면 다음과 같다.

(i) $L=\{e\}$의 경우가 성립하면 $ab=e$이다. 그러면 $a^{-1}=b$이므로 $a^2=b$이고 $a=a^4=b^2$이다. 따라서 $a^2=b^4$이 되어 $b=b^4$이 성립한다. 그런데 이는 모순이다. 따라서 (i)의 경우는 성립하지 않는다.

(ii) $L=H$의 경우가 성립하면

$$ab = a \text{ 또는 } ab = a^2$$

이다.

만일 $ab = a$이면 $b = e$이므로 K의 위수가 5라는 가정에 모순이다.

만일 $ab = a^2$이면 $a = b$이므로 $H = \langle a \rangle = \langle b \rangle = K$이 되어 역시 모순을 얻는다.

그러므로 (ii)의 경우는 성립하지 않는다.

(iii) $L = K$의 경우가 성립하면

$$ab = b \text{ 또는 } ab = b^2 \text{ 또는 } ab = b^3 \text{ 또는 } ab = b^4$$

이다.

만일 $ab = b$이면 $a = e$이므로 H의 위수가 3이라는 가정에 모순이다.

만일 $ab = b^2$이면 $a = b$이므로 $H = \langle a \rangle = \langle b \rangle = K$이 되어 모순을 얻는다.

만일 $ab = b^3$이면 $a = b^2$이고 $a^2 = b^4$이므로 $e = a^3 = b$이 되어 모순을 얻는다.

만일 $ab = b^4$이면 $a = b^3$이고 $a^2 = b$이므로 $e = a^3 = b^3$이므로 역시 모순을 얻는다. 그러므로 (iii)의 경우는 성립하지 않다.

결과적으로 (iv)의 경우만 가능하다. 즉, $L = \langle ab \rangle$이므로

$$G = L = \langle ab \rangle$$

이고 따라서 G는 순환군이다.

9. 유한군 G와 서로 다른 두 소수 p, q에 대하여 $|G| = pq$이라고 가정하자. 또한 G의 부분군 중에서 위수가 p인 부분군과 위수가 q인 부분군이 각각 단 하나씩 존재한다고 가정하자. 이때 군 G가 순환군이 되는지 판정하고 이를 증명하시오.

풀이 참.

증명 위수가 p인 부분군을 H, 위수가 q인 부분군을 K라고 놓으면 $H = \langle a \rangle$이고 $K = \langle b \rangle$인 원소 $a, b \in G$가 존재한다. $L = \langle ab \rangle$라고 놓으면 L은 G의 부분군이므로 다음과 같은 경우가 존재한다.

(i) $L = \{e\}$ (ii) $L = H$

(iii) $L = K$ (iv) $L = G$

각각의 경우를 살펴보면 다음과 같다.

(i) $L=\{e\}$의 경우가 성립하면 $ab=e$이다. 그러면 $a^{-1}=b$이므로 $a^{p-1}=b$이다. 그러므로

$$b=a^{p-1}=a^{(p-1)(p+1)}=b^{p+1}$$

이다. 따라서 $b^p=e$이다. 그런데 $|b|=q$이므로 p는 q의 배수이다. 이는 모순이므로 (i)의 경우는 성립하지 않는다.

(ii) $L=H$의 경우가 성립하면 즉, $L=H$이면

$$ab=a \text{ 또는 적당한 } 1<i<p\text{에 대하여 } ab=a^i$$

이다.

만일 $ab=a$이면 $b=e$이므로 K의 위수가 q라는 가정에 모순이다.

만일 $ab=a^i$, $1<i<p$이면 $a^{i-1}=b$이므로

$$e=a^{p(i-1)}=b^p$$

이다. 그런데 $|b|=q$이므로 p는 q의 배수이다. 이는 역시 모순이므로 결과적으로 (ii)의 경우는 가능하지 않다.

(iii) $L=K$의 경우가 성립하면

$$ab=b \text{ 또는 적당한 } 1<i<p\text{에 대하여 } ab=b^i$$

이다.

만일 $ab=b$이면 $a=e$이므로 H의 위수가 p라는 가정에 모순이다.

만일 $ab=b^i$, $1<i<p$이면 $a=b^{i-1}$이므로

$$a^q=b^{q(i-1)}=e$$

이다. 그런데 $|a|=p$이므로 q는 p의 배수이다. 이는 역시 모순이므로 (iii)의 경우도 가능하지 않다.

결과적으로 (iv)의 경우만 가능하다. 즉, $L=\langle ab\rangle$이므로

$$G=L=\langle ab\rangle$$

이고 따라서 G는 순환군이다.

10. 유한군 G의 두 부분군 H, K에 대하여 $|H|=12$이고 $|K|=25$라고 가정할 때 G의 부분군 $H\cap K$를 구하시오.

풀이 G의 부분군 $H\cap K$는 H의 부분군이고 동시에 K의 부분군이므로 $|H\cap K|$는 12의 약수이고 동시에 25의 약수이다. 그러므로 $|H\cap K|=1$이다. 따라서 $H\cap K=\{e\}$이다.

11. 유한군 G의 두 부분군 H, K와 서로 다른 두 소수 p, q에 대하여 $|H|=p$이고 $|K|=q$라고 가정할 때 G의 부분군 $H\cap K$가 순환군임을 증명하시오.

풀이 G의 부분군 $H\cap K$은 H의 부분군이고 동시에 K의 부분군이므로 $|H\cap K|$는 p의 약수이고 동시에 q의 약수이다. 그러므로 $|H\cap K|=1$이다. 따라서 $H\cap K=\langle e\rangle$이므로 $H\cap K$는 순환군이다.

12. 유한군 G의 두 부분군 H, K와 서로 다른 세 소수 p_1, p_2, p_3에 대하여 $|H|=p_1p_2$이고 $|K|=p_2p_3$라고 가정할 때 다음 물음에 답하시오.

(1) $H\cap K$의 위수를 구하시오.

(2) $H\cap K$가 순환군인지 판정하고 이를 증명하시오.

풀이 (1) G의 부분군 $H\cap K$은 H의 부분군이고 동시에 K의 부분군이므로 $|H\cap K|$는 p_1p_2의 약수이고 동시에 p_2p_3의 약수이다. 그러므로

$$|H\cap K|=1 \text{ 또는 } |H\cap K|=p_2$$

이다.

(2) 참.

증명 $|H\cap K|=1$인 경우에는 $H\cap K=\langle e\rangle$이므로 $H\cap K$는 순환군이다.
또한 $|H\cap K|=p_2$인 경우에는 임의의 원소 $a\neq e\in H\cap K$에 대하여 $\langle a\rangle\neq\{e\}$는 $H\cap K$의 부분군이고 위수가 p_2이므로 $\langle a\rangle=H\cap K$이다. 따라서 $H\cap K$는 순환군이다.

CHAPTER 6 ▌ 정규부분군(Normal subgroups)

1. 다음에 주어진 군 G와 G의 부분군 H에 대하여 H가 G의 정규부분군이 되는지 판정하고 이를 증명하시오.

(1) $G=\mathbb{R}$, $H=\mathbb{Q}$ (2) $G=\mathbb{Q}$, $H=2\mathbb{Z}$

(3) $G=\mathbb{R}^*$, $H=\mathbb{Q}^*$ (4) $G=\mathbb{Z}_{20}$, $H=\{0,10\}$

(5) $G=S_3$, $H=\{1_{S_3}, (2\,3)\}$

풀이 (1) H는 G의 정규부분군이다.

증명 $H=\mathbb{Q}$는 군 $G=\mathbb{R}$의 부분군이고 G는 아벨군이므로 G의 부분군 H는 G의 정규부분군이다.

(2) H는 G의 정규부분군이다.

증명 $H=2\mathbb{Z}$는 군 $G=\mathbb{Q}$의 부분군이고 G는 아벨군이므로 G의 부분군 H는 G의 정규부분군이다.

(3) H는 G의 정규부분군이다.

증명 $H=\mathbb{Q}^*$는 군 $G=\mathbb{R}^*$의 부분군이고 G는 아벨군이므로 G의 부분군 H는 G의 정규부분군이다.

(4) H는 G의 정규부분군이다.

증명 $H=\{0,10\}$는 군 $G=\mathbb{Z}_{20}$의 부분군이고 G는 아벨군이므로 G의 부분군 H는 G의 정규부분군이다.

(5) H는 G의 정규부분군이 아니다.

증명 군 $G=S_3$의 부분군 $H=\{1_{S_3}, (23)\}$에 대하여

$$(123)H=\{(12),(123)\},\qquad H(123)=\{(13),(123)\}$$

이므로 $(123)H\neq H(123)$이다. 따라서 H는 G의 정규부분군이 아니다.

2. 군 G의 부분군 H에 대하여 $|G|=170$이고 $|H|=85$이다. 부분군 H가 G의 정규부분군인지 판정하고 이를 증명하시오.

풀이 H는 G의 정규부분군이다.

증명 $|G|=170$이고 $|H|=85$이므로

$$|G:H|=\frac{|G|}{|H|}=\frac{170}{85}=2$$

이다. 따라서 H는 G의 정규부분군이다.

3. 적당한 소수 $p>2$에 대하여 군 G의 위수가 $2p$이고 G의 부분군 H는 G의 정규부분군이 아니다. 이때 다음 물음에 답하시오.

(1) H의 위수를 구하시오.

(2) H가 순환군인지 판정하고 이를 증명하시오.

풀이 (1) H의 위수는 $|G|=2p$의 약수이므로

$$|H|=1 \text{ 또는 } |H|=2 \text{ 또는 } |H|=p \text{ 또는 } |H|=2p$$

이다.

만일 $|H|=1$이면 $H=\{e\}$이므로 H는 G의 정규부분군이 된다.

만일 $|H|=2p$이면 $H=G$이므로 H는 G의 정규부분군이 된다.

만일 $|H|=p$이면

$$|G:H|=\frac{|G|}{|H|}=\frac{2p}{p}=2$$

이므로 H는 G의 정규부분군이 된다.

따라서 $|H|=2$이다.

(2) H는 순환군이다.

증명 $|H|=2$이므로 원소 $a\neq e\in H$에 대하여 $H=\langle a\rangle$이다. 즉, H는 순환군이다.

4. 아벨군 G의 부분군 H와 K에 대하여 HK가 G의 정규부분군이 되는지 판정하고 이를 증명하시오.

풀이 군 G가 아벨군이므로 H와 K는 모두 G의 정규부분군이다. 그러므로 HK는 G의 부분군이다. 또한 임의의 원소 $a\in G$에 대하여 $aHK=HKa$이므로 HK는 G의 정

규부분군이다.

5. 군 G의 부분군 H와 K에 대하여 K가 G의 정규부분군일 때 다음 물음에 답하시오.

(1) $H \cap K$가 G의 정규부분군인지 판정하고 이를 증명하시오.

(2) $H \cap K$가 K의 정규부분군인지 판정하고 이를 증명하시오.

풀이 (1) 거짓.

반례 $G = S_3$, $H = \{1_{S_3}, (1\,2)\}$, $K = S_3$라고 놓으면 $H \cap K = H$이므로 $H \cap K$는 G의 정규부분군이 아니다.

(2) 거짓.

반례 $G = S_3$, $H = \{1_{S_3}, (1\,2)\}$, $K = S_3$라고 놓으면 $H \cap K = H$이므로 $H \cap K$는 K의 정규부분군이 아니다.

6. 군 G의 부분군 H와 K가 모두 G의 정규부분군일 때 $H \cup K$가 G의 정규부분군이 되는지 판정하고 이를 증명하시오.

풀이 거짓.

반례 $G = \mathbb{Z}_6$, $H = \{0, 3\}$, $K = \{0, 2, 4\}$이라고 놓으면 H와 K는 모두 G의 정규부분군이다. 그런데 $H \cup K = \{0, 2, 3, 4\}$이므로 $2 + 3 = 5 \notin H \cup K$이고 따라서 연산에 대하여 닫혀있지 않다. 즉, $H \cup K$는 G의 부분군이 아니므로 $H \cup K$는 G의 정규부분군이 아니다.

7. 일반선형군 $GL_n(\mathbb{R})$과 $\mathbb{R}^*$의 부분군 H에 대하여

$$K = \{A \in GL_n(\mathbb{R}) \mid \det(A) \in H\}$$

는 $GL_n(\mathbb{R})$의 정규부분군임을 증명하시오.

풀이 우선 임의의 행렬 $A_1, A_2 \in K$에 대하여 $\det(A_1) \in H$이고 $\det(A_2) \in H$이므로

$$\det(A_1 A_2^{-1}) = \det(A_1)\det(A_2)^{-1} \in H$$

이다. 따라서 $A_1 A_2^{-1} \in K$이므로 K는 $GL_n(\mathbb{R})$의 부분군이다.

한편 임의의 행렬 $A \in GL_n(\mathbb{R})$와 임의의 행렬 $B \in K$에 대하여 $\det(B) \in H$이므로

$$\det(ABA^{-1}) = \det(A)\det(B)\det(A)^{-1} = \det(B) \in H$$

이다. 따라서 $ABA^{-1} \in K$이므로 K는 $GL_n(\mathbb{R})$의 정규부분군이다.

8. 다음에 주어진 군이 단순군인지 판정하고 이를 증명하시오.

(1) $25\mathbb{Z}$ (2) $\mathbb{Z}_{12}$

(3) $\mathbb{Z}_5$ (4) S_7

(5) $\{0\} \times A_3$ (6) $\mathbb{Z}_7 \times A_3$

풀이 (1) $25\mathbb{Z}$는 단순군이 아니다.

증명 $25\mathbb{Z}$는 아벨군이고 $50\mathbb{Z}$는 $25\mathbb{Z}$의 부분군이므로 $50\mathbb{Z}$는 $25\mathbb{Z}$의 정규부분군이다. 그런데 $50\mathbb{Z} \neq \{0\}$이고 $50\mathbb{Z} \neq 25\mathbb{Z}$이므로 $25\mathbb{Z}$는 단순군이 아니다.

(2) $\mathbb{Z}_{12}$는 단순군이 아니다.

증명 $\mathbb{Z}_{12}$는 아벨군이므로 $\mathbb{Z}_{12}$의 부분군 $H = \{0, 6\}$은 $\mathbb{Z}_{12}$의 정규부분군이다. 명백히 $H \neq \{0\}$이고 $H \neq \mathbb{Z}_{12}$이므로 $\mathbb{Z}_{12}$는 단순군이 아니다.

(3) $\mathbb{Z}_5$는 단순군이다.

증명 H가 $H \neq \{0\}$인 $\mathbb{Z}_5$의 부분군이라면 적당한 원소 $a \neq 0 \in H$가 존재하고 $\langle a \rangle = \mathbb{Z}_5$이므로 $H = \mathbb{Z}_5$이다. 그러므로 $\mathbb{Z}_5$의 부분군은 $\{0\}$과 $\mathbb{Z}_5$뿐이다. 따라서 $\mathbb{Z}_5$의 정규부분군은 $\{0\}$과 $\mathbb{Z}_5$뿐이므로 $\mathbb{Z}_5$는 단순군이다.

(4) S_7은 단순군이 아니다.

증명 군 S_7의 부분군 A_7에 대하여 $|S_7 : A_7| = 2$이므로 A_7은 S_7의 정규부분군이다. 명백히 $A_7 \neq \{1_{S_3}\}$이고 $A_7 \neq S_7$이므로 S_7은 단순군이 아니다.

(5) $\{0\} \times A_3$는 단순군이다.

증명 A_3의 부분군은 $\{1_{S_3}\}$와 A_3뿐이므로 $\{0\} \times A_3$의 부분군은 $\{0\} \times \{1_{S_3}\}$와 $\{0\} \times A_3$뿐이다. 그러므로 $\{0\} \times A_3$는 단순군이다.

(6) 아벨군 $\mathbb{Z}_7 \times A_3$의 부분군 $H = \{0\} \times A_3$는 $\mathbb{Z}_7 \times A_3$의 정규부분군이다. 명백히 $H \neq \{0\} \times \{1_{S_3}\}$이고 $H \neq \mathbb{Z}_7 \times A_3$이다. 따라서 $\mathbb{Z}_7 \times A_3$는 단순군이 아니다.

CHAPTER 7 ❙ 잉여군(Factor groups)

1. 군 $\mathbb{Z}_8$의 정규부분군 $H=\{0,4\}$에 대하여 다음 물음에 답하시오.

(1) $\mathbb{Z}_8/H$를 구하고 $\mathbb{Z}_8/H$의 위수를 구하시오.

(2) $\mathbb{Z}_8/H$에 속하는 모든 원소의 위수를 각각 구하시오.

(3) $\mathbb{Z}_8/H$가 순환군인지 판정하고 이를 증명하시오.

풀이 (1) $\mathbb{Z}_8/H=\{0+H, 1+H, 2+H, 3+H\}$이고 $\mathbb{Z}_8/H$의 위수는 4이다.

(2) 원소 $0+H$의 위수는 1이다. 원소 $1+H$의 위수는 4이다.
원소 $2+H$의 위수는 2이다. 원소 $3+H$의 위수는 4이다.

(3) $\mathbb{Z}_8/H$는 순환군이다.

증명 $\mathbb{Z}_8/H=\langle 1+H\rangle$이므로 $\mathbb{Z}_8/H$는 순환군이다.

2. 군 $G=\mathbb{Z}\times\mathbb{Z}$의 정규부분군 $H=2\mathbb{Z}\times 2\mathbb{Z}$에 대하여 다음 물음에 답하시오.

(1) G/H를 구하고 G/H의 위수를 구하시오.

(2) G/H에 속하는 모든 원소의 위수를 각각 구하시오.

(3) G/H가 순환군인지 판정하고 이를 증명하시오.

풀이 (1) $G/H=\{(0,0)+H, (0,1)+H, (1,0)+H, (1,1)+H\}$이고 G/H의 위수는 4이다.

(2) 원소 $(0,0)+H$의 위수는 1이다. 원소 $(0,1)+H$의 위수는 2이다.
원소 $(1,0)+H$의 위수는 2이다. 원소 $(1,1)+H$의 위수는 2이다.

(3) G/H는 순환군이 아니다.

증명 군 G/H의 위수는 4이므로 G/H가 순환군이라고 가정하면 G/H에 속하는 원소 중에 위수가 4인 원소가 존재해야한다. 그런데 (2)의 결과에 의하여 이는 모순이다. 따라서 G/H는 순환군이 아니다.

3. G가 유한군이고 H는 G의 정규부분군이라고 할 때 다음 명제의 참, 거짓을 판정하고 이를 증명하시오.

(1) G/H에 속하는 원소 aH의 위수가 n이면 원소 a의 위수는 n이다.

(2) 원소 $a \in G$의 위수가 n이면 G/H에 속하는 원소 aH의 위수는 n이다.

(3) G/H에 속하는 두 원소 aH와 bH의 위수가 같으면 a와 b의 위수는 같다.

(4) G/H가 순환군이면 G가 순환군이다.

풀이 (1) 거짓.

반례 $G = \mathbb{Z}_6$와 G의 정규부분군 $H = \{0, 3\}$에 대하여 상군

$$\mathbb{Z}_6/H = \{0 + H, 1 + H, 2 + H\}$$

에 속하는 원소 $1 + H$의 위수는 3이지만 1의 위수는 6이다.

(2) 거짓.

반례 $G = \mathbb{Z}_6$와 G의 정규부분군 $H = \{0, 3\}$에 대하여 $1 \in G$의 위수는 6이지만 상군 $\mathbb{Z}_6/H$에 속하는 원소 $1 + H$의 위수는 3이다.

(3) 거짓.

반례 $G = \mathbb{Z}_6$와 G의 정규부분군 $H = \{0, 3\}$에 대하여 상군 $\mathbb{Z}_6/H$에 속하는 원소 $1 + H$와 $2 + H$의 위수는 모두 3이다. 그러나 1의 위수는 6이고 2의 위수는 3이므로 1과 2의 위수는 서로 다르다.

(4) 거짓.

반례 3차의 대칭군 $G = S_3$와 S_3의 정규부분군 $A_3 = \{1_{S_3}, (1\,2\,3), (1\,3\,2)\}$에 대하여 $S_3/A_3 = \{A_3, (1\,2)A_3\}$는 원소 $(1\,2)A_3$로 생성된 순환군이다. 그런데 대칭군 S_3는 순환군이 아니다.

4. 군 G가 단순군일 때 G의 상군을 모두 구하시오.

풀이 $G = \{e\}$이면 G의 상군은 G/G 뿐이다.
$G \neq \{e\}$이면 G가 단순군이므로 G의 정규부분군은 G 또는 $\{e\}$이다. 그러므로 G의 상군은 G/G 또는 $G/\{e\}$이다.

5. 적당한 소수 $p > 2$에 대하여 군 G의 위수는 $2p$이다. 군 G의 부분군 H가 $\{e\} \subsetneq H \subsetneq G$인 G의 정규부분군일 때 다음 물음에 답하시오.

(1) G/H의 위수를 구하시오.

(2) G/H가 순환군인지 판정하고 이를 증명하시오.

풀이 (1) H의 위수는 $|G|=2p$의 약수이므로

$$|H|=1 \text{ 또는 } |H|=2 \text{ 또는 } |H|=p \text{ 또는 } |H|=2p$$

이다. 그런데 $\{e\}\subsetneq H\subsetneq G$이므로

$$|H|=2 \text{ 또는 } |H|=p$$

이다. 따라서 $|G/H|=p$ 또는 $|G/H|=2$이다.

(2) G/H는 순환군이다.

증명 $|G/H|=p$ 또는 $|G/H|=2$의 경우 모두 G/H의 위수가 소수이므로 G/H는 순환군이다.

6. 소수 p와 q에 대하여 군 G의 위수가 pq일 때 다음 명제의 참 또는 거짓을 판정하고 이를 증명하시오.

"G가 아벨군이 아니면 $Z(G)=\{e\}$이다."

풀이 참.

증명 G가 아벨군이 아니므로 $G/Z(G)$는 순환군이 아니다. 또한 $Z(G)$의 위수는 G의 위수 pq의 약수이므로

$$|Z(G)|=1 \text{ 또는 } |Z(G)|=p \text{ 또는 } |Z(G)|=q \text{ 또는 } |Z(G)|=pq$$

이다. 각각의 경우는 다음과 같다.

(i) $|Z(G)|=p$이면 $|G/Z(G)|=q$이다. 따라서 $G/Z(G)$는 순환군이므로 모순이다.

(ii) $|Z(G)|=q$이면 $|G/Z(G)|=p$이다. 따라서 $G/Z(G)$는 순환군이므로 모순이다.

(iii) $|Z(G)|=pq$이면 $|G/Z(G)|=1$이다. 따라서 $G/Z(G)$는 순환군이므로 모순이다.

결과적으로 $|Z(G)|=1$이므로 $Z(G)=\{e\}$이다.

7. 무한군 G와 G의 정규부분군 H에 대하여 다음 명제의 참 또는 거짓을 판정하고 이를 증명하시오.

"$aH \in G/H$이면 aH의 위수는 무한이다."

풀이 (1) 거짓.

반례 $G=\mathbb{Q}$, $H=\mathbb{Z}$라고 놓으면 G는 무한군이고 H는 G의 정규부분군이다. 원소 $\frac{1}{2}+H \in G/H$에 대하여

$$\left(\frac{1}{2}+H\right)+\left(\frac{1}{2}+H\right)=H$$

이므로 $\frac{1}{2}+H \in G/H$의 위수는 2이다. 따라서 $\frac{1}{2}+H$의 위수는 무한이 아니다.

8. 군 G의 정규부분군 H에 대하여 다음 명제의 참 또는 거짓을 판정하고 이를 증명하시오.

"H와 G/H가 모두 아벨군이면 G는 아벨군이다."

풀이 거짓.

반례 $G=S_3$에 대하여 $H=A_3$라고 놓으면 $|G:H|=2$이므로 H는 G의 정규부분군이고 아벨군이다. 또한 상군 $G/H=\{H, (1\,2)H\}$는 아벨군이다. 그런데 G는 아벨군이 아니다.

9. 군 $\mathbb{Z}_{15}$에 대하여 Cauchy 정리를 적용하시오. 구체적으로 15의 각각의 약수 m에 대하여 위수가 m인 원소를 구하시오.

풀이 $\mathbb{Z}_{15}$는 아벨군이고 위수가 15이므로 15의 약수인 $1, 3, 5, 15$를 위수로 하는 원소가 각각 존재한다. 구체적으로

$$0 \in \mathbb{Z}_{15}\text{의 위수는 } 1, \qquad 5, 10 \in \mathbb{Z}_{15}\text{의 위수는 } 3,$$

$3, 6, 9, 12 \in \mathbb{Z}_{15}$의 위수는 5, $1, 2, 4, 7, 8, 11, 13, 14 \in \mathbb{Z}_{15}$의 위수는 15이다.

CHAPTER 8 ❙ 군 준동형사상(Group homomorphisms)

1. 다음에 주어진 사상이 준동형사상인지 판정하고 이를 증명하시오.

(1) $f : \mathbb{Z} \to \mathbb{Z},\ f(m) = 10m$

(2) $f : \mathbb{Z} \to \mathbb{Z},\ f(m) = 256$

(3) $f : \mathbb{Z} \to \mathbb{Z}_7,\ f(a) = r,\ a = 7q + r\ \ (0 \le r < 7)$

(4) $f : \mathbb{R} \to \mathbb{R},\ f(a) = 5a + \sqrt{2}$

(5) $f : 5\mathbb{Z} \to \mathbb{Z},\ f(5m) = m$

(6) $f : \mathbb{R}[x] \to \mathbb{R},\ f(g(x)) = g(12)$

(7) $f : \mathbb{Z}_4 \to \mathbb{Z}_{20},\ f(a) = 5a$

(8) $f : \mathbb{R} \to \mathbb{R}^+,\ f(a) = 34^a$

(9) $f : \mathbb{R}^+ \to \mathbb{R},\ f(a) = \ln a$

(10) $f : GL_n(\mathbb{R}) \to \mathbb{R}^*,\ f(A) = \dfrac{1}{\det(A)}$

(11) $f : \mathbb{Z} \times \mathbb{Z} \to \mathbb{Z},\ f(m, n) = 7^m 2^n$

(12) $\phi : S_3 \to \mathbb{Z}_{10},\ \phi(f) = \begin{cases} 0 & f\text{는 우치환} \\ 5 & f\text{는 기치환} \end{cases}$

(13) $f : \mathbb{Z} \times 5\mathbb{Z} \to \mathbb{Z} \times \mathbb{Z},\ f(n, 5m) = (n, m)$

풀이 (1) f는 준동형사상이다.

증명 임의의 원소 $m, n \in \mathbb{Z}$에 대하여

$$f(m+n) = 10(m+n) = 10m + 10n = f(m) + f(n)$$

이므로 f는 준동형사상이다.

(2) f는 준동형사상이 아니다.

증명 임의의 원소 $m, n \in \mathbb{Z}$에 대하여

$$f(m+n) = 256 \neq 256 + 256 = f(m) + f(n)$$

이므로 f는 준동형사상이 아니다.

(3) f는 준동형사상이다.

증명 임의의 원소 $a, b \in \mathbb{Z}$ 에 대하여 $a = r \pmod 7$이고 $b = s \pmod 7$라고 할 때

$$f(a+b) = r + s \pmod 7 = r \pmod 7 + s \pmod 7 = f(a) + f(b)$$

이므로 f는 준동형사상이다.

(4) f는 준동형사상이 아니다.

증명 임의의 원소 $a, b \in \mathbb{R}$ 에 대하여

$$f(a+b) = 5(a+b) + \sqrt{2} \neq (5a + \sqrt{2}) + (5b + \sqrt{2}) = f(a) + f(b)$$

이므로 f는 준동형사상이 아니다.

(5) f는 준동형사상이다.

증명 임의의 원소 $5m, 5n \in 5\mathbb{Z}$ 에 대하여

$$f(5m+5n) = f(5(m+n)) = m + n = f(5m) + f(5n)$$

이므로 f는 준동형사상이다.

(6) f는 준동형사상이다.

증명 임의의 원소 $g(x), h(x) \in \mathbb{R}[x]$에 대하여

$$f(g(x)+h(x)) = g(12) + h(12) = f(g(x)) + f(h(x))$$

이므로 f는 준동형사상이다.

(7) f는 준동형사상이다.

증명 임의의 두 원소 $a, b \in \mathbb{Z}_4$에 대하여 $a + b = 4q + r \ (0 \leq r < 4)$인 정수 q, r이 존재한다. 따라서

$$f(a+b) = 5(4q+r) = 5r = 5(a+b-4q) = 5a + 5b = f(a) + f(b)$$

이므로 f는 준동형사상이다.

(8) f는 준동형사상이다.

증명 임의의 원소 $a, b \in \mathbb{R}$ 에 대하여

$$f(a+b) = 34^{a+b} = 34^a 34^b = f(a)f(b)$$

이므로 f는 준동형사상이다.

(9) f는 준동형사상이다.

증명 임의의 원소 $a, b \in \mathbb{R}^+$에 대하여

$$f(ab) = \ln ab = \ln a + \ln b = f(a) + f(b)$$

이므로 f는 준동형사상이다.

(10) f는 준동형사상이다.

증명 임의의 원소 $A, B \in GL_n(\mathbb{R})$에 대하여

$$f(AB) = \frac{1}{\det(AB)} = \frac{1}{\det(A)} \frac{1}{\det(B)} = f(A)f(B)$$

이므로 f는 준동형사상이다.

(11) f는 준동형사상이 아니다.

증명 임의의 원소 $(m, n), (s, t) \in \mathbb{Z} \times \mathbb{Z}$에 대하여

$$\begin{aligned} f((m,n)+(s,t)) &= f(m+s, n+t) = 7^{m+s} 2^{n+t} = 7^m 2^n 7^s 2^t \\ &\neq 7^m 2^n + 7^s 2^t = f(m,n) + f(s,t) \end{aligned}$$

이므로 f는 준동형사상이 아니다.

(12) f는 준동형사상이다.

증명 임의의 치환 $f, g \in S_3$에 대하여

(i) f, g가 모두 우치환일 때 $\phi(fg) = 0 = 0 + 0 = \phi(f) + \phi(g)$.

(ii) f, g가 모두 기치환일 때 $\phi(fg) = 0 = 5 + 5 = \phi(f) + \phi(g)$.

(iii) f가 우치환이고 g가 기치환일 때 $\phi(fg) = 5 = 0 + 5 = \phi(f) + \phi(g)$.

(iv) f가 기치환이고 g가 우치환일 때 $\phi(fg) = 0 = 5 + 0 = \phi(f) + \phi(g)$.

따라서 f는 준동형사상이다.

(13) f는 준동형사상이다.

증명 임의의 원소 $(n, 5m), (s, 5t) \in \mathbb{Z} \times 5\mathbb{Z}$에 대하여

$$\begin{aligned} f((n,5m)+(s,5t)) &= f(n+s, 5m+5t) = (n+s, m+t) \\ &= (n,m) + (s,t) = f(n,5m) + f(s,5t) \end{aligned}$$

이므로 f는 준동형사상이다.

2. 다음에 정의된 준동형사상 f에 대하여 $\ker f$를 구하고 $\ker f$를 이용하여 f가 일대일 사상인지 판정하시오.

(1) $f : \mathbb{Z} \to \mathbb{Z},\ f(m) = 10m$

(2) $f : \mathbb{Z} \to \mathbb{Z}_7,\ f(a) = r,\ a = 7q + r\ (0 \le r < 7)$

(3) $f : 5\mathbb{Z} \to \mathbb{Z},\ f(5m) = m$

(4) $f : \mathbb{R}[x] \to \mathbb{R},\ f(g(x)) = g(12)$

(5) $f : \mathbb{Z}_4 \to \mathbb{Z}_{20},\ f(a) = 5a$

(6) $f : \mathbb{R} \to \mathbb{R}^+,\ f(a) = 34^a$

(7) $f : \mathbb{R}^+ \to \mathbb{R},\ f(a) = \ln a$

(8) $f : GL_n(\mathbb{R}) \to \mathbb{R}^*,\ f(A) = \dfrac{1}{\det(A)}$

(9) $\phi : S_3 \to \mathbb{Z}_{10},\ \phi(f) = \begin{cases} 0 & f\text{는 우치환} \\ 5 & f\text{는 기치환} \end{cases}$

(10) $f : \mathbb{Z} \times 5\mathbb{Z} \to \mathbb{Z} \times \mathbb{Z},\ f(n, 5m) = (n, m)$

풀이 (1) $\ker f = \{m \in \mathbb{Z} \mid f(m) = 0\} = \{m \in \mathbb{Z} \mid 10m = 0\} = \{0\}$이다.

또한 $\ker f = \{0\}$이므로 f는 일대일사상이다.

(2) $\ker f = \{m \in \mathbb{Z} \mid f(m) = 0\ (\mathrm{mod}\,7)\} = \{m \in \mathbb{Z} \mid m = 0\ (\mathrm{mod}\,7)\} = 7\mathbb{Z}$ 이다.

또한 $\ker f \ne \{0\}$이므로 f는 일대일사상이 아니다.

(3) $\ker f = \{5m \in 5\mathbb{Z} \mid f(5m) = 0\} = \{5m \in 5\mathbb{Z} \mid m = 0\} = \{0\}$이다.

또한 $\ker f = \{0\}$이므로 f는 일대일사상이다.

(4) $\ker f = \{g(x) \in \mathbb{R}[x] \mid f(g(x)) = 0\} = \{g(x) \in \mathbb{R}[x] \mid g(12) = 0\}$
$= \{(x-12)h(x) \in \mathbb{R}[x] \mid h(x) \in \mathbb{R}[x]\}$

이다.

또한 $\ker f \ne \{0\}$이므로 f는 일대일사상이 아니다.

(5) $\ker f = \{a \in \mathbb{Z}_4 \mid f(a) = 0\} = \{a \in \mathbb{Z}_4 \mid 5a = 0\} = \{0\}$이다.

또한 $\ker f = \{0\}$이므로 f는 일대일사상이다.

(6) $\ker f = \{a \in \mathbb{R} \mid f(a) = 1\} = \{a \in \mathbb{R} \mid 34^a = 1\} = \{0\}$이다.

또한 $\ker f = \{0\}$이므로 f는 일대일사상이다.

(7) $\ker f = \{a \in \mathbb{R}^+ \mid f(a) = 0\} = \{a \in \mathbb{R}^+ \mid \ln a = 0\} = \{1\}$이다.

또한 $\ker f = \{1\}$이므로 f는 일대일사상이다.

(8) $\ker f = \{A \in GL_n(\mathbb{R}) \mid f(A) = 1\} = \{A \in GL_n(\mathbb{R}) \mid \det(A) = 1\} = SL_n(\mathbb{R})$이다. 또한 $\ker f \neq \{I_n\}$이므로 f는 일대일사상이 아니다.

(9) $\ker \phi = \{f \in S_3 \mid \phi(f) = 0\} = \{f \in S_3 \mid f\text{는 우치환}\} = A_3$이다.

또한 $\ker f \neq \{1_{S_3}\}$이므로 f는 일대일사상이 아니다.

(10) $\ker f = \{(n, 5m) \in \mathbb{Z} \times 5\mathbb{Z} \mid f(n, 5m) = (0, 0)\}$
$= \{(n, 5m) \in \mathbb{Z} \times 5\mathbb{Z} \mid (n, m) = (0, 0)\} = \{(0, 0)\}$이다.

또한 $\ker f = \{(0, 0)\}$이므로 f는 일대일사상이다.

3. 군 $\mathbb{Z}_5$에서 $\mathbb{Z}_5$로의 준동형사상 $f : \mathbb{Z}_5 \to \mathbb{Z}_5$를 모두 구하시오.

풀이 $f : \mathbb{Z}_5 \to \mathbb{Z}_5$가 준동형사상이므로 임의의 원소 $a \in \mathbb{Z}_5$에 대하여 $f(a) = af(1)$이다. 따라서 f는 $f(1)$에 의하여 결정된다. 그런데 $|f(1)|$은 $1 \in \mathbb{Z}_5$의 위수 5의 약수이고 동시에 $\mathbb{Z}_5$의 위수의 약수이므로

$$|f(1)| = 1 \text{ 또는 } |f(1)| = 5$$

이다.

(i) $|f(1)| = 1$인 경우에는 $f(1) = 0$이므로 모든 $a \in \mathbb{Z}_5$에 대하여 $f(a) = af(1) = 0$이다.

(ii) $|f(1)| = 5$인 경우에는

$$f(1) = 1 \text{ 또는 } f(1) = 2 \text{ 또는 } f(1) = 3 \text{ 또는 } f(1) = 4$$

이므로 모든 $a \in \mathbb{Z}_5$에 대하여

$$f(a) = a \text{ 또는 } f(a) = 2a \text{ 또는 } f(a) = 3a \text{ 또는 } f(a) = 4a$$

이다.

한편,

$$f(a) = 0 \text{ 또는 } f(a) = a \text{ 또는 } f(a) = 2a \text{ 또는 } f(a) = 3a \text{ 또는 } f(a) = 4a$$

는 모두 준동형사상이므로 군 $\mathbb{Z}_5$에서 $\mathbb{Z}_5$로의 준동형사상 $f : \mathbb{Z}_5 \to \mathbb{Z}_5$는 모두 5가

지 존재한다.

4. 군 $\mathbb{Z}_5$에서 $\mathbb{Z}_5\times\mathbb{Z}_5$로의 준동형사상 $f:\mathbb{Z}_5\to\mathbb{Z}_5\times\mathbb{Z}_5$를 모두 구하시오.

풀이 $f:\mathbb{Z}_5\to\mathbb{Z}_5\times\mathbb{Z}_5$가 준동형사상이면 임의의 원소 $a\in\mathbb{Z}_5$에 대하여 $f(a)=af(1)$이다. 따라서 f는 $f(1)$에 의하여 결정된다. 그런데 $|f(1)|$은 1의 위수 5의 약수이고 동시에 $\mathbb{Z}_5\times\mathbb{Z}_5$의 위수 25의 약수이므로

$$|f(1)|=1 \text{ 또는 } |f(1)|=5$$

이다.

(i) $|f(1)|=1$인 경우에는 $f(1)=(0,0)$이므로 모든 $a\in\mathbb{Z}_5$에 대하여

$$f(a)=af(1)=(0,0)$$

(ii) $|f(1)|=5$인 경우에는 적당한 $(b,c)\in\mathbb{Z}_5\times\mathbb{Z}_5$에 대하여

$$f(1)=(b,c)\ (\text{단, } b=0,1,2,3,4,\ c=0,1,2,3,4,\ (b,c)\neq(0,0))$$

이므로 모든 $a\in\mathbb{Z}_5$에 대하여

$$f(a)=af(1)=a(b,c)\ (\text{단, } b=0,1,2,3,4,\ c=0,1,2,3,4,\ (b,c)\neq(0,0))$$

이다. 결과적으로 군 $\mathbb{Z}_5$에서 $\mathbb{Z}_5\times\mathbb{Z}_5$로의 준동형사상 $f:\mathbb{Z}_5\to\mathbb{Z}_5\times\mathbb{Z}_5$은 25가지이다.

5. 덧셈군 $\mathbb{Z}$와 대칭군 S_3에 대하여 정의된 준동형사상 $\phi:\mathbb{Z}\to S_3$를 모두 구하시오.

풀이 덧셈군 $\mathbb{Z}$가 원소 1로 생성되는 순환군이고 임의의 원소 $n\in\mathbb{Z}$에 대하여 $\phi(n)=\phi(1)^n$이므로 $\phi(n)$은 $\phi(1)$에 의해서 결정된다. 따라서 $\phi(1)=f\in S_3$라고 놓으면 $\phi(n)=\phi(1)^n=f^n$이다. 그러므로 준동형사상 $\phi:\mathbb{Z}\to S_3$를 모두 구하면 다음과 같다.

(i) $\phi(n)=(1_{S_3})^n=1_{S_3}$　　(ii) $\phi(n)=(1\,2)^n$

(iii) $\phi(n)=(1\,3)^n$　　(iv) $\phi(n)=(2\,3)^n$

(v) $\phi(n)=(1\,2\,3)^n$　　(vi) $\phi(n)=(1\,3\,2)^n$

6. 군 $\mathbb{Z}_5$에서 대칭군 S_5로의 준동형사상 $f : \mathbb{Z}_5 \to S_5$가 일대일사상이 아닐 때 f를 모두 구하시오.

풀이 준동형사상 $f : \mathbb{Z}_5 \to S_5$가 일대일사상이 아니므로 $\ker f \neq \{0\}$이다. 그런데 $\ker f$는 $\mathbb{Z}_5$의 부분군이므로 $|\ker f| = 1$ 또는 $|\ker f| = 5$이다. 한편 $\ker f \neq \{0\}$이므로 $|\ker f| \neq 1$이고 따라서 $|\ker f| = 5$이다. 즉, $\ker f = \mathbb{Z}_5$이므로 임의의 원소 $a \in \mathbb{Z}_5$에 대하여 $f(a) = 1_{S_3}$이다.

7. 군 $\mathbb{Z}_{11}$에서 군 $\mathbb{Z}_5 \times \mathbb{Z}_5$로의 준동형사상 $f : \mathbb{Z}_{11} \to \mathbb{Z}_5 \times \mathbb{Z}_5$가 일대일사상이 아닐 때 $f(5)$를 구하시오.

풀이 준동형사상 $f : \mathbb{Z}_{11} \to \mathbb{Z}_5 \times \mathbb{Z}_5$가 일대일사상이 아니므로 $\ker f \neq \{0\}$이다. 한편 $\ker f$는 $\mathbb{Z}_{11}$의 부분군이므로 $|\ker f| = 1$ 또는 $|\ker f| = 11$이다. 그런데 $\ker f \neq \{0\}$이므로 $|\ker f| \neq 1$이다. 따라서 $|\ker f| = 11$이므로 $\ker f = \mathbb{Z}_{11}$이다. 결과적으로 임의의 원소 $a \in \mathbb{Z}_{11}$에 대하여 $f(a) = (0, 0)$이다. 그러므로 $f(5) = (0, 0)$이다.

8. 군 $\mathbb{Z}_{11}$에서 위수가 m인 유한군 G로의 준동형사상 $f : \mathbb{Z}_{11} \to G$에 대하여 $f(\mathbb{Z}_{11}) = G$일 때 G가 순환군인지 판정하고 이를 증명하시오.

풀이 G는 순환군이다.

증명 $f(\mathbb{Z}_{11}) = G$이므로 G의 위수는 $\mathbb{Z}_{11}$의 위수의 약수이다. 따라서 m은 11의 약수이므로 $m = 1$ 또는 $m = 11$이다. 만일 $m = 1$이면 $G = \langle e \rangle$이므로 G는 순환군이고 만일 $m = 11$이면 임의의 원소 $a \neq e \in G$에 대하여 $G = \langle a \rangle$이므로 G는 순환군이다. 따라서 모든 경우에 G가 순환군이 됨을 알 수 있다.

CHAPTER 9 ❙ 군 동형사상(Group isomorphisms)

1. 군 G와 H에 대하여 다음 명제의 참 또는 거짓을 판정하고 이를 증명하시오.

"$|G|=|H|$이면 G와 H는 서로 동형이다."

풀이 거짓.

반례 $G=\mathbb{Z}_6$, $H=S_3$로 놓으면 $|G|=|H|=6$이다. $G=\langle 1\rangle$이므로 G는 순환군이다. 그런데 H에 속한 임의의 원소의 위수는 3이하이므로 위수가 6인 원소가 존재하지 않는다. 그러므로 H는 순환군이 될 수 없다. 그러므로 G와 H는 서로 동형이 아니다.

2. 군 $\mathbb{Z}_{12}$와 $\mathbb{Z}_{20}$이 서로 동형인 군인지 판정하고 이를 증명하시오.

풀이 $\mathbb{Z}_{12}$와 $\mathbb{Z}_{20}$는 서로 동형인 군이 아니다.

증명 만일 $\mathbb{Z}_{12}$와 $\mathbb{Z}_{20}$이 서로 동형인 군이라면 적당한 동형사상 $f:\mathbb{Z}_{12}\to\mathbb{Z}_{20}$이 존재한다. 그런데 $\mathbb{Z}_{12}$의 위수는 12이고 군 $\mathbb{Z}_{20}$의 위수는 20이므로 f는 일대일대응이 될 수 없다. 이는 모순이므로 $\mathbb{Z}_{12}$와 $\mathbb{Z}_{20}$는 서로 동형인 군이 될 수 없다.

3. 군 $\mathbb{Z}_{125}$와 $U(125)$가 서로 동형인 군인지 판정하고 이를 증명하시오.

풀이 $\mathbb{Z}_{125}$와 $U(125)$는 서로 동형인 군이 아니다.

증명 $\mathbb{Z}_{125}$의 위수는 125이다. 그런데 $\gcd(5,125)\neq 1$이므로 군 $U(125)$의 위수는 125 미만이다. 그러므로 $\mathbb{Z}_{125}$에서 $U(125)$로의 일대일대응이 존재하지 않는다. 따라서 $\mathbb{Z}_{125}$와 $U(125)$는 서로 동형인 군이 아니다.

4. 곱셈군 $\mathbb{R}^+$에서 정의된 함수 $f:\mathbb{R}^+\to\mathbb{R}$, $f(a)=\log_2 a$가 동형사상인지 판정하고 이를 증명하시오.

풀이 f는 동형사상이다.

증명 (i) 임의의 원소 $a,b\in\mathbb{R}^+$에 대하여

$$f(ab) = \log_2 ab = \log_2 a + \log_2 b = f(a) + f(b)$$

이므로 f는 준동형사상이다.

(ii) 만일 $a \in \ker f$이면 $f(a) = \log_2 a = 0$이므로 $a = 1$이다. 따라서 $\ker f = \{1\}$이므로 f는 일대일사상이다.

또한 임의의 원소 $c \in \mathbb{R}$에 대하여 $2^c \in \mathbb{R}^+$이고 $f(2^c) = \log_2 2^c = c$이므로 $f(\mathbb{R}^+) = \mathbb{R}$이다. 따라서 f는 일대일대응이다.

결과적으로 f는 동형사상이다.

5. 정수 $k \neq 0$에 대하여 덧셈군 $\mathbb{Z}$와 $k\mathbb{Z}$가 동형임을 증명하시오.

풀이 함수 $f : \mathbb{Z} \to k\mathbb{Z}$를 $f(m) = km$으로 정의하면

$$f(m+n) = k(m+n) = km + kn = f(m) + f(n)$$

이므로 f는 준동형사상이다.
만일 임의의 원소 $m, n \in \mathbb{Z}$에 대하여 $f(m) = f(n)$이라면 $km = kn$이므로 $m = n$이다.
또한 임의의 원소 $kt \in k\mathbb{Z}$에 대하여 $t \in \mathbb{Z}$이고 $f(t) = kt$이므로 $f(\mathbb{Z}) = k\mathbb{Z}$이므로 f는 일대일대응이다.
따라서 f는 동형사상이므로 결과적으로 $\mathbb{Z}$와 $k\mathbb{Z}$는 서로 동형이다.

6. 군 $U(8)$과 $U(15)$가 서로 동형인 군인지 판정하고 이를 증명하시오.

풀이 $U(8)$과 $U(15)$는 서로 동형인 군이 아니다.

증명 만일 군 $U(8)$과 군 $U(15)$가 서로 동형이라고 가정하면 적당한 동형사상 $f : U(8) \to U(15)$가 존재한다. 그런데 군 $U(8)$의 위수는 4이고 군 $U(15)$의 위수는 8이므로 $f(U(8)) \neq U(15)$이다. 이는 모순이므로 $U(8)$과 $U(15)$는 서로 동형인 군이 아니다.

7. 군 $\mathbb{Z}_{50}$에 대하여 $Inn(\mathbb{Z}_{50})$를 구하시오.

풀이 $\mathbb{Z}_{50}/Z(\mathbb{Z}_{50}) \simeq Inn(\mathbb{Z}_{50})$이다. 그런데 $\mathbb{Z}_{50}$는 가환군이므로 $Z(\mathbb{Z}_{50}) = \mathbb{Z}_{50}$이다. 따라서 상군 $\mathbb{Z}_{50}/Z(\mathbb{Z}_{50})$의 위수는 1이므로 $Inn(\mathbb{Z}_{50})$의 위수는 1이다. 그러

므로 $Inn(\mathbb{Z}_{50}) = \{f_0\}$이다.

8. 군 G는 위수가 23이고 $f: G \to \mathbb{Z}_{10}$가 준동형사상일 때 $f(G) = \mathbb{Z}_{10}$를 만족시키는지 판정하고 이를 증명하시오.

풀이 $f(G) \neq \mathbb{Z}_{10}$이다.

증명 만일 $f(G) = \mathbb{Z}_{10}$를 만족시킨다면 f가 준동형사상이므로

$$|G/\ker f| = |f(G)| = |\mathbb{Z}_{10}| = 10$$

이다. 따라서

$$23 = |G| = |f(G)||\ker f| = 10|\ker f|$$

이다. 이는 모순이므로 $f(G) \neq \mathbb{Z}_{10}$이다.

9. 군 $\mathbb{Z}_{10}$에서 위수가 소수 p인 유한군 G로의 준동형사상 $f: \mathbb{Z}_{10} \to G$가 조건 $f(\mathbb{Z}_{10}) = G$를 만족시킬때 p를 구하시오.

풀이 f가 준동형사상이므로

$$|\mathbb{Z}_{10}/\ker f| = |f(\mathbb{Z}_{10})| = |G|$$

이다. 따라서 $|G| = p$는 $|\mathbb{Z}_{10}| = 10$의 약수이므로

$$p = 2 \text{ 또는 } p = 5$$

이다.

10. 군 $\mathbb{Z}_{37}$에서 위수가 m인 유한군 G로의 준동형사상 $f: \mathbb{Z}_{37} \to G$가 조건 $f(\mathbb{Z}_{37}) = G$를 만족시킨다고 가정할 때 G가 순환군이 되는지 판정하고 이를 증명하시오.

풀이 G는 순환군이다.

증명 f가 준동형사상이므로

$$|\mathbb{Z}_{37}/\ker f| = |f(\mathbb{Z}_{37})| = |G|$$

이다. 따라서 $|G| = m$은 37의 약수이므로

$$m = 1 \text{ 또는 } m = 37$$

이다.

(i) $m = 1$이면 $G = \langle e_G \rangle$이다.

(ii) $m = 37$이면 임의의 원소 $a \neq e \in G$에 대하여 $G = \langle a \rangle$이다.

결과적으로 G는 순환군이 됨을 알 수 있다.

11. 위수가 5인 군 G와 준동형사상 $f : \mathbb{Z}_{25} \to G$에 대하여 $f(\mathbb{Z}_{25}) = G$일 때 다음을 구하시오.

(1) $\ker f$

(2) $|\mathbb{Z}_{25} : \ker f|$

풀이 (1) $f(\mathbb{Z}_{25}) = G$이므로 제 1 동형정리에 의하여 $\mathbb{Z}_{25}/\ker f \simeq G$이다. 가정에 의하여 G의 위수가 5이므로 $\mathbb{Z}_{25}/\ker f$의 위수는 5이다. 그런데 $\mathbb{Z}_{25}$의 위수는 25이므로 $\ker f$의 위수는 5이다. 그러므로 $\ker f = \{0, 5, 10, 15, 20\}$이다.

(2) $|\mathbb{Z}_{25} : \ker f| = \dfrac{|\mathbb{Z}_{25}|}{|\ker f|} = 5$

12. 군 $\mathbb{Z}$의 부분군 $5\mathbb{Z}$와 $\mathbb{Z}$의 정규부분군 $3\mathbb{Z}$에 대하여 $5\mathbb{Z}/15\mathbb{Z} \simeq \mathbb{Z}/3\mathbb{Z}$임을 증명하시오.

풀이 제 2 동형정리에 의하여 $5\mathbb{Z}/(5\mathbb{Z} \cap 3\mathbb{Z}) \simeq (5\mathbb{Z} + 3\mathbb{Z})/3\mathbb{Z}$이다. 그런데

$$5\mathbb{Z} \cap 3\mathbb{Z} = 15\mathbb{Z}, \qquad 5\mathbb{Z} + 3\mathbb{Z} = \mathbb{Z}$$

이므로 $5\mathbb{Z}/15\mathbb{Z} \simeq \mathbb{Z}/3\mathbb{Z}$이다.

13. 군 $\mathbb{Z}$의 부분군 $m\mathbb{Z}$와 군 $\mathbb{Z}$의 정규부분군 $n\mathbb{Z}$에 대하여

$$m\mathbb{Z}/\ell\mathbb{Z} \simeq (m\mathbb{Z} + n\mathbb{Z})/n\mathbb{Z} \quad (\text{단, } \ell = \operatorname{lcm}(m, n)\text{이다})$$

임을 증명하시오.

풀이 제 2 동형정리에 의하여 $m\mathbb{Z}/(m\mathbb{Z}\cap n\mathbb{Z}) \simeq (m\mathbb{Z}+n\mathbb{Z})/n\mathbb{Z}$ 이다. 그런데 $m\mathbb{Z}\cap n\mathbb{Z} = \ell\mathbb{Z}$ 이므로 $m\mathbb{Z}/\ell\mathbb{Z} \simeq (m\mathbb{Z}+n\mathbb{Z})/n\mathbb{Z}$ 이다.

14. 군 $Aut(\mathbb{Z}_{12})$의 위수를 구하시오.

풀이 $Aut(\mathbb{Z}_{12})$는 $U(12)$와 동형이고 $U(12)$의 위수는 4이므로 $Aut(\mathbb{Z}_{12})$의 위수는 4이다.

CHAPTER 10 ▌ 군의 직접곱(Direct products)

1. 덧셈군 $\mathbb{Z}$의 부분군 $H=\langle 3\rangle$와 $K=\langle 5\rangle$에 대하여 다음 물음에 답하시오.

(1) $\mathbb{Z}=H+K$임을 증명하시오.

(2) $\mathbb{Z}=H\times K$가 성립하는지 판정하고 이를 증명하시오.

풀이 (1) $H+K\subset\mathbb{Z}$은 명백하게 성립한다. 한편 임의의 정수 $n\in\mathbb{Z}$에 대하여 $\gcd(3,5)=1$이므로 적당한 정수 s와 t가 존재하여 $n=3s+5t$이다. 따라서 $\mathbb{Z}\subset H+K$이므로 결과적으로 $\mathbb{Z}=H+K$이다.

(2) $\mathbb{Z}\neq H\times K$이다.

증명 $15\in H\cap K$이므로 $H\cap K\neq\{0\}$이다. 그러므로 $\mathbb{Z}\neq H\times K$이다.

2. 덧셈군 $\mathbb{Z}[x]$의 정규부분군 $\mathbb{Z}$와 $H=\{xh(x)\mid h(x)\in\mathbb{Z}[x]\}$에 대하여 $\mathbb{Z}[x]=\mathbb{Z}\times H$가 성립함을 증명하시오.

풀이 $\mathbb{Z}[x]=\mathbb{Z}+H$이고 $\mathbb{Z}\cap H=\{0\}$이다. 따라서 $\mathbb{Z}[x]=\mathbb{Z}\times H$이다.

3. 덧셈군 $\mathbb{R}[x]$의 정규부분군 $H=\{xh(x)\mid h(x)\in\mathbb{R}[x]\}$와 $K=\{(x-1)h(x)\mid h(x)\in\mathbb{R}[x]\}$에 대하여 다음 물음에 답하시오.

(1) $\mathbb{R}[x]=H+K$임을 증명하시오.

(2) $\mathbb{R}[x]=H\times K$가 성립하는지 판정하고 이를 증명하시오.

풀이 (1) 임의의 원소 $f(x)\in\mathbb{R}[x]$를 택하면 $f(x)=\sum_{i=0}^{n}a_ix^i$인 실수 a_i가 존재한다. 그런데

$$f(x)=\sum_{i=0}^{n}a_ix^i=x(a_0+\sum_{i=1}^{n}a_ix^{i-1})+(x-1)(-a_0)$$

이므로 $\mathbb{R}[x]\subset H+K$이다. 명백히 $H+K\subset\mathbb{R}[x]$가 성립하므로 결과적으로 $\mathbb{R}[x]=H+K$이다.

(2) $\mathbb{R}[x]\neq H\times K$이다.

증명 $x(x-1) \neq 0 \in H \cap K$이므로 $H \cap K \neq \{0\}$이다. 따라서 $\mathbb{R}[x] \neq H \times K$이다.

4. 두 소수 p, q와 덧셈군 $\mathbb{Z}$의 정규부분군 $p\mathbb{Z}$와 $q\mathbb{Z}$에 대하여 다음 물음에 답하시오.

(1) $\mathbb{Z} = p\mathbb{Z} + q\mathbb{Z}$ 임을 증명하시오.

(2) $\mathbb{Z} = p\mathbb{Z} \times q\mathbb{Z}$가 성립하는지 판정하고 이를 증명하시오.

풀이 (1) $p\mathbb{Z} + q\mathbb{Z} \subset \mathbb{Z}$는 명백하게 성립한다. 한편 임의의 정수 $n \in \mathbb{Z}$에 대하여 $\gcd(p, q) = 1$이므로 적당한 정수 s와 t가 존재하여 $n = ps + qt$이다. 따라서 $\mathbb{Z} \subset p\mathbb{Z} + q\mathbb{Z}$이므로 결과적으로 $\mathbb{Z} = p\mathbb{Z} + q\mathbb{Z}$이다.

(2) $\mathbb{Z} \neq p\mathbb{Z} \times q\mathbb{Z}$이다.

증명 $pq \neq 0 \in p\mathbb{Z} \cap q\mathbb{Z}$이므로 $p\mathbb{Z} \cap q\mathbb{Z} \neq \{0\}$이다. 따라서 $\mathbb{Z} \neq p\mathbb{Z} \times q\mathbb{Z}$이다.

5. 군 $G = \mathbb{Z} \times \mathbb{Z}$와 G의 부분군 $H = \langle (2, 3) \rangle$에 대하여 상군 G/H의 위수를 구하시오.

풀이 임의의 정수 $n \in \mathbb{Z}$에 대하여 $(n, 0) + H \in G/H$이다. 또한 $(1, 0) \notin H$이므로 모든 $n \in \mathbb{Z}$에 대하여 $(n, 0) + H \neq (n+1, 0) + H$이다. 그러므로 G/H의 위수는 무한이다.

6. 군 $G = \mathbb{Z}_4 \times \mathbb{Z}_4$와 G의 부분군 $H = \{(0, 0), (2, 0), (0, 2), (2, 2)\}$에 대하여 다음 물음에 답하시오.

(1) 상군 G/H의 위수를 구하시오.

(2) $G/H \simeq \mathbb{Z}_2 \times \mathbb{Z}_2$임을 증명하시오.

풀이 (1) $|G/H| = \dfrac{|G|}{|H|} = \dfrac{16}{4} = 4$.

(2) G/H의 위수가 4이므로 $G/H \simeq \mathbb{Z}_2 \times \mathbb{Z}_2$ 또는 $G/H \simeq \mathbb{Z}_4$이다. 만일 $G/H \simeq \mathbb{Z}_4$이라고 가정하면 G/H에 속하는 위수가 4인 원소가 존재해야 한다. 그런데 G/H에 속하는 원소는 모두 위수가 2 이하이다. 따라서 $G/H \not\simeq \mathbb{Z}_4$이므로 $G/H \simeq \mathbb{Z}_2 \times \mathbb{Z}_2$이다.

7. 군 G의 정규부분군 H, K에 대하여 G가 H와 K의 내적인 직접곱이면 G에 속하는 원소 a를 적당한 원소 $h \in H, k \in K$에 대하여 $a = hk$로 나타낼 때

$$|a| = \text{lcm}(|h|, |k|)$$

임을 증명하시오.

풀이 G가 H와 K의 내적인 직접곱이면 동형사상 $f : G \to H \times K$

$$f(a) = (h, k), \qquad a = hk \in G, \qquad h \in H, k \in K$$

에 의하여 G는 H와 K의 외적인 직접곱과 동형이다. 그러므로

$$|a| = |f(a)| = |(h, k)|$$

이다. 그런데 $|(h, k)| = \text{lcm}(|h|, |k|)$이므로 $|a| = \text{lcm}(|h|, |k|)$이다.

8. 군 G와 $Z(G)$에 대하여 $|G : Z(G)| = 4$일 때 상군 $G/Z(G)$의 모든 원소들의 위수를 구하시오.

풀이 $|G : Z(G)| = 4$이므로 $|G/Z(G)| = 4$이다. 따라서

$$G/Z(G) \simeq \mathbb{Z}_4 \text{ 또는 } G/Z(G) \simeq \mathbb{Z}_2 \times \mathbb{Z}_2$$

이다. 만일 $G/Z(G) \simeq \mathbb{Z}_4$이면 $G/Z(G)$는 순환군이므로 G는 아벨군이다. 따라서 $G = Z(G)$이므로 $G/Z(G) \simeq \mathbb{Z}_4$에 모순이다. 그러므로 $G/Z(G) \simeq \mathbb{Z}_2 \times \mathbb{Z}_2$이다. 만일

$$G/Z(G) = \{e + Z(G), a + Z(G), b + Z(G), c + Z(G)\}$$

으로 놓으면 $\mathbb{Z}_2 \times \mathbb{Z}_2$에 속하는 원소의 위수는 1 또는 2이므로 이를 $G/Z(G)$의 원소에 적용하면 다음과 같다.

$$|e + Z(G)| = 1, \qquad |a + Z(G)| = |b + Z(G)| = |c + Z(G)| = 2$$

CHAPTER 11 ❙ 유한 아벨군(Finite abelian groups)

1. 아벨군 $\mathbb{Z}_{24}$에 대하여 $\mathbb{Z}_{24} = H \times K$를 만족시키는 $\mathbb{Z}_{24}$의 정규부분군 H와 K를 구하시오.

풀이 $\mathbb{Z}_{24}$의 위수는 $2^3 \times 3$이고

$$H = \{a \in \mathbb{Z}_{24} \mid 2^3 a = 0\} = \{0, 3, 6, 9, 12, 15, 18, 21\},$$
$$K = \{a \in \mathbb{Z}_{24} \mid 3a = 0\} = \{0, 8, 16\}$$

에 대하여

$$\mathbb{Z}_{24} = H + K, \qquad H \cap K = \{0\}$$

이므로 $\mathbb{Z}_{24} = H \times K$이다.

2. 아벨군 $\mathbb{Z}_3 \times \mathbb{Z}_8$에 대하여 $\mathbb{Z}_3 \times \mathbb{Z}_8 = H \times K$를 만족시키는 $\mathbb{Z}_3 \times \mathbb{Z}_8$의 정규부분군 H와 K를 구하시오.

풀이 $\mathbb{Z}_3 \times \mathbb{Z}_8$의 위수는 3×2^3이고 $\mathbb{Z}_3 \times \mathbb{Z}_8$의 정규부분군

$$H = \{(a, b) \in \mathbb{Z}_3 \times \mathbb{Z}_8 \mid 3(a, b) = (0, 0)\} = \mathbb{Z}_3 \times \{0\},$$
$$K = \{(a, b) \in \mathbb{Z}_3 \times \mathbb{Z}_8 \mid 8(a, b) = (0, 0)\} = \{0\} \times \mathbb{Z}_8$$

에 대하여

$$\mathbb{Z}_3 \times \mathbb{Z}_8 = H + K, \quad H \cap K = \{(0, 0)\}$$

이므로 $\mathbb{Z}_3 \times \mathbb{Z}_8 = H \times K$이다.

3. 위수가 25인 아벨군 G의 비동형군을 모두 구하시오.

풀이 $25 = 5^2$이므로 위수가 25인 아벨군 G의 비동형군은 $\mathbb{Z}_{5^2}$과 $\mathbb{Z}_5 \times \mathbb{Z}_5$ 등 모두 2가지 존재한다.

4. 위수가 64인 아벨군 G의 비동형군을 모두 구하시오.

풀이 $64=2^6$이므로 위수가 64인 아벨군 G의 비동형군은 다음과 같이 모두 11가지 존재한다.

(1) $\mathbb{Z}_{2^6}$

(2) $\mathbb{Z}_{2^5}\times\mathbb{Z}_2$

(3) $\mathbb{Z}_{2^4}\times\mathbb{Z}_{2^2}$

(4) $\mathbb{Z}_{2^4}\times\mathbb{Z}_2\times\mathbb{Z}_2$

(5) $\mathbb{Z}_{2^3}\times\mathbb{Z}_{2^3}$

(6) $\mathbb{Z}_{2^3}\times\mathbb{Z}_{2^2}\times\mathbb{Z}_2$

(7) $\mathbb{Z}_{2^3}\times\mathbb{Z}_2\times\mathbb{Z}_2\times\mathbb{Z}_2$

(8) $\mathbb{Z}_{2^2}\times\mathbb{Z}_{2^2}\times\mathbb{Z}_{2^2}$

(9) $\mathbb{Z}_{2^2}\times\mathbb{Z}_{2^2}\times\mathbb{Z}_2\times\mathbb{Z}_2$

(10) $\mathbb{Z}_{2^2}\times\mathbb{Z}_2\times\mathbb{Z}_2\times\mathbb{Z}_2\times\mathbb{Z}_2$

(11) $\mathbb{Z}_2\times\mathbb{Z}_2\times\mathbb{Z}_2\times\mathbb{Z}_2\times\mathbb{Z}_2\times\mathbb{Z}_2$

5. 서로 다른 소수 p,q,r에 대하여 위수가 pqr인 아벨군 G의 비동형군을 모두 구하시오.

풀이 위수가 pqr인 아벨군 G의 비동형군은 다음과 같이 유일하게 존재한다.

$$\mathbb{Z}_p\times\mathbb{Z}_q\times\mathbb{Z}_r\simeq\mathbb{Z}_{pqr}\simeq\mathbb{Z}_{pq}\times\mathbb{Z}_r\simeq\mathbb{Z}_{pr}\times\mathbb{Z}_q\simeq\mathbb{Z}_p\times\mathbb{Z}_{qr}$$

CHAPTER 12 ▌ Sylow 정리(Sylow theorem)

1. 집합 $X=\{1,2,3,4\}$와 4차의 교대군 $G=A_4$에 대하여

$$\phi : G\times X \to X, \qquad \phi(f,x)=f(x)$$

로 정의하면 X는 G-집합이다. 이때 다음을 구하시오.

(1) $G2$ (2) G_2

(3) $|G : G_2|$

풀이 (1) $G2=\{1,2,3,4\}$

(2) $G_2=\{1_{S_4},(1\,3\,4),(1\,4\,3)\}$

(3) $|G : G_2|=\dfrac{|G|}{|G_2|}=\dfrac{12}{3}=4$

2. 군 $\mathbb{Z}_{384}$의 Sylow 2-부분군을 H라고 할 때 H 위수를 구하시오.

풀이 $|\mathbb{Z}_{384}|=384=2^7\times 3$이므로 H의 위수는 $2^7=128$이다.

3. 군 S_5의 Sylow 2-부분군, Sylow 3-부분군, Sylow 5-부분군의 위수를 구하고 각각의 개수를 구하시오.

풀이 군 S_5의 위수는 $120=2^3\times 3\times 5$이므로 S_5의 Sylow 2-부분군, Sylow 3-부분군, Sylow 5-부분군이 존재한다. 또한 S_5의 Sylow 2-부분군, Sylow 3-부분군, Sylow 5-부분군의 위수는 각각 $2^3, 3, 5$이다.

Sylow 2-부분군의 개수를 s라고 놓으면 s는 3×5의 약수이므로

$$s=1 \text{ 또는 } s=3 \text{ 또는 } s=5 \text{ 또는 } s=15$$

이다. 그런데 $s\equiv 1 \pmod 2$이므로

$$s=1 \text{ 또는 } s=3 \text{ 또는 } s=5 \text{ 또는 } s=15$$

이다.

Sylow 3-부분군의 개수를 t라고 놓으면 t는 $2^3 \times 5$의 약수이므로

$$t=1 \text{ 또는 } t=2 \text{ 또는 } t=4 \text{ 또는 } t=5 \text{ 또는 } t=8$$
$$\text{또는 } t=10 \text{ 또는 } t=20 \text{ 또는 } t=40$$

이다. 그런데 $t \equiv 1 \pmod 3$이므로

$$t=1 \text{ 또는 } t=4 \text{ 또는 } t=10 \text{ 또는 } t=40$$

이다.

Sylow 5-부분군의 개수를 k라고 놓으면 k는 $2^3 \times 3$의 약수이므로

$$k=1 \text{ 또는 } k=2 \text{ 또는 } k=3 \text{ 또는 } k=4 \text{ 또는 } k=6$$
$$\text{또는 } k=8 \text{ 또는 } k=12 \text{ 또는 } k=24$$

이다. 그런데 $k \equiv 1 \pmod 5$이므로

$$k=1 \text{ 또는 } k=6$$

이다.

4. 위수가 36인 군 G의 Sylow 2-부분군과 Sylow 3-부분군의 위수를 구하고 각각의 개수를 구하시오.

풀이 $36 = 2^2 \times 3^2$이므로 Sylow 2-부분군과 Sylow 3-부분군이 존재한다. 또한 Sylow 2-부분군의 위수는 2^2이고 Sylow 3-부분군의 위수는 3^2이다.

Sylow 2-부분군의 개수를 s라고 놓으면 s는 3^2의 약수이므로

$$s=1 \text{ 또는 } s=3 \text{ 또는 } s=3^2$$

이다. 그런데 $s \equiv 1 \pmod 2$이므로

$$s=1 \text{ 또는 } s=3 \text{ 또는 } s=3^2$$

이다. 또한 Sylow 3-부분군의 개수를 t라고 놓으면 t는 2^2의 약수이므로

$$t=1 \text{ 또는 } t=2 \text{ 또는 } t=4$$

이다. 그런데 $t \equiv 1 \pmod 3$이므로

$$t=1 \text{ 또는 } t=4$$

이다.

5. 다음과 같이 정의된 군 G의 Sylow p-부분군의 개수를 모두 구하시오.

(1) $G=\mathbb{Z}_{2^3}\times\mathbb{Z}_{2^7}$ (2) $G=\mathbb{Z}_{2^3}\times\mathbb{Z}_{2^4}\times\mathbb{Z}_{2^3}$

(3) $G=\mathbb{Z}_2\times\mathbb{Z}_3\times\mathbb{Z}_5$

풀이 (1) $|G|=2^{10}$이므로 G의 Sylow 2-부분군이 존재한다. 또한 G의 Sylow 2-부분군의 개수를 s라고 놓으면 s는 1의 약수이므로 $s=1$이다.

(2) $|G|=2^{10}$이므로 G의 Sylow 2-부분군이 존재한다. 또한 G의 Sylow 2-부분군의 개수를 s라고 놓으면 s는 1의 약수이므로 $s=1$이다.

(3) $|G|=2\times3\times5$이므로 G의 Sylow 2-부분군과 G의 Sylow 3-부분군과 G의 Sylow 5-부분군이 존재한다. G의 Sylow 2-부분군의 개수를 s라고 놓으면 s는 3×5의 약수이므로

$$s=1 \text{ 또는 } s=3 \text{ 또는 } s=5 \text{ 또는 } s=15$$

이다. 그런데 $s\equiv1\pmod 2$이므로

$$s=1 \text{ 또는 } s=3 \text{ 또는 } s=5 \text{ 또는 } s=15$$

이다. 또한 G의 Sylow 3-부분군의 개수를 t라고 놓으면 t는 2×5의 약수이므로

$$t=1 \text{ 또는 } t=2 \text{ 또는 } t=5 \text{ 또는 } t=10$$

이다. 그런데 $t\equiv1\pmod 3$이므로

$$t=1 \text{ 또는 } t=10$$

이다. 한편 G의 Sylow 5-부분군의 개수를 ℓ이라 놓으면 ℓ은 2×3의 약수이므로

$$\ell=1 \text{ 또는 } \ell=2 \text{ 또는 } \ell=3 \text{ 또는 } \ell=6$$

이다. 그런데 $\ell\equiv1\pmod 5$이므로

$$\ell=1 \text{ 또는 } \ell=6$$

이다.

6. 군 G의 위수가 35이면 G는 순환군인지 판정하고 이를 증명하시오.

풀이 G는 순환군이다.

증명 $35 = 5 \times 7$이므로 G의 Sylow 5-부분군과 G의 Sylow 7-부분군이 존재한다. Sylow 5-부분군의 개수를 s라고 놓으면 s는 7의 약수이므로

$$s = 1 \text{ 또는 } s = 7$$

이다. 그런데 $s \equiv 1 \pmod 5$이므로 $s = 1$이다.
또한 G의 Sylow 7-부분군의 개수를 t라고 놓으면 t는 5의 약수이므로

$$t = 1 \text{ 또는 } t = 5$$

이다. 그런데 $t \equiv 1 \pmod 7$이므로 $t = 1$이다.
한편 H와 K를 각각 G의 Sylow 5-부분군과 Sylow 7-부분군이라고 놓으면 H와 K의 위수는 각각 5와 7이므로 H와 K는 모두 순환군이다. 따라서 적당한 원소 $a \in H$와 $b \in K$가 존재하여

$$H = \langle a \rangle, \qquad K = \langle b \rangle$$

이다. 또한 $s = 1, t = 1$이므로 H와 K는 모두 G의 정규부분군이고

$$aba^{-1}b^{-1} \in H \cap K$$

이다. 그런데 $H \cap K = \{e\}$이므로 $ab = ba$이다. 따라서

$$(ab)^{35} = a^{35}b^{35} = e$$

이므로 $|ab|$는 35의 약수이다. 그러므로

$$|ab| = 1 \text{ 또는 } |ab| = 5 \text{ 또는 } |ab| = 7 \text{ 또는 } |ab| = 35$$

이다. 그런데

$$ab \neq e, \qquad (ab)^5 = a^5b^5 = b^5 \neq e, \qquad (ab)^7 = a^7b^7 = a^2 \neq e$$

이므로

$$|ab| \neq 1, \qquad |ab| \neq 5, \qquad |ab| \neq 7$$

이다. 따라서 $|ab| = 35$이고 가정에 의하여 $|G| = 35$이므로 결과적으로 $G = \langle ab \rangle$이다. 즉, G는 순환군이다.

7. 군 G의 위수가 45일 때 $H \neq \{e\}$이고 $H \neq G$인 G의 정규부분군 H가 존재하는지 판정하고 이를 증명하시오.

풀이 G의 Sylow 3-부분군은 G의 정규부분군이다.

증명 $45 = 3^2 \times 5$이므로 G의 Sylow 3-부분군이 존재한다. 또한 G의 Sylow 3-부분군의 개수를 t라고 놓으면 t는 5의 약수이므로

$$t = 1 \text{ 또는 } t = 5$$

이다. 그런데 $t \equiv 1 \pmod 3$이므로 $t = 1$이다. 따라서 G의 Sylow 3-부분군은 유일하게 존재하므로 이를 H라고 놓으면 H는 $H \neq \{e\}$이고 $H \neq G$인 G의 정규부분군이다.

8. 군 G의 위수가 350일 때 G가 단순군인지 판정하고 이를 증명하시오.

풀이 G는 단순군이 아니다.

증명 $350 = 2 \times 5^2 \times 7$이므로 G의 Sylow 5-부분군이 존재한다. 또한 G의 Sylow 5-부분군의 개수를 t라고 놓으면 t는 2×7의 약수이므로

$$t = 1 \text{ 또는 } t = 2 \text{ 또는 } t = 7 \text{ 또는 } t = 14$$

이다. 그런데 $t \equiv 1 \pmod 5$이므로 $t = 1$이다. 따라서 G의 Sylow 5-부분군은 유일하게 존재하므로 이를 H라고 하면 H는 G의 정규부분군이고 $\{e\} \subsetneq H \subsetneq G$이다. 그러므로 G는 단순군이 아니다.

9. 서로 다른 소수 p,q,r $(p, q, r > 2)$에 대하여 위수가 pqr인 군 G의 Sylow p-부분군, Sylow q-부분군, Sylow r-부분군의 개수를 모두 구하고 군 G의 정규부분군의 존재성을 판정하시오.

풀이 $|G| = pqr$이므로 G는 Sylow p-부분군과 Sylow q-부분군과 Sylow r-부분군이

존재한다.

(1) Sylow p-부분군의 개수를 s라고 놓으면 s는 qr의 약수이므로

$$s=1 \text{ 또는 } s=q \text{ 또는 } s=r \text{ 또는 } s=qr$$

이다. 그런데 $s \equiv 1 \pmod{p}$이므로 $s=1$이다.

(2) Sylow q-부분군의 개수를 t라고 놓으면 t는 pr의 약수이므로

$$t=1 \text{ 또는 } t=p \text{ 또는 } t=r \text{ 또는 } t=qr$$

이다. 그런데 $t \equiv 1 \pmod{q}$이므로 $t=1$이다.

(3) Sylow r-부분군의 개수를 ℓ이라고 놓으면 ℓ은 pq의 약수이므로

$$\ell=1 \text{ 또는 } \ell=p \text{ 또는 } \ell=q \text{ 또는 } \ell=pq$$

이다. 그런데 $\ell \equiv 1 \pmod{r}$이므로 $\ell=1$이다.

결과적으로 군 G의 Sylow p-부분군, Sylow q-부분군, Sylow r-부분군은 모두 유일하게 존재하므로 G의 정규부분군이 됨을 알 수 있다.

10. 군 G에 속하는 원소 a, b에 대하여 적당한 원소 $g \in G$가 존재하여 $b=gag^{-1}$이면 a와 b는 켤레라고 한다. 또한 집합

$$Cl(a)=\{gag^{-1} \mid g \in G\}$$

를 원소 a의 켤레류(또는 공액류)라고 한다. 다음 물음에 답하시오.

(1) 다음에 주어진 군 G와 원소 $a \in G$에 대하여 $Cl(a)$를 구하시오.

(i) $\mathbb{Z}$, $a=n$　　　　(ii) $\mathbb{Z}_{12}$, $a=10$

(iii) $\mathbb{R}^*$, $a=5$　　　　(iv) $\mathbb{Z}_2 \times \mathbb{Z}$, $a=(1,7)$

(v) S_3, $a=(1\,2\,3)$

(2) $Cl(a)$는 G의 부분군인지 판정하고 이를 증명하시오.

(3) G가 아벨군일 때 임의의 원소 $a \in G$에 대하여 $Cl(a)$를 구하시오.

(4) G가 유한군이면 임의의 원소 $a \in G$에 대하여 $|Cl(a)|=|G:C(a)|$임을 증명하시오.

(5) G가 유한군이면 임의의 원소 $a, b \in G$에 대하여 다음이 성립함을 증명하시오.

$$Cl(a)\cap Cl(b)=\varnothing \text{ 또는 } Cl(a)=Cl(b)$$

(6) G가 유한군일 때

$$G=\bigcup_{a\in G} Cl(a)$$

가 성립함을 증명하시오.

(7) G가 유한군일 때

$$|G|=\sum_{a\in G}|Cl(a)|=\sum_{a\in G}|G:C(a)|$$

가 성립함을 증명하시오.

(8) G가 유한군일 때

$$|G|=|Z(G)|+\sum_{\substack{a\in G,\\ |Cl(a)|\neq 1}}|G:C(a)|$$

가 성립함을 증명하시오.

풀이 (1) (i) $Cl(n)=\{g+n+(-g)\mid g\in\mathbb{Z}\}=\{n\}$

(ii) $Cl(10)=\{g+10+(-g)\mid g\in\mathbb{Z}_{12}\}=\{10\}$

(iii) $Cl(5)=\{g\times 5\times g^{-1}\mid g\in\mathbb{R}^*\}=\{5\}$

(iv) $Cl((1,7))=\{(a,b)+(1,7)+(-a,-b)\mid (a,b)\in\mathbb{Z}_2\times\mathbb{Z}\}=\{(1,7)\}$

(v) $Cl((1\,2\,3))=\{g(1\,2\,3)g^{-1}\mid g\in S_3\}=\{(1\,2\,3),(1\,3\,2)\}$

(2) $Cl(a)$는 G의 부분군이 아니다.

반례 $G=\mathbb{Z}$일 때 $Cl(2)=\{2\}$이고 $Cl(2)$는 G의 부분군이 아니다.

(3) G가 아벨군이므로

$$Cl(a)=\{gag^{-1}\mid g\in G\}=\{agg^{-1}\mid g\in G\}=\{a\}$$

(4) $H=\{gC(a)\mid g\in G\}$라고 할 때 $f:H\to Cl(a)$를

$$f(gC(a))=gag^{-1}$$

으로 정의하면 다음이 성립한다.

임의의 원소 $gC(a), hC(a)\in H$에 대하여

(i) $gC(a)=hC(a)$이면 $g^{-1}h\in C(a)$이므로 $g^{-1}ha=ag^{-1}h$이다.

따라서 $gag^{-1}=hah^{-1}$이므로 f는 잘 정의된 사상이다.

(ii) $f(gC(a))=f(hC(a))$이면 $gag^{-1}=hah^{-1}$이므로 $ag^{-1}h=g^{-1}ha$이다.

따라서 $g^{-1}h\in C(a)$이므로 $gC(a)=hC(a)$이다. 즉, f는 일대일사상이다.

(iii) $f(H)=\{f(gC(a))\mid g\in G\}=\{gag^{-1}\mid g\in G\}=Cl(a)$이다.

결과적으로 (i), (ii), (iii)에 의하여

$$|Cl(a)|=|H|=|G:C(a)|$$

이다.

(5) $Cl(a)\cap Cl(b)\neq\varnothing$라고 가정하자. 그러면 적당한 원소 $c\in Cl(a)\cap Cl(b)$가 존재하므로

$$c=gag^{-1}\text{이고 } c=hbh^{-1}$$

인 원소 $g,h\in G$가 존재한다. 따라서 $gag^{-1}=hbh^{-1}$이므로

$$a=g^{-1}hbh^{-1}g$$

이다. 만일 $x\in Cl(a)$이면 $x=kak^{-1}$인 원소 $k\in G$가 존재하므로

$$x=kak^{-1}=k(g^{-1}hbh^{-1}g)k^{-1}=(kg^{-1}h)b(kg^{-1}h)^{-1}$$

이다. 따라서 $x\in Cl(b)$이므로 $Cl(a)\subset Cl(b)$이다.

마찬가지로 $y\in Cl(b)$이면 $y=dbd^{-1}$인 원소 $d\in G$가 존재하고

$$b=h^{-1}gag^{-1}h$$

이므로

$$y=dbd^{-1}=d(h^{-1}gag^{-1}h)d^{-1}=(dh^{-1}g)a(dh^{-1}g)^{-1}$$

이다. 따라서 $y\in Cl(a)$이므로 $Cl(b)\subset Cl(a)$이다.

그러므로 결과적으로 $Cl(a)=Cl(b)$이 성립한다.

(6) (5)의 결과에 의하여 임의의 원소 $a,b\in G$를 택하면 $Cl(a)\cap Cl(b)=\varnothing$ 또는 $Cl(a)=Cl(b)$이다. 그러므로 $G=\bigcup_{a\in G}Cl(a)$이다.

(7) (5)와 (6)의 결과에 의하여 $|G| = \sum_{a \in G} |Cl(a)|$이다. 그런데 (4)의 결과에 의하여 모든 원소 $a \in G$에 대하여 $|Cl(a)| = |G : C(a)|$이므로

$$|G| = \sum_{a \in G} |Cl(a)| = \sum_{a \in G} |G : C(a)|$$

이다.

(8) (6)의 결과에 의하여

$$G = \bigcup_{a \in G} Cl(a) = \left(\bigcup_{\substack{a \in G \\ |Cl(a)| = 1}} Cl(a) \right) \cup \left(\bigcup_{\substack{a \in G \\ |Cl(a)| \neq 1}} Cl(a) \right)$$

이다. 한편 $|Cl(a)| = 1$이기위한 필요충분조건은 $a \in Z(G)$이다. 따라서

$$\left| \bigcup_{\substack{a \in G \\ |Cl(a)| = 1}} Cl(a) \right| = |Z(G)|$$

이다. 또한

$$\left| \bigcup_{\substack{a \in G \\ |Cl(a)| \neq 1}} Cl(a) \right| = \sum_{\substack{a \in G, \\ |Cl(a)| \neq 1}} |G : C(a)|$$

이므로 $|G| = |Z(G)| + \sum_{\substack{a \in G, \\ |Cl(a)| \neq 1}} |G : C(a)|$이 성립한다.

9. 소수 p에 대하여 군 G의 위수가 p^2이면 G는 아벨군인지 판정하고 이를 증명하시오.

풀이 G는 아벨군이다.

증명 $Z(G)$는 G의 부분군이므로

$$|Z(G)| = 1 \text{ 또는 } |Z(G)| = p \text{ 또는 } |Z(G)| = p^2$$

이다. 각각의 경우에 다음과 같다.

(i) $|Z(G)| = 1$이면

$$|G| = |Z(G)| + \sum_{\substack{a \in G, \\ |Cl(a)| \neq 1}} |G : C(a)| = p^2$$

이므로

$$\sum_{\substack{a \in G, \\ |Cl(a)| \neq 1}} |G : C(a)| = p^2 - 1$$

이다. 그런데

$$1 \neq |Cl(a)| = |G : C(a)| = \frac{|G|}{|C(a)|} < p^2$$

이므로 $|G : C(a)| = p$이다. 이는 식 $\sum_{\substack{a \in G, \\ |Cl(a)| \neq 1}} |G : C(a)| = p^2 - 1$을 만족시키지 않으므로 모순이다. 즉, $|Z(G)| \neq 1$이다.

(ii) $|Z(G)| = p$이면 $|G/Z(G)| = p$이다. 따라서 $G/Z(G)$는 순환군이므로 G는 아벨군이다.

(iii) $|Z(G)| = p^2$이면 $G = Z(G)$이므로 G는 아벨군이다.

결과적으로 (i), (ii), (iii)으로부터 G는 아벨군임을 알 수 있다.

참고도서(Bibliography)

1. M. Artin, Algebra, Prentice-Hall, 1991.
2. W. Burnside, Theory of Groups of Finite Order, Dover, 1955.
3. J. Fraleigh, A First Course in Abstract Algebra, Pearson Education, 2003.
4. J.A. Gallian, Contemporary Abstract Algebra, 7nd edition, Brooks/Cole, 2010.
5. I.N. Herstein, Topics in Algebra, Wiley, 1975.
6. T.W. Hungerford, Abstract Algebra, Saunders college publishing, 1974.
7. T.W. Hungerford, Algebra, Springer-Verlag, 1974.
8. N. Jacobson, Basic Algebra, Princeton, 1980.
9. N. Jacobson, Lectures in Abstract Algebra, Princeton, 1964.
10. E.T. Kim, S.A. Park, 현대대수학, 8th edition, Kyungmoonsa, 2011.
11. S. Lang, Algebra, Addison-Wesley, 1965.
12. J.J. Rotman, A First Course in Abstract Algebra, 2nd edition, Prentice-Hall, 2000.
13. M. Suzuki, Group Theory, Springer-Verlag, 1985.

색인(Index)

군

지은이 송영권
펴낸이 조경희
펴낸곳 경문사
펴낸날 2021년 3월 2일 1판 1쇄
등 록 1979년 11월 9일 제1979-000023호
주 소 04057, 서울특별시 마포구 와우산로 174
전 화 (02)332-2004 팩스 (02)336-5193
이메일 kyungmoon@kyungmoon.com

값 24,000원

ISBN 979-11-6073-438-6